AF464513

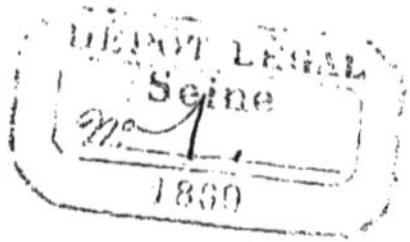

RECHERCHES

POUR SERVIR A L'HISTOIRE NATURELLE

DES MAMMIFÈRES

PAR MM.

H. MILNE EDWARDS

ET

ALPHONSE MILNE EDWARDS

4e Livraison

Feuilles 10 à 12 Planches 11. 19. 24. 26. 27.

PARIS
VICTOR MASSON ET FILS
PLACE DE L'ÉCOLE-DE-MÉDECINE

RECHERCHES

POUR SERVIR A L'HISTOIRE NATURELLE

DES MAMMIFÈRES

PARIS — IMPRIMERIE DE E MARTINET RUE MIGNON 2

RECHERCHES

POUR SERVIR A L'HISTOIRE NATURELLE

DES MAMMIFÈRES

COMPRENANT

DES CONSIDÉRATIONS SUR LA CLASSIFICATION DE CES ANIMAUX

PAR

M. H. MILNE EDWARDS

DES OBSERVATIONS SUR L'HIPPOPOTAME DE LIBERIA
ET DES ÉTUDES SUR LA FAUNE DE LA CHINE ET DU TIBET ORIENTAL

PAR

M. ALPHONSE MILNE EDWARDS

TOME PREMIER — TEXTE

PARIS
G. MASSON, ÉDITEUR
LIBRAIRE DE L'ACADÉMIE DE MÉDECINE
PLACE DE L'ÉCOLE-DE-MÉDECINE, 17

1868 à 1874

armé la mâchoire supérieure de quatre petites incisives aiguës coniques et séparées, qui rappellent celles de certains Insectivores.

Laxmann indique cependant d'une façon précise, dans son mémoire, la similitude qui existe entre la dentition du *Mus myospalax* et celle des Rats, et il considère sa nouvelle espèce comme formant une transition entre ces derniers animaux et les Taupes.

En 1772, Pallas observa la même espèce en Daourie, et il en publia une description très-exacte et très-étendue sous le nom de *Mus aspalax* (1). Quelque temps après il plaça ce Rongeur dans le genre *Spalax*, que Güldenstädt avait établi pour recevoir le Rat-Taupe Zemmi de la Russie méridionale, animal auquel il appliquait, dès 1759, le nom de *Spalax microphthalmus* (2). Pallas réunissait dans ce même petit groupe, non-seulement le Zocor et le Zemmi, mais aussi le Sukerkan (3), et, sans en indiquer les motifs, il substitua à la dénomination spécifique d'*Aspalax*, qu'il avait appliquée dès le principe au Zocor, celle de *Talpinus* (4), qui dans son travail sur les Rongeurs se rapporte au Sukerkan.

En 1827, Brants reconnut que la conformation du *Mus myospalax* de Laxmann est trop différente de celle du *Spalax microphthalmus* (Güldenstädt), pour que l'on puisse réunir ces deux espèces dans un même groupe générique. Dans un travail sur la *classification des Rongeurs rangés par Linné sous la dénomination commune de Mus*, il proposa de former pour le *Mus myospalax* un genre particulier auquel il donna le nom de *Siphneus*, et il le plaça dans la famille des *Cunicularia* à côté des Bathyergues et des Spalax (5).

(1) Pallas, *Novæ species quadrupedum e Glirium ordine*, 1778, p. 165, pl. X.

(2) Güldenstädt, *Spalax novum Glirium genus. Novi commentarii Academiæ scientiarum Petropolitanæ*, t. XIV, *pro anno* 1759, p. 409.

(3) *Mus Talpinus*, de Linné.

(4) Pallas, *Zoographia Rosso-Asiatica*, p. 159.

(5) A. Brants, *Het geslacht der Muizen door Linneus opgesteld, volgens de Tegenswoordigen toestand der Wetenschap in familien, geslachten en soorten Verdeeld*, in-8. Berlin, 1827, p. 20.

La synonymie de l'espèce qui nous occupe a été, comme on le voit, fort embrouillée; cependant on peut se convaincre, d'après ce qui précède, que l'on doit appliquer au Zocor le nom qui lui a été donné par Laxmann dès 1769, et que le mot de *Myospalax* doit être conservé pour cette espèce comme dénomination spécifique (1).

Les zoologistes qui depuis Brants se sont occupés de l'étude des Rongeurs ont remanié de différentes façons la classification de cet auteur, mais pour la plupart ils ont toujours placé le genre *Siphneus* à côté des *Spalax* (*Mus typhlus* de Pallas), et du Sukerkan ou *Mus talpinus* (2). Au premier abord, ces espèces ressemblent en effet beaucoup au *Siphneus myospalax* ou Zocor, et le caractère le plus saillant qui permette de les en distinguer consiste dans la conformation des pattes antérieures, dont les ongles ne sont pas robustes, falciformes et pointus, comme chez les *Spalax*.

Frédéric Cuvier, dans son ouvrage sur les dents des Mammifères, réunit dans le genre *Spalax* le Zemmi et le Zocor; il décrit et figure leur système dentaire qui semble autoriser un semblable rapprochement (3); mais j'ai pu m'assurer que la tête même qui avait servi de terme de comparaison au zoologiste que je viens de citer n'appartenait pas au Zocor (*Siphneus myospalax*), mais provenait d'un Rat-Taupe Zemmi, portant une fausse détermination; il n'était donc pas étonnant qu'il existât entre les dents figurées par Frédéric Cuvier une si grande similitude, puisqu'elles provenaient d'une même espèce. Le Muséum d'histoire naturelle possède encore aujourd'hui les crânes d'après lesquels ont été faites les figures de l'ouvrage sur les dents des Mammifères; je les ai examinés avec soin, et j'ai reconnu que Fr. Cuvier avait

(1) Pallas paraît penser que le nom de *Myospalax* avait pour Laxmann une valeur générique; mais il suffit de lire le titre du mémoire de cet auteur, cité plus haut, pour se convaincre qu'il ne l'appliquait qu'à l'espèce *Mus Myospalax*.

(2) Aujourd'hui rangé dans le genre *Ellobius*.

(3) Frédéric Cuvier, *Des dents des mammifères considérées comme caractères zoologiques*, 1825, p. 176, n° 66.

fait représenter comme appartenant à deux genres différents la dentition de trois individus d'une même espèce, mais d'âge divers. Ainsi les mâchoires désignées par la lettre *a* appartiennent à un animal très-jeune, les dents qui portent la lettre *b* sont usées plus profondément, et enfin les dernières *c* proviennent d'un Spalax parfaitement adulte.

Cette erreur, dont aucun naturaliste n'a soupçonné l'existence, a eu une importance véritable, car elle établissait des liens étroits entre le Zemmi et le Zocor, c'est-à-dire entre le genre *Spalax* et le genre *Siphneus :* rapprochement qui depuis cette époque a été admis dans presque tous les traités de zoologie. Ainsi dans l'histoire naturelle des Mammifères de M. P. Gervais, nous retrouvons la même dentition de *Spalax*, déjà donnée par Frédéric Cuvier comme celle d'un *Siphneus* (n° 66, *b*), figurée de nouveau comme appartenant à ce dernier genre, et le crâne de Zemmi figuré dans le même ouvrage, provient d'un très-vieil individu rapporté de la Russie méridionale par Em. Rousseau (1).

M. Brandt, qui a étudié d'une manière spéciale les animaux de la Sibérie, est le seul zoologiste qui ait fait représenter d'une façon exacte le système dentaire du *Siphneus myospalax* (2).

Les Spalax, les Bathyergues, les Georyques, les Rhyzomys, ont tous les dents construites à peu près sur le même type. Il est vrai que leur nombre varie suivant les genres, mais elles sont toujours radiculées ; par conséquent leur croissance n'est pas continue et la forme des replis d'émail change suivant l'âge des animaux. Ainsi chez les jeunes *Spalax microphthalmus* (Güld.), l'émail circonscrit des échancrures qui existent non-seulement sur la face externe, mais aussi sur la face interne des molaires ; lorsque celles-ci sont très-usées, elles deviennent plus cylindriques et sont alors entourées par un bord d'émail qui semble circu-

(1) P. Gervais, *Histoire naturelle des Mammifères*, 1854, p. 380 et 381.

(2) J. F. Brandt, *Untersuchungen über die craniologischen Entwickelungsstufen und die davon herzuleitenden Verwandtschaften und Classificationen der Nager der Jetztwelt* (*Mémoires de l'Académie de Saint-Pétersbourg*, t. VII, pl. V, fig. 8 à 17, 1854).

laire, et elles ne présentent plus vers le centre que quelques îlots isolés du même tissu : derniers indices des échancrures primitives qui s'étendaient plus profondément vers l'intérieur de la dent que sur ses bords. Il est facile de suivre tous ces changements de forme en usant sur une meule une dent de jeune Zemmi.

Les molaires du *Siphneus myospalax* (Laxmann) se rapportent à un tout autre type (1); elles sont au nombre de trois paires à chaque mâchoire, mais elles n'offrent jamais de racines quel que soit l'âge de l'animal ; par conséquent leur croissance est illimitée et leur forme ne peut se modifier par suite du degré plus ou moins avancé de l'usure. Ces dents diminuent graduellement de la première à la dernière ; elles sont profondément sillonnées sur leurs faces latérales, et leur couronne est formée de prismes plus ou moins triangulaires alternant d'une façon irrégulière et dont la disposition varie d'ailleurs notablement suivant les espèces.

Frédéric Cuvier attachait une très-grande importance à la présence ou à l'absence de racines aux molaires des Rongeurs, et, dans son travail sur les dents des Mammifères, il se sert de ce caractère pour diviser cet ordre en deux sections. Il exagérait évidemment la valeur de ce caractère, car on sait que dans le genre Campagnol il est certaines espèces dont les molaires sont privées de racines dans le jeune âge et qui en acquièrent plus tard (l'*Arvicola rubidus* de Sélys-Longchamps, par exemple), et chez l'Ondatra les mâchelières sont radiculées, bien qu'elles soient conformées sur le même plan général que celles des Arvicoles.

Dans le genre *Siphneus*, l'âge n'amène aucun changement de cette nature et j'ai entre les mains des dents très-usées appartenant à de vieux individus et sur lesquelles il n'y a aucune trace de racines : d'ailleurs, quand bien même il en eût été autrement, la structure des molaires du

(1) Voyez pl. VIII, fig. 2 et 7, et pl. IX, fig. 9 à 12.

Zocor est trop différente de celle des autres Rats-Taupes, pour permettre de l'y réunir.

Dans l'ordre des Rongeurs, plus que dans aucun autre, on doit, pour l'établissement des groupes naturels, se baser sur la constitution de la charpente osseuse et surtout des dents, bien plus que sur les formes et l'aspect extérieur, et, ainsi que j'ai déjà eu l'occasion de le développer dans un autre travail (1), on pourrait, en suivant une marche différente, s'exposer à des erreurs très-graves.

Si l'on cherche à se rendre compte des affinités naturelles du genre *Siphneus* et de la place qu'il doit occuper parmi les Rongeurs, on voit que son système dentaire ressemble beaucoup à celui des Campagnols proprement dits. Chez les Arvicoles les molaires, au nombre de trois paires à chaque mâchoire, ont une croissance continue et sont formées de prismes triangulaires, alternants et séparés sur leurs faces latérales par de profonds sillons. Cette disposition rappelle tout à fait celle que nous avons signalée chez les *Siphneus*, et elle n'en diffère que par des particularités de minime importance. Ce rapprochement s'accorde d'ailleurs fort bien avec les autres caractères des Zocors et des Campagnols, et plusieurs zoologistes anciens paraissent en avoir été frappés. Ainsi, Desmarest range le *Mus myospalax* de Laxmann dans le genre *Lemmus* (2), tandis qu'il place le Zemmi avec les Bathyergues, à la suite des Rats ; et il ajoute que le Zocor diffère essentiellement de ces derniers par la forme de ses molaires, et que ses poils ressemblent par leur nature à ceux du Campagnol amphibie. M. de Sélys-Longchamps, en discutant la place que l'on doit assigner à la famille des Campagnols, signale les ressemblances qui existent entre les espèces à oreilles et à queues courtes et certains Rats-Taupes (3). Ces considé-

(1) Voyez *Mémoire sur une nouvelle famille de l'ordre des Rongeurs* (*Nouvelles Archives du Muséum*, Mémoires, t. III, p. 81).

(2) Desmarest, *Mammalogie*, 2e partie, 1822, p. 288.

(3) De Sélys-Longchamps, *Etudes de micromammalogie* (*Revue des Musaraignes, des Rats et des Campagnols d'Europe*, 1839, p. 85).

rations me portent à rattacher le genre *Siphneus* à la petite division des Arvicoles, dont il doit être considéré comme un type dérivé essentiellement fouisseur et modifié dans ses formes extérieures, à raison des circonstances au milieu desquelles il est destiné à vivre. Les Zemmis (*Spalax*) appartiennent au contraire au groupe des Rats-Taupes proprement dits dont les Oryctères et les Géoryques sont aussi les principaux représentants.

M. Brandt a interprété d'une manière différente les caractères du genre *Siphneus* (1), car il le range dans sa famille des *Spalacoïdes*, qui correspond aux *Cunicularia* d'Illiger, de Brants et de Wagner, et aux *Spalacoïdes* de Fischer et de Giebel. Il subdivise ensuite ce groupe en deux sous-familles : 1° celle des RHIZODONTES, comprenant les genres *Spalax* (Güldenst.), *Rhizomys* (Gray), *Heterocephalus* (Ruppell), *Bathyergus* (Illiger), *Georychus* (Illiger) et *Heliophobius* (Peters) ; 2° celle des PRISMATODONTES, qui se compose des *Ellobius* (Fischer) et des *Siphneus* (Brants). Par conséquent, tout en faisant ressortir les caractères de la dentition de ces derniers Rongeurs, il n'hésite cependant pas à les réunir aux autres Rats-Taupes.

Ce mode de groupement a été suivi par M. Lilljeborg, dans le mémoire qu'il a publié récemment sur la classification des Rongeurs, car il divise les *Spalacidæ* de la manière suivante :

MYOSPALACINI.

1. Ellobius (Fischer).
2. Myospalax (Laxmann).

SPALACINI.

3. Spalax (Güld).
4. Rhizomys (Gray).
5. Heterocephalus (Rupp.).
6. Bathyergus (Illig.).
7. Georychus (Illig.)
8. Heliophobius (Peters).

(1) Brandt, *op. cit.*, page 307.

(2) W. Lilljeborg, *Systematisk öfversigt af de gnagande däggdjuren, glires. Uppsala*, 1866, in-4.

Il me semble que ce mode de groupement ne rend pas bien compte des modifications organiques de ces animaux, et n'est pas l'interprète des affinités qu'ils offrent, soit entre eux, soit avec les groupes voisins. C'est en me basant non-seulement sur les particularités du système dentaire, mais aussi sur celles de la charpente osseuse et même sur les caractères extérieurs, que je crois devoir séparer les Siphnés des Spalax, et tandis que je regarde ces derniers comme des Murides anormaux, je considère les premiers comme des Arvicoles anormaux, et je suis porté à penser que la ressemblance extérieure qui se remarque entre ces animaux est simplement due aux modifications organiques amenées, dans deux groupes différents, par les nécessités d'un genre de vie commun. D'ailleurs ce fait ressortira d'une façon encore plus nette des observations qui vont suivre sur les Siphnés.

Le Muséum a reçu de M. l'abbé Armand David deux exemplaires d'un *Siphneus* du Pétchély, conservés entiers dans le sel. Cette circonstance m'a permis d'en étudier non-seulement le squelette, mais aussi la plupart des muscles et quelques portions des viscères. Malheureusement ces derniers étaient tellement altérés qu'il était impossible d'en faire une dissection délicate, et que j'ai dû me contenter de l'examen de la forme générale de l'estomac, du cæcum et du foie. Je passerai successivement en revue ces divers systèmes d'organes.

Du Squelette.

La tête osseuse des Zocors se fait remarquer par l'aplatissement de toute sa portion supérieure qui s'étend, suivant une ligne presque droite, depuis l'occiput jusqu'à l'extrémité du museau (1). Parmi les Rats-Taupes, le Bathyergue seul présente, sous ce rapport, une disposi-

(1) Voyez pl. VIII, fig. 3, 8 et 12, et pl. IX A, fig. 1.

tion analogue ; chez les Spalax, les Géoryques, les Héliophobes, les Rhizomys et les Ellobies, le dessus de la tête est au contraire fortement courbé dans le sens longitudinal.

La région occipitale des Siphnés est très-grande et presque verticale, au moins dans sa portion moyenne (1) ; non-seulement elle est très-haute, mais elle se prolonge de chaque côté de façon à constituer, au-dessus du trou auditif, une sorte d'aile dirigée en dehors. Sa forme varie un peu suivant les espèces, mais toujours elle se termine en haut par une crête transversale très-marquée. Les fosses temporales sont relativement peu développées, ce qui tient à deux causes : au peu d'écartement de la partie postérieure des arcades zygomatiques et à la position des crêtes temporales, qui ne s'élèvent que peu et laissent entre elles sur le sinciput un large espace déprimé (2). Chez aucun Rat-Taupe nous n'observons cette disposition.

Dans le genre Rhizomys, ces crêtes, distinctes sur une longueur assez considérable de leur portion antérieure, se confondent en une arête médiane qui surmonte la suture sagittale et se réunit en arrière, à angle droit, à la crête occipitale supérieure. Dans les genres *Bathyergus*, *Georychus*, *Heliophobius* et *Spalax*, la coalescence que je viens d'indiquer a lieu à très-peu de distance des os nasaux. Sous ce rapport, les *Ellobius* sont intermédiaires entre les véritables Rats-Taupes et les Siphnés, car les lignes d'insertion des aponévroses temporales, très-peu marquées, ne se réunissent pas ; elles restent séparées par un espace assez considérable et, au lieu d'être dirigées presque parallèlement, elles sont arquées et beaucoup plus écartées en arrière qu'en avant.

Les arcades zygomatiques, très-courbes à leur partie antérieure, se dirigent ensuite presque directement en arrière, de sorte que le dia-

(1) Voyez pl. VIII, fig. 4 et 9.
(2) Voyez pl. VIII, fig. 1, 5, 6, 10, 13, et pl. IX A, fig. 2.

mètre transversal de la tête est à peu près le même dans la région orbitaire et dans la région temporale, tandis que chez les Rats-Taupes ces arcs osseux s'écartent beaucoup en se rapprochant de leur racine postérieure, ce qui donne à la tête notablement plus de largeur au niveau des oreilles qu'auprès des yeux.

Le trou sous-orbitaire (1) dans lequel s'engage le faisceau profond du muscle masséter est grand, obscurément triangulaire et dirigé directement en avant et un peu en haut; son plancher dépasse de beaucoup son bord supérieur. Chez les *Spalax*, ces trous sont encore plus grands et affectent la forme d'un ovale dont le grand axe se dirige en haut et en dedans. Chez les *Rhizomys*, ils ont aussi des dimensions considérables, mais leur diamètre vertical est moindre que leur diamètre horizontal. Dans le genre *Ellobius*, les pertuis sous-orbitaires sont rétrécis et leur bord supérieur surplombe de façon à les cacher, quand on regarde la tête en dessus : disposition qui dépend du peu de développement de la racine antéro-inférieure de l'arcade zygomatique. Enfin, les *Bathyergus*, les *Georychus* et les *Heliophobius* se distinguent des précédents par la petitesse de ces trous qui deviennent trop étroits pour loger des faisceaux musculaires.

Les os du nez sont remarquablement élargis et très-aplatis antérieurement où ils débordent de chaque côté les os maxillaires; ils s'avancent beaucoup au dessus du bord alvéolaire et surplombent l'ouverture des fosses nasales (2). Sous ce rapport, il n'y a que peu de différence entre les Siphnés et les Spalax, mais il n'en est pas de même chez les autres Rats-Taupes. Dans le genre *Rhizomys*, les os du nez sont courts, peu élargis et très-bombés transversalement; ils s'arrêtent à une distance considérable du bord alvéolaire des intermaxillaires. Dans les Géoryques et les Héliophobies, leur largeur est bien moins considérable; enfin, chez les Bathyergues, ils sont allongés, très-

(1) Voyez pl. IX c, fig. 3.

(2) Voyez pl. VIII, fig. 1, 5, 6, 10, 13, et pl. IX A, fig. 2.

étroits et s'avancent presque au niveau du bord alvéolaire des incisives.

La face inférieure du crâne est comparativement moins élargie en arrière que chez les Rats-Taupes, ce qui tient principalement à la forme et à la position occupée par les caisses auditives (1). En effet, l'os basilaire présente l'apparence d'un écusson subquadrilatère ; il est moins rétréci en avant que chez les Rhizomys, les Géoryques, les Bathyergues et les Spalax ; les caisses auditives médiocrement renflées ne s'étendent que peu en dehors et se prolongent davantage d'avant en arrière, contrairement à ce que l'on observe dans les genres que je viens de citer.

Les apophyses mastoïdes sont petites, tuberculiformes et ne descendent même pas au niveau des condyles occipitaux ; chez les Rhizomys, elles sont grandes et pointues ; chez les Géoryques, elles affectent à peu près la même conformation.

Les cavités glénoïdales sont étroites, très-encaissées latéralement et beaucoup plus élevées que le trou occipital. Chez tous les Rats-Taupes, elles sont situées à un niveau inférieur et leur direction varie suivant les genres ; ainsi chez les Spalax, elles sont larges et obliques en dehors et en arrière et il en est de même chez les Ellobies ; dans le genre *Georychus*, leur bord externe est à peine marqué et elles semblent se confondre avec la base de l'arcade zygomatique : enfin celles des Bathyergues, sont larges, courtes et ouvertes en arrière, de façon à simuler une véritable gouttière, dans laquelle le condyle de la mâchoire inférieure peut glisser librement d'avant en arrière.

Le sphénoïde est très-étroit et les fosses ptérygoïdiennes sont profondes, limitées en dehors par une muraille élevée et terminées en cul-de-sac comme chez les Rhizomys ; mais dans ce dernier groupe, leurs dimensions sont beaucoup plus considérables, bien que la paroi externe

(1) Voyez pl. VIII, fig. 2 et 7, et pl. IX A, fig. 3.

soit rudimentaire. Dans les genres *Georychus*, *Bathyergus* et *Spalax*, ces fosses sont au contraire perforées et établissent une communication avec l'intérieur de la cavité crânienne, ainsi que M. W. Péters l'a déjà constaté chez l'Héliophobie de Mozambique, où ce pertuis donne passage à un faisceau du muscle ptérygoïdien interne (1). L'ouverture postérieure des fosses nasales est longue, étroite et se prolonge en avant, presque au niveau de l'intervalle qui sépare la troisième molaire de la seconde ; sur le bord antérieur de cette ouverture, on remarque une petite apophyse médiane dirigée en arrière et qui sépare les derniers pertuis palatins. Chez les Spalax, cette région offre une disposition bien différente, l'ouverture des arrière-narines ne dépassant pas le bord postérieur des dernières molaires et l'apophyse médiane étant rudimentaire ou nulle. Dans le genre Rhizomys, cette ouverture est très-évasée et se trouve rejetée encore plus en arrière; mais cette disposition est poussée encore plus loin chez les Bathyergues et surtout chez les Géoryques. Il est à remarquer que chez ces derniers, la voûte palatine se prolonge en arrière des molaires de façon à clore en dessous les fosses nasales jusque dans le voisinage de l'os basilaire; on observe de chaque côté de cette espèce de tube un renflement très-marqué qui correspond au bulbe de la dent incisive.

La portion de la voûte palatine comprise entre les molaires est étroite et un peu plus large en arrière qu'en avant (2), tandis que les Spalax nous présentent une disposition inverse. Chez les Bathyergues et les Géoryques, cette partie du palais est encore plus étroite. La rangée des alvéoles des Zocors est étroite et remarquablement longue comme chez les Arvicoles; elle est au contraire très-courte dans les genres *Georychus, Bathyergus, Heliophobius* et *Spalax*. Il est aussi à noter que ces cavités sont creusées presque verticalement et ont une très-grande profondeur, tandis que chez les Rats-Taupes que je viens de citer, elles

(1) *Reise nach Mossambique*, in-4, 1852, p. 141.

(2) Voyez pl. VIII, fig. 2 et 7, pl. IX, fig. 1 et 9, et pl. IX A, fig. 3 et 6.

s'enfoncent à peine et sont dirigées un peu obliquement en bas et en dehors. Quand on compare la conformation de cette région chez les Siphnés et chez les Arvicoles, il est impossible de ne pas être frappé de la ressemblance qui existe entre ces animaux, et je rappellerai que cette similitude est encore plus grande pour ce qui concerne le système dentaire.

Les os maxillaires constituent en avant des molaires une surface large et aplatie, qui, chez la plupart des Rats-Taupes, est plus courte et convexe transversalement; cette surface est nettement séparée de la fosse jugale, creusée à la base de l'arcade zygomatique, au-dessous du trou sous-orbitaire, mais la ligne d'insertion musculaire qui la limite est peu saillante et ne constitue pas une crête élevée comme chez les Rhizomys. Ces fosses jugales sont grandes et s'étendent presque horizontalement; elles sont au contraire très-petites chez les Spalax, les Géoryques et les Bathyergues ; elles acquièrent des dimensions plus considérables chez les Rhizomys et les Ellobies, mais au lieu d'affecter une position presque horizontale, elles remontent obliquement.

Les os intermaxillaires sont larges et courts. Les trous palatins y sont chez quelques espèces entièrement logés (1); chez d'autres, ils se prolongent un peu entre les maxillaires (2). Ces fissures sont longues et resserrées au lieu d'être excessivement petites, ainsi que cela a lieu chez les Géoryques, les Bathyergues et les Spalax. Les alvéoles qui logent les incisives sont médiocrement profonds et fortement arqués de manière à décrire un demi cercle. Leur fond se trouve immédiatement en avant de la première molaire, et par conséquent le bulbe de ces dents est entièrement logé dans la partie antérieure de l'os maxillaire. On observe à cet égard d'assez grandes différences chez les Rats-Taupes. Ainsi, dans le genre *Spalax*, ces alvéoles occupent à peu près la

(1) Voyez pl. VIII, fig. 2.
(2) Voyez pl. VIII, fig. 7.

même position, bien qu'ils se prolongent moins en arrière. Dans le genre *Bathyergus*, ils atteignent la première molaire; chez les *Rhizomys*, ils arrivent au niveau de la seconde de ces dents, et chez les *Georychus* ils décrivent une courbe à grand rayon, de façon à passer au-dessus de l'origine jugale de l'arcade zygomatique, à dépasser en arrière toute la série des molaires et à faire saillie immédiatement au devant du pertuis qui remplace la fosse ptérygoïdienne.

La mâchoire inférieure des Siphnés est surtout caractérisée par sa hauteur et la régularité de la courbe formée par son bord inférieur (1). Elle est aussi remarquablement épaisse et sa face externe présente une série de trois bosselures inégales correspondant au bulbe des molaires : disposition qui ne se rencontre chez aucun Rat-Taupe, mais qui se retrouve, bien que d'une façon moins prononcée, chez les Campagnols. L'apophyse coronoïde est mince, longue et dépasse un peu le niveau du condyle, sans s'élever autant que chez les Spalax où l'échancrure qui la sépare de la tête articulaire est beaucoup plus évasée. Cette dernière se dirige fortement en arrière, mais s'incline un peu en dedans : disposition qui n'existe pas chez les Géoryques, mais qui est encore plus marquée chez les Spalax. L'angle de la mâchoire est peu développé, arrondi et se termine en haut et en dehors par une faible crête destinée à l'insertion du muscle masséter; entre cette saillie et le col du condyle, on remarque une petite tubérosité arrondie qui correspond au fond de l'alvéole occupé par l'incisive. La position de cette tubérosité varie beaucoup et fournit de bons caractères pour la distinction des genres : ainsi chez les Rhizomys, elle est beaucoup plus saillante et située en dehors tout près du col condylien. Chez les Bathyergues, elle se confond avec la tête articulaire ; il en est de même chez les Géoryques ; mais chez les Spalax elle constitue une saillie très-élevée qui se dirige obliquement en haut et en dehors, de façon à dépasser en dessus le con-

(1) Voyez pl. VIII, fig. 3, 8 et 12, et pl. IX A, fig. 1.

dyle et à simuler presque une seconde apophyse coronoïde. Le trajet suivi par l'alvéole est marqué à la face interne de la mâchoire par une saillie fortement arquée, en arrière de laquelle la portion angulaire du maxillaire ne se prolonge que très-peu. Chez les Géoryques et chez les Bathyergues ce bourrelet alvéolaire est beaucoup plus marqué et la portion angulaire extrêmement développée se trouve rejetée en dehors en forme d'aile, constituant ainsi par sa face interne une large fosse pour l'insertion des muscles ptérygoïdiens.

Les alvéoles des molaires sont disposés sur deux rangées parallèles, mais au lieu de ne s'enfoncer que fort peu comme chez les Rats-Taupes, ils descendent très-loin dans l'épaisseur de l'os en s'inclinant beaucoup en dehors, de façon à aboutir dans les tubercules de la face externe dont j'ai déjà signalé l'existence. L'espace situé entre le bord externe de ces alvéoles et l'apophyse coronoïde est très-large et constitue une excavation longitudinale en forme de gouttière, qui rappelle, quoique d'une manière moins prononcée, la disposition propre aux Arvicoles. La barre ou espace compris entre les incisives et les molaires est très-courte.

La colonne vertébrale (1) est extrêmement robuste dans sa partie antérieure et présente, dans sa région cervicale, un mode de conformation dont je ne connais pas d'autre exemple chez les Rongeurs. En effet, les quatre vertèbres qui suivent l'*atlas* sont complétement soudées entre elles, de façon à constituer, comme chez certains Cétacés, une pièce unique d'une grande puissance, et tout dans cette région indique une disposition mécanique très-favorable à l'action des muscles moteurs de la tête (2).

L'*atlas* est très-épaissi sur les côtés où sont creusées les cavités articulaires ; les apophyses transverses sont courtes et tuberculiformes au lieu de s'étendre en manière d'ailes, comme chez les Bathyergues, les

(1) Voyez pl. IX B.

(2) Voyez pl. IX, fig. 18 et 19.

Géoryques et même les Spalax. En dessous, on y remarque chez les individus adultes une petite apophyse épineuse inférieure.

L'*axis*, pourvu en avant d'une apophyse odontoïde pointue et à base élargie, est, ainsi que je viens de le dire, confondu avec les trois vertèbres suivantes. La pièce qui résulte de leur coalescence présente d'une manière plus ou moins marquée les traces de la division primordiale des parties constitutives ; ces traces sont à peine visibles entre l'*axis* et la troisième vertèbre, et entre celle-ci et la quatrième ; ce sont les trous de conjugaison et les très-courtes apophyses transverses qui servent de points de repère. Cette soudure existe même chez les très-jeunes individus où les épiphyses des os longs sont encore distinctes. La pièce cervicale ainsi formée est surmontée d'une crête médiane très-puissante, qui résulte de l'union des apophyses épineuses correspondantes ; celle de l'*axis* est la plus grosse de toutes, et c'est dans son bord postérieur que paraissent encastrées les deux suivantes. La cinquième vertèbre est souvent dépourvue d'apophyse épineuse, et c'est la règle pour la sixième et la septième cervicales, ainsi que pour la première dorsale.

Chez les Spalax, les Géoryques, les Bathyergues et chez les Arvicoles, l'*axis* seul est pourvu d'une apophyse épineuse bien développée; les vertèbres suivantes en sont privées ou n'en présentent que des vestiges. La sixième cervicale offre de chaque côté, en dessous, une petite saillie pointue dirigée en arrière, qui correspond à la pièce costale et qui cloisonne inférieurement le canal vertébral pratiqué à la base des apophyses transverses.

Les vertèbres dorsales sont au nombre de treize, comme chez les Spalax et les Géoryques. Elles sont beaucoup plus étroites que celles du cou ; les apophyses épineuses qui les surmontent toutes, à l'exception de la première, ne présentent rien de remarquable, si ce n'est que dans la région scapulaire, elles sont notablement plus longues que chez les Rats-Taupes.

On compte six vertèbres lombaires, nombre qui est général chez les Rats-Taupes, lors même qu'il existe une vertèbre de plus dans la région dorsale, ainsi que cela a lieu dans le genre *Bathyergus*.

Il y a deux vertèbres sacrées articulées avec le bassin; elles sont suivies de quatorze vertèbres caudales, dont les deux premières sont soudées l'une à l'autre.

Les côtes, au nombre de treize, sont très-grêles, excepté dans la partie antérieure du thorax, où elles acquièrent des dimensions exceptionnelles (1). Ainsi celles de la première paire sont extrêmement courtes, épaisses et tellement élargies inférieurement qu'elles deviennent presque spatuliformes; leur portion vertébrale s'articule directement au sternum par son angle antérieur et en est séparée en arrière par une pièce osseuse, en forme de lame, qui représente le cartilage costal. Une disposition analogue, mais beaucoup moins marquée, existe chez les Spalax, mais on ne trouve rien de semblable chez les Géoryques et les Bathyergues. La deuxième côte est aussi très-robuste et se relie à un épais cartilage costal qui affecte la forme ordinaire.

Le sternum est long et formé de sept pièces placées bout à bout (2); de même que chez les Spalax, la première de ces pièces ou *manubrium* est très-développée et élargie en avant, disposition qui ne se rencontre ni dans le genre *Bathyergus*, ni dans le genre *Georychus;* elle porte en dessous une forte carène longitudinale, analogue au bréchet, et sa portion antérieure, qui donne insertion aux clavicules et aux côtes, est beaucoup plus dilatée que chez les *Spalax*; les autres pièces sont étroites et n'offrent rien de particulier à noter, si ce n'est que l'appendice xiphoïde est très-allongé.

Les clavicules sont, de même que chez les Spalax, très-longues, grêles, mais beaucoup plus arquées que chez ceux-ci et que chez les autres Rats-Taupes où, d'ailleurs, leur longeur est moindre.

(1) Voyez pl. IX B.

(2) Voyez pl. IX B et pl. IX A, fig. 10.

L'omoplate est à peu près de même forme que celle des Zemmis, mais elle s'élargit un peu plus vers le haut (1), sans offrir, à beaucoup près, la dilatation que l'on remarque chez les Géoryques, les Bathyergues et les Arvicoles.

Les fosses scapulaires sont longues et étroites, mais la sus-épineuse est un peu plus large que l'inférieure, tandis que chez les Spalax on observe une disposition inverse. L'acromion est lamelleux et ne se détache de l'épine de l'omoplate qu'à une très-petite distance de la cavité glénoïdale.

Chez les Bathyergues et les Géoryques, au contraire, cette apophyse s'isole vers la moitié de la longueur de l'omoplate, et s'avance au-dessus de l'épaule sous forme d'une tige plus ou moins contournée et presque cylindrique. Chez les Spalax, où sa forme générale est à peu près la même que chez les Siphnés, sa portion terminale ne se recourbe pas en dessous à beaucoup près aussi fortement.

L'humérus est court, trapu et fortement tordu sur lui-même, de façon à avoir à peu près la même forme générale que celui des Spalax; mais il est beaucoup plus robuste (2).

Le trochanter s'élève un peu au-dessus de la tête articulaire. La crête externe est très-saillante, pointue et dirigée en dehors; mais c'est principalement l'extrémité inférieure de l'os qui fournit des caractères dont il est important de tenir compte. Elle est extrêmement élargie, non pas seulement dans sa portion articulaire, mais dans toute la partie destinée à l'insertion des muscles. Ainsi, il existe en dehors une expansion mince, cristiforme, presque en manière d'aile, qui continue le bord interne, et en se contournant, va aboutir à l'épitrochlée.

L'épicondyle est remarquablement saillant, se prolonge plus bas que la poulie articulaire et se relie supérieurement à la crête pectorale

(1) Voyez pl. IX, B.
(2) Voyez pl. IX, B, et pl. IX, fig. 14 et 20.

par un renflement mousse. En arrière, la fosse olécrânienne est allongée dans le sens transversal.

L'avant-bras est très-court; mais le cubitus présente cependant une longueur considérable, dépendant surtout du grand développement de sa portion olécrânienne, qui constitue en arrière de l'articulation un levier très-puissant propre à favoriser singulièrement l'action des muscles extenseurs (1). L'extrémité de cette apophyse, renflée en forme de tubercule, se recourbe en dedans comme un crochet, et sa face interne est creusée d'une dépression longitudinale; sa face supérieure est très-élargie et limitée latéralement en dedans, aussi bien qu'en dehors, par une crête lamelleuse qui sert à renforcer les insertions des muscles. Chez tous les Rats-Taupes, l'olécrâne est allongé et fort; mais elle ne présente jamais les conditions de puissance qui sont réunies d'une manière si remarquable chez les Siphnés.

Le radius est solidement fixé au cubitus, de façon à ne pouvoir exécuter que des mouvements obscurs de pronation et de supination. Cependant, il est moins immobilisé que chez les Bathyergues et les Géoryques. Son extrémité carpienne est plus élargie que chez les Rats-Taupes.

Les os du carpe sont au nombre de huit (2). La première rangée se compose d'une partie articulaire et d'une partie accessoire. La partie articulaire est formée par deux pièces, dont l'une résulte de la soudure du scaphoïde avec le semi-lunaire, et correspond à la facette radiale tout entière; l'autre, qui s'articule avec le cubitus, est constituée par le cunéiforme. Les pièces accessoires sont: du côté interne, le pisiforme, et du côté externe, un os surnuméraire qui est très-allongé et solidement relié au pouce par des ligaments qui rendent ses mouvements solidaires de ceux de ce dernier doigt. La deuxième rangée se compose du trapèze, du trapézoïde, du grand os et de l'os

(1) Voyez pl. IX, fig. 15 et 21, et pl. IX, B.
(2) Voyez pl. IX, A, fig. 11.

crochu; ce dernier est de tous le plus développé et se trouve en rapport avec les métatarsiens du quatrième et du cinquième doigts. Le grand os est au contraire très-réduit et s'articule spécialement avec le troisième métacarpien, n'étant en contact avec le deuxième que par une très-petite facette.

Les métacarpiens sont tous très-courts, et, dans leur brièveté, de dimensions très-inégales (1). Celui du pouce ne forme qu'un petit osselet lenticulaire; le second est grêle, mais relativement assez allongé, il est cependant dépassé par le troisième, qui est de tous le plus développé. Celui-ci en effet est élargi, épais, et se prolonge jusqu'au niveau de l'extrémité de la première phalange du quatrième doigt. Le métacarpien qui supporte cette dernière est très-raccourci; sa largeur égale presque sa longueur. Enfin, le métacarpien du cinquième doigt est encore plus court et offre beaucoup de ressemblance avec les osselets du carpe.

Le troisième doigt dépasse de beaucoup les autres (2). Les deux premières phalanges sont très-trapues, tandis que la dernière, destinée à porter l'ongle, est très-forte, très-longue, falciforme, et se prolonge au-dessus de la phalange précédente, de façon à la cacher complétement lorsqu'elle est dans l'extension. Le quatrième doigt est presque aussi robuste, mais plus court; sa phalange unguéale offre la même conformation que celle que je viens de décrire. Le cinquième doigt est très-petit; cependant, sa dernière phalange chevauche encore au-dessus de l'osselet qui la supporte.

Le deuxième doigt est faible, mais relativement allongé. Enfin, le pouce est extrêmement réduit et terminé par une phalange unguéale courte, en forme de lame, très-mince et dilatée inférieurement.

Il n'existe dans la conformation des membres postérieurs que peu de particularités importantes (3). Le bassin est conformé à peu près

(1) Voyez pl. IX, A, fig. 11, et pl. IX, B.
(2) Voyez pl. IX, B et IX, A, fig. 12.
(3) Voyez pl. IX, B.

comme celui des Spalax; mais il est plus grand, comparativement à la taille de l'animal, et les angles iliaques antéro-externes se prolongent beaucoup plus en dehors que cela n'a lieu chez ces Rats-Taupes. Il est aussi à noter que les tubérosités ischiatiques se relèvent davantage.

Le fémur est à la fois beaucoup plus large et plus robuste que celui des Zemmis, le grand trochanter se dilate beaucoup en dehors, et le trochanter interne forme une saillie considérable (1).

Le tibia et le péroné sont comme d'ordinaire soudés ensemble dans leur tiers inférieur, et laissent entre eux, dans leur partie supérieure, un espace très-large, dû à une courbure très-prononcée du tibia (2) ; ce dernier os est fortement excavé sur sa face postérieure, et présente sur son bord externe une crête mince qui limite cette dépression.

Le calcanéum est peu saillant et le pied est court (3) ; on y compte, comme chez les Rats-Taupes, cinq doigts dont le deuxième et le troisième dépassent de beaucoup les autres; le doigt externe est le plus réduit de tous. Son extrémité dépasse à peine le niveau du troisième métatarsien.

Les détails dans lesquels nous venons d'entrer, relativement à la structure du squelette, montrent clairement que les parties de la charpente osseuse, dont la conformation est en quelque sorte commandée par le genre de vie souterraine de ces animaux, sont disposées à peu près de la même manière que chez les Rats-Taupes; mais les différences s'accusent nettement dans l'appareil masticateur et dans les parties qui en dépendent.

(1) Voyez pl. IX, fig. 16.
(2) Voyez pl. IX, fig. 17.
(3) Voyez pl. IX, B.

Appareil musculaire.

Le système musculaire des Zocors présente des particularités remarquables qui sont en harmonie avec le mode de conformation du squelette et avec les habitudes fouisseuses de ces animaux.

La tête et les membres antérieurs sont mis en mouvement par des muscles d'une très-grande puissance, tandis que les pattes postérieures sont faibles, peu charnues, et n'offrent dans leur système musculaire rien qui s'éloigne du plan commun aux Rongeurs ordinaires. Je crois donc ne pas devoir m'arrêter sur l'histoire anatomique de cette dernière partie de l'organisme, tandis qu'il me semble utile de décrire avec quelques détails les muscles des membres thoraciques, car ce sont eux surtout qui méritent de fixer l'attention.

Les mouvements à l'aide desquels les Zocors creusent leurs terriers ont quelque analogie avec ceux des bras d'un homme qui nage. Les ongles, dirigés en arrière et un peu en dedans, font l'office de pioches, et lorsqu'ils ont été profondément enfouis dans le sol, les muscles de l'épaule se contractent de façon à fixer solidement l'omoplate contre le thorax et à fournir ainsi un point d'appui très-résistant pour le levier articulé constitué par le bras, l'avant-bras et la main.

Ce levier doit alors se porter en arrière et un peu en dehors, de façon à arracher, à rejeter de côté et à repousser la terre qu'il s'agit de déplacer. Pour déterminer ce mouvement, les muscles rétracteurs du bras entrent en action, ainsi que les extenseurs de l'avant-bras et les fléchisseurs des doigts. Non-seulement ces mouvements doivent avoir une grande puissance, mais ils doivent aussi être combinés de façon à s'exécuter simultanément; aussi la plupart des muscles dont je viens de parler sont-ils à la fois très-développés et reliés entre eux, de façon à se prêter aide mutuellement.

Le plus superficiel de tous est le trapèze (1); il est mince, mais très-large et nettement divisé en trois portions. La portion antérieure (2) qui correspond au muscle que Straus-Dürckeim a décrit, chez le Chat, sous le nom de *clavo-cucullaire*, se fixe inférieurement à la clavicule, vers le tiers externe du bord antérieur de cet os, immédiatement en dehors du cléido-mastoïdien; elle contourne l'épaule, croise presque à angle droit le muscle transverso-scapulaire ou angulaire de l'omoplate, et va s'attacher en haut au bord postérieur de la crête occipitale, depuis le trou auditif jusqu'au point de rencontre de celle-ci avec la crête temporale, ainsi qu'à une aponévrose cervicale qui occupe la ligne médiane et qui donne également attache à la portion correspondante du même muscle du côté opposé.

La portion médiane ou cervicale postérieure (3), désignée par Straus sous le nom d'*acromio-cucullaire*, est beaucoup plus large que la précédente; ses fibres sont dirigées presque verticalement; elle diffère de son analogue chez l'homme : 1° en ce qu'elle s'insère à la fois à l'acromion et à l'épine de l'omoplate, dont elle occupe la moitié antérieure; 2° en ce que son attache supérieure a lieu sur l'aponévrose cervicale, dont je viens de parler, en restant complétement indépendante de la colonne vertébrale. Il résulte de cette dernière disposition que les deux muscles trapèzes doivent se contracter simultanément pour que leur point d'appui soit résistant.

La portion dorsale (ou *dorso-cucullaire* de Straus) est parfaitement distincte et nettement séparée de la précédente (4). Son extrémité antérieure est fixée à l'épine scapulaire, vers sa partie moyenne, immédiatement au-dessus de l'extrémité du deltoïde postérieur, et immédiatement au-dessous des dernières fibres de la portion cervicale

(1) Voyez pl. IX, C, fig. 1, *1*.
(2) Voyez pl. IX, C, fig. 1, *1a*.
(3) Voyez pl. IX, C, fig. 1, *1*
(4) Voyez pl. IX, C, fig. 1, *1c*.

du trapèze. Ce muscle se porte en arrière et en haut en s'élargissant graduellement, croise le triceps brachial, passe au-dessus de l'angle postérieur de l'omoplate, presque parallèlement aux fibres du muscle grand dorsal qui est au-dessous (1), et se termine en partie sur les apophyses épineuses des quatre dernières vertèbres dorsales, en partie sur l'aponévrose lombaire.

L'action combinée des trois faisceaux du trapèze a pour effet d'élever l'épaule; lorsqu'elle agit isolément, la portion antérieure la porte en avant; la portion postérieure, au contraire, la tire en arrière et fait très-légèrement basculer l'omoplate sur la clavicule.

Ce muscle est disposé à peu près de la même manière que celui du Spalax; cependant, chez ce dernier, la portion dorsale est plus forte. La portion occipitale est plus oblique, et ses fibres confondent leur attache avec celles du sterno-cléido-mastoïdien.

Le trapèze du Siphné est notablement plus robuste que celui du Rat. Chez ce dernier, la portion occipitale est beaucoup plus longue et plus oblique, ce qui dépend des différences qui existent dans les dimensions du cou de ces deux Rongeurs; en effet, chez le Siphné, la crête occipitale est située presque au niveau de l'épaule; chez le Rat elle s'en trouve à une assez grande distance. J'ajouterai que, dans cette dernière espèce, la portion du trapèze dont je viens de parler recouvre complétement le sterno-cléido-mastoïdien, de telle sorte qu'au premier abord on pourrait la confondre avec ce muscle.

Chez beaucoup d'autres Rongeurs, le Castor, le Porc-Épic, le Cabiai, le Paca, par exemple, la portion dorsale du trapèze se fusionne presque complétement avec la portion cervicale, ce qui n'a pas lieu dans le genre qui nous occupe.

Immédiatement au-dessous du trapèze se trouvent trois muscles remarquablement forts, qui correspondent au rhomboïde de l'homme.

(1) Voyez pl. IX, C, fig. 1, *13*.

L'un, ou rhomboïde antérieur, appelé aussi à raison de ses insertions occipito-scapulaire (1), se fixe à toute la crête scapulaire, dont la portion antérieure, comme nous l'avons déjà vu, est remarquablement épaisse. Ce muscle occupe toute cette épaisseur, car ce n'est que sur le bord inférieur de l'épine que s'insère le trapèze. Les fibres de l'occipito-scapulaire se portent directement en avant et s'attachent au-dessous du trapèze à la crête occipitale jusqu'à l'apophyse mastoïde, immédiatement au-dessus du point d'insertion du grand dentelé et du sterno-mastoïdien. Ses contractions portent l'épaule en avant et font basculer l'omoplate sur la clavicule, de façon à donner plus d'obliquité au premier de ces os. Lorsque l'épaule est fixée et que ce muscle se contracte simultanément avec son congénère, il relève la tête; s'il se contracte seul, il tourne la tête de côté.

Chez le Rat, le rhomboïde antérieur ne consiste qu'en une bandelette très-étroite et de faible épaisseur, qui ne s'attache qu'à la moitié externe de la crête occipitale. Chez le Spalax, il est conformé à peu près comme celui des Siphnés, bien que sa longueur soit plus considérable.

Le second rhomboïde, ou rhomboïde principal (2), occupe presque tout l'espace compris entre la ligne médiane du cou et le bord supérieur du muscle précédent. Il s'attache à l'angle postérieur de l'omoplate, dans sa moitié supérieure et à une très-courte portion (4 ou 5 millimètres) du bord supérieur attenant à cet angle. Ses fibres se portent ensuite obliquement en dedans et se fixent à l'entrecroisement aponévrotique qui existe sur la ligne médiane, et auquel s'attachent aussi le trapèze et le splénius. Elles ne prennent aucune insertion sur les vertèbres cervicales. Ce muscle relève l'angle postérieur de l'omoplate, et par conséquent, porte le bras et l'avant-bras en arrière. Chez le Rat, il est plus grêle, beaucoup moins oblique, et s'insère sur tout le

(1) Voyez pl. IX, C, fig. 5, 2a.
(2) Voyez pl. IX, C, fig. 5, 2b.

bord supérieur de l'omoplate, de façon à tirer cet os presque directement en haut et à l'appliquer contre le rachis.

Le troisième muscle, que l'on pourrait appeler rhomboïde accessoire, s'insère (1) à la face interne de l'angle postérieur de l'omoplate, et se porte directement en dedans pour se fixer aux apophyses épineuses des quatrième, cinquième et sixième vertèbres dorsales; il est destiné à maintenir l'angle du scapulum appliqué contre la colonne vertébrale. Chez le Spalax, il n'est pas distinct, mais paraît représenté par la portion postérieure du rhomboïde principal, qui s'épaissit beaucoup en arrière.

Le muscle grand dentelé (2) est remarquablement fort et diffère beaucoup, non-seulement de celui de l'Homme, mais aussi de celui de la plupart des Mammifères, car il s'étend en dedans depuis la tête jusqu'à la dixième côte, et de là, ses fibres convergent vers l'angle postérieur et vers le bord supérieur de l'omoplate. Elles forment, à raison de leur direction, trois faisceaux bien distincts, que l'on peut désigner sous le nom de faisceau antérieur, moyen et postérieur.

Le premier, que l'on doit considérer comme l'analogue du releveur de l'omoplate (3), s'attache à la partie inférieure de la crête occipitale, immédiatement en arrière du cléido-mastoïdien, aux apophyses transverses de la pièce osseuse constituée par la soudure des deuxième, troisième et quatrième vertèbres, ainsi qu'à la première côte. Ses fibres se dirigent obliquement en arrière et vont se fixer au tiers postérieur du bord supérieur de l'omoplate et à la face interne de ce bord.

La portion moyenne (4) prend attache sur les deuxième, troisième et quatrième côtes, ainsi qu'à un espace fibreux qui les réunit entre

(1) Voyez pl. IX, C, fig. 5, 6 et 7, 2c.
(2) Voyez pl. IX, D, fig. 1 et 2, 3.
(3) Voyez pl. IX, D, fig. 2, 3^a.
(4) Voyez pl. IX, D, fig. 2, 3^b.

elles, et monte ensuite presque directement s'insérer en dedans de l'angle postérieur du scapulum. La portion postérieure du grand dentelé (1) se compose de cinq ou six bandes musculaires, qui, fixées sur les côtes jusqu'à la dixième, s'attachent par leur extrémité opposée à la partie inférieure de l'angle scapulaire postérieur.

Lorsque ces trois portions se contractent simultanément, elles appliquent fortement l'omoplate contre le thorax, et maintiennent par conséquent l'épaule. Quand la portion antérieure entre seule en jeu, elle porte l'omoplate en avant en la faisant basculer sur son extrémité articulaire. Quand la portion postérieure se contracte, l'omoplate est tirée en arrière et en bas.

Le *sous-clavier* (2) doit être compté parmi les muscles qui agissent sur l'omoplate; il est très-volumineux, très-épais, et s'insère sur l'extrémité élargie de la première côte et sur une tubérosité que cet os présente en dehors, puis se porte non-seulement à tout le bord postérieur et à la face inférieure de la clavicule, mais encore à l'extrémité supérieure de l'acromion. Comme ses fibres s'étendent presque directement en dehors, lorsqu'elles se contractent, elles fixent solidement l'épaule en la tirant en bas et en l'appliquant contre les parois du thorax, en même temps qu'elles élèvent la première côte.

Ce muscle, qui manque généralement chez les Mammifères dépourvus de clavicules, se développe d'autant plus que cet os présente plus de force. Ainsi, chez le Paca dont la clavicule est incomplète, il est faible et n'occupe que la portion osseuse de ce stylet. Chez le Castor, il augmente beaucoup de volume et recouvre une grande partie du bord postérieur de la clavicule; enfin, nous voyons que dans le genre *Siphneus*, il s'étend jusqu'à l'acromion.

Immédiatement en avant du muscle sous-clavier, on voit un

(1) Voyez pl. IX, D, fig. 2, 3c.
(2) Voyez pl. IX, C, fig. 2 et 6, *4*.

autre muscle (1) que l'on pourrait comparer à l'angulaire de l'homme, mais qui correspond plutôt au transverso-scapulaire de Schreger et de Straus-Durckeim. Ce muscle s'attache sur l'apophyse récurrente de l'épine scapulaire, puis se porte en avant et en dedans, contourne l'acromion, passe au-dessus du cléido-mastoïdien pour aller se fixer par un tendon peu développé aux apophyses transverses et au corps des vertèbres cervicales soudées. Ce muscle est peu développé, comparativement à ceux de la même région; lorsqu'il se contracte, il tire l'épaule en avant et un peu en dedans.

Le petit pectoral (2) constitue un muscle très-épais et bien distinct; il se fixe à toute l'apophyse coracoïde et se porte ensuite obliquement en dedans et en arrière, pour s'insérer à l'extrémité interne de la deuxième côte et au cartilage correspondant. Ses contractions tirent l'épaule en arrière et en dedans. Chez la plupart des Rongeurs, ce muscle est plus faible, plus allongé et surtout moins distinct que chez les Siphnés.

Les muscles qui mettent le bras en mouvement sont: le deltoïde, le sus-épineux, le sous-épineux, le grand rond, le petit rond, le grand dorsal, le grand pectoral, le sous-scapulaire et le coraco-brachial.

Le deltoïde (3) constitue une seule masse musculaire très-considérable qui occupe les portions antérieure et latérale de l'épaule; il s'attache à l'apophyse du bord externe de l'humérus, au-dessus et en dehors du grand pectoral; de là ses fibres se portent, les unes en dedans, les autres directement en haut, et enfin, les autres en arrière et en dehors.

Ces dernières s'insèrent au bord inférieur de l'épine scapulaire, dans toute sa portion élargie, et recouvrent directement le triceps; les fibres antérieures s'attachent à l'acromion et à l'extrémité externe du

(1) Voyez pl. IX, C, fig. 2 et 6, *5*.
(2) Voyez pl. IX, D, fig. 1, *6*.
(3) Voyez pl. IX, D, fig. 1, *8*.

bord claviculaire antérieur; les fibres internes prennent leur point d'insertion sur les deux tiers de ce même bord. Le deltoïde du Siphné est spécialement élévateur du bras. Cependant, comme la portion externe ou scapulaire est plus volumineuse que les autres, ce muscle doit porteren même temps le bras en dehors.

Chez un grand nombre de Rongeurs, le deltoïde est simple, comme celui du Siphné; tels sont, sous ce rapport, le Castor, le Hamster, l'Écureuil et le Rat. Cependant, chez ce dernier, on observe déjà des traces de la division en deux faisceaux, dont l'externe se prolonge plus loin en arrière que dans le genre qui nous occupe, de telle sorte qu'il doit, en élevant le bras, le porter en dehors.

Dans le genre *Spalax*, le deltoïde ressemble aussi à celui des *Siphneus*, mais comme les clavicules sont beaucoup plus obliques, les fibres de ce muscle sont presque verticales et doivent tendre à élever directement le bras.

Chez beaucoup de Rongeurs, le deltoïde se divise en deux muscles entièrement séparés l'un de l'autre par la tête de l'humérus. Ils correspondent au delto-acromial et au delto-spinal décrits par Straus-Durckeim chez le Chat. Ainsi, dans les genres Porc-Épic et Agouti, on voit deux faisceaux parfaitement distincts, dont l'un part de l'acromion et de la partie antérieure de l'épine, et l'autre de la moitié externe de la clavicule. Chez les Marmottes, la division du muscle élévateur du bras est portée bien plus loin encore, car on y distingue quatre faisceaux.

Le sus-épineux (1) ne remplit pas entièrement la fosse de ce nom, dont la partie postérieure est occupée par le rhomboïde; il s'attache au bord supérieur de l'omoplate dans ses trois quarts antérieurs, ainsi qu'à la portion correspondante de la fosse sus-épineuse et de la face supérieure de l'épine scapulaire. Ce muscle s'engage ensuite au-

(1) Voyez pl. IX, C, fig. 2 et 6, 9.

dessous de l'acromion et de la portion externe du sous-clavier, et s'insère à la tubérosité supérieure de l'humérus, de façon à élever cet os, en lui imprimant en même temps un mouvement de rotation en dehors.

Chez le Spalax, le sus-épineux est comparativement plus développé que dans le genre qui nous occupe ; il s'étend plus loin en arrière et remplit toute la fosse sus-épineuse.

Le sous-épineux (1) est peut-être plus volumineux que le précédent ; il est logé dans la fosse sous-épineuse et s'étend jusqu'au bord scapulaire postérieur ; il paraît entièrement confondu avec le petit rond (2). Son tendon, court et large, se fixe sur la tubérosité externe de l'humérus en s'entrecroisant en partie avec les fibres du ligament capsulaire. Ses contractions impriment au bras un double mouvement de rotation de dedans en dehors et d'élévation.

Le grand rond (3) ou rond externe se voit immédiatement au-dessous du muscle précédent ; il lui est presque parallèle et se détache du bord inférieur de l'angle postérieur de l'omoplate, et va prendre son insertion mobile au bord interne de l'humérus, vers son tiers supérieur, immédiatement en dehors du tendon du grand dorsal, dont il est d'ailleurs parfaitement séparé. Généralement, chez les Rongeurs, le grand rond se développe moins. Dans le genre Spalax, où il est assez volumineux, il s'attache à l'os du bras beaucoup plus près de la tête articulaire. Chez aucun Rongeur, il n'atteint les dimensions de celui de la Taupe, où il est énorme et recouvre tout le sus-épineux.

Le grand dorsal (4) constitue un muscle très-robuste et remarquable par les relations qu'il offre avec le triceps brachial. Il s'insère en arrière à la partie antérieure de l'aponévrose lombaire et aux apophyses épineuses des dixième, onzième, douzième et treizième vertèbres dor-

(1) Voyez pl. IX, C, fig. 1 et 2, *10*.
(2) Voyez pl. IX, E, fig. 2, *11*.
(3) Voyez pl. IX, D, fig. 1, et pl. IX, B, fig. 2, *12*.
(4) Voyez pl. IX, C, et IX, D, fig. 1, *13*.

sales, par l'intermédiaire d'un plan fibreux mince et très-élargi, qui s'entrecroise avec celui du côté opposé. Il est, dans ce point, recouvert par la portion postérieure du trapèze ou dorso-cucullaire; il est large, lamelleux et se porte en bas et en avant, croise le grand dentelé et se termine sur une expansion tendineuse, qui se continue jusqu'au bord interne de l humérus, où elle se fixe en dedans du grand rond.

Cette même expansion tendineuse donne attache à un faisceau interne du triceps (1), dont les fibres semblent même être la continuation directe de celles du grand dorsal; quelques-unes vont se fixer en partie sur l'olécrâne, et les autres se confondent avec la masse des muscles fléchisseurs des doigts.

Cette disposition est destinée à donner une très-grande énergie aux mouvements qui portent le membre antérieur en arrière depuis son extrémité jusqu'à sa base, car lorsque le grand dorsal se contracte, non-seulement il tire l'humérus en arrière au moyen de son long tendon, mais il constitue en même temps un point d'insertion fixe pour le faisceau interne du triceps, qui peut alors entrer en jeu et à la fois étendre l'avant-bras sur le bras et fléchir les doigts par l'intermédiaire des muscles propres à ces appendices.

On remarque, chez un certain nombre de Rongeurs, une disposition analogue, mais toujours moins exagérée; ainsi, chez le Porc-Epic et chez le Spalax, le faisceau interne du triceps prend quelques points d'attache sur le grand dorsal; mais il ne peut plus en être considéré comme la continuation. Sa direction est différente, et par conséquent, le grand dorsal n'agit plus aussi directement sur l'olécrâne.

Chez quelques Rongeurs, le Castor, par exemple, le grand dorsal présente, dans sa portion humérale, une disposition bien différente de celle que je viens de signaler dans le genre Siphné. Ce muscle se termine en formant une arcade aponévrotique qui s'attache à la face

(1) Voyez pl. IX, D, fig. 1, 4[d].

interne de la partie supérieure de l'humérus, et laisse un espace vide destiné au passage du muscle biceps, du coraco-brachial et des principaux nerfs et vaisseaux du bras. Le faisceau externe et supérieur de cette arcade s'unit intimement au grand rond et donne attache au dermo-huméral. Rien de semblable ne se remarque chez les Siphnés.

Le grand pectoral (1) est extrêmement épais, aussi voit-on sur la ligne médiane une sorte de raphé aponévrotique qui unit les fibres d'un côté à celles du côté opposé, et qui constitue un sillon longitudinal à cause du renflement de chaque pectoral. Ses fibres s'attachent très-largement à l'humérus; en premier lieu, à l'extrémité de l'apophyse en forme de crochet qui prolonge le bord externe, puis à une ligne intermusculaire située sur la face antérieure, et remontant jusqu'à la tête de l'os en limitant la gouttière bicipitale; l'insertion du grand pectoral circonscrit ainsi un espace ovalaire que remplit la portion antérieure du deltoïde. Les fibres antérieures du grand pectoral se portent directement en dedans vers le sternum, mais n'ont aucune connexion avec la clavicule dont elles sont séparées par le deltoïde; les fibres postérieures se dirigent obliquement en dedans et en arrière, et s'insèrent en partie sur le sternum jusqu'à la base de l'appendice xiphoïde, en partie sur la portion interne des deuxième, troisième et quatrième côtes, par des faisceaux parfaitement distincts, dont la direction est beaucoup plus oblique que celle des fibres plus superficielles qui se portent au sternum; ces faisceaux s'attachent à l'humérus le long du bord de la gouttière bicipitale, tandis que les autres s'insèrent à l'apophyse externe.

Le grand pectoral rapproche l'humérus du corps et le porte en même temps en arrière, tandis que chez le Rat, il n'est guère qu'adducteur.

Il est peu de Rongeurs chez lesquels ce muscle soit aussi robuste

(1) Voyez pl. IX, C, fig. 1, et pl. IX, D, fig. 1, 7.

que celui du Siphné. Dans le genre Spalax, ce muscle ne constitue pas de chaque côté de la poitrine une masse renflée ; il est au contraire aplati et peu épais.

Chez le Rat, où il est médiocrement développé, ses fibres antérieures se dirigent obliquement, et un peu en arrière du sternum, vers l'humérus, de façon à déterminer pour cet os un mouvement de rotation en dedans beaucoup plus marqué que chez le Siphné.

Dans le genre *Arctomys*, il existe au-dessous du grand pectoral un autre muscle faible, mais bien distinct, qui s'étend de la région moyenne du sternum vers la crête humérale. Ce faisceau ne peut être comparé au petit pectoral des Siphnés, dont l'insertion mobile se fait sur l'apophyse coracoïde.

Le grand pectoral de la Taupe est conformé d'une façon tout à fait spéciale, et les mêmes résultats s'obtiennent, chez cet animal fouisseur, à l'aide d'un mécanisme différent. Ce muscle est formé de plusieurs faisceaux dont l'un d'eux s'attache, d'une part, sur la clavicule, d'autre part, au bord inférieur de l'humérus. Les derniers faisceaux s'étendent, au contraire, jusqu'aux tubérosités antérieure et postérieure de ce même os.

Le sous-scapulaire (1) ne présente rien de remarquable à noter ; il remplit toute la fosse scapulaire qui est étroite, mais très-profonde, de telle sorte que l'épaisseur du muscle est considérable, puis il se termine par un tendon court et très-large, qui s'engage sous le coraco-brachial qu'il croise presque à angle droit, et va se fixer à la tubérosité humérale interne.

Le coraco-brachial (2) prend naissance à l'extrémité de l'apophyse coracoïde, immédiatement au-dessous du petit pectoral, par un tendon grêle et allongé, qui ne tarde pas à s'élargir et se transforme

(1) Voyez pl. IX, D, fig. 1, *14*.
(2) Voyez pl. IX, D, fig. 1, *15*.

en une aponévrose très-étendue dont émanent les fibres musculaires qui constituent, vers la partie inférieure du bras, un faisceau comparativement renflé. Ces fibres se fixent au bord interne de l'humérus, dans son tiers inférieur et dans une excavation que l'on remarque sur ce bord, immédiatement au-dessus de la tubérosité interne ou épitrochlée, de façon à donner à cet os un mouvement d'adduction très-prononcé.

Chez la plupart des Rongeurs, ce muscle est beaucoup plus grêle, quelquefois même il fait complétement défaut, et il est curieux de le voir manquer chez certaines espèces fouisseuses et particulièrement dans le Rat-Taupe du Cap. Chez le Spalax, il est réduit à une bride tendineuse qui ne devient musculaire que près de son extrémité inférieure. Dans les genres *Sciurus* et *Hystrix*, il est relativement presque aussi développé que chez le Siphné, mais son tendon est très-court; il en est de même chez le Castor, où l'on remarque que ce tendon, à peu de distance de l'apophyse coracoïde, donne naissance à deux ventres charnus distincts, dont le supérieur s'insère très-haut à l'humérus, et dont l'inférieur, qui est le plus considérable, s'attache à toute la face interne de cet os.

Le Porc-Épic et le Hamster offrent, sous ce rapport, une disposition semblable.

Lorsqu'on examine les muscles qui mettent l'avant-bras en mouvement, on est frappé de la disproportion qui existe entre les fléchisseurs et les extenseurs ; ces derniers sont énormes et renforcés par d'autres muscles, tels que le grand dorsal ; les premiers sont au contraire peu robustes.

Le plus développé est le biceps (1) qui, dans le genre Siphné, ne mérite pas ce nom, car il n'a qu'une seule tête; on devrait plutôt l'appeler le *long fléchisseur* de l'avant-bras. Son tendon s'attache en haut, au

(1) Voyez pl. IX, D, fig. 1, *19*.

bord de la cavité glénoïdale de l'omoplate, il s'engage ensuite dans une coulisse creusée d'abord entre la tubérosité externe et la tête de l'humérus, puis entre cette dernière et la tubérosité interne ; dans cette portion de son trajet, il est maintenu par des brides de tissu fibreux.

Le long fléchisseur se renfle au niveau de l'insertion du grand dorsal et constitue une sorte de ventre, puis il s'atténue de nouveau, passe au devant de l'articulation du coude et s'engage entre le rond pronateur et le brachial antérieur pour aller se fixer au bord supérieur du cubitus, en avant de son articulation, de manière que ses contractions déterminent non-seulement la flexion de l'avant-bras, mais aussi un léger mouvement de pronation.

Beaucoup de Rongeurs présentent dans la disposition de ce muscle les particularités que je viens de signaler ; ainsi chez le Castor, le biceps est beaucoup plus robuste, mais il naît aussi par une seule tête. On peut en dire autant pour le Spalax, le Porc-Épic, la Marmotte et le Paca. Au contraire, chez le Rat-Taupe du Cap, le Rat et l'Écureuil, il existe un véritable biceps pourvu de deux têtes bien distinctes.

Le court fléchisseur de l'avant-bras, ou brachial antérieur (1), diffère considérablement de celui de l'homme et de la plupart des autres Mammifères par la hauteur à laquelle il s'insère. En effet, il prend ses points d'insertion supérieure, sur la face postérieure de l'humérus, immédiatement au-dessous de la tête articulaire de cet os et à une petite portion de la crête externe, puis il glisse en dehors de cette dernière, contourne l'apophyse qui la termine, s'accole au long fléchisseur, croise le muscle radial et va enfin s'insérer, au moyen d'un tendon mince et aplati, à une faible distance en avant de la tête articulaire du radius, et au bord supérieur du cubitus, dans une fossette qui lui est commune avec le muscle précédent, de manière à fléchir l'avant-bras en même temps qu'il fait exécuter à la main un mouvement très-marqué de pronation.

(1) Voyez pl. IX, D, fig. 1, 20.

L'extenseur de l'avant-bras, ou triceps (1), constitue sur les faces externe et postérieure du bras une masse énorme, divisée en quatre portions bien distinctes. L'une d'elles, beaucoup plus considérable que les autres, prend son insertion sur l'omoplate : je la désignerai sous le nom de *portion scapulaire*. Les deux autres se fixent à l'humérus, l'une en dehors, l'autre en arrière et en dedans. J'appellerai la première *portion humérale externe*, et la seconde *portion humérale interne*. Enfin, le quatrième faisceau, ou *accessoire*, prend son point d'attache sur le tendon du grand dorsal.

La portion scapulaire (2) tend à se diviser en deux faisceaux qui en haut se confondent. Le premier faisceau s'insère à l'angle postérieur de l'omoplate par l'intermédiaire d'une expansion aponévrotique, ainsi qu'au bord inférieur de cet os. Le deuxième faisceau, recouvert en haut par le deltoïde, s'attache à l'omoplate d'une façon très-singulière : il envoie une expansion aponévrotique qui va se fixer, en dehors, sur l'épine scapulaire en passant au-dessus du muscle sous-épineux. Une autre lame aponévrotique passe au-dessous de ce même muscle pour aller s'insérer sur le bord scapulaire inférieur. Les fibres musculaires qui émanent des deux faisceaux dont il vient d'être question, se dirigent en bas et ne tardent pas à se réunir ; quelques-unes se fixent sur le bord postérieur de l'apophyse olécrâne ; les autres, situées plus en arrière, se confondent avec l'aponévrose antibrachiale, de façon à aider puissamment l'action des muscles fléchisseurs des doigts.

La portion humérale externe (3) prend naissance, par l'intermédiaire d'une lame aponévrotique, sur la partie de la crête externe située au-dessus de l'apophyse d'insertion du grand pectoral ; elle occupe par conséquent la région brachiale antérieure et externe. Les fibres recouvertes supérieurement par le deltoïde se dirigent en bas et un peu en

(1) Voyez pl. IX, C, fig. 1 et 2, et pl. IX, D, fig. 1, *21*.
(2) Voyez pl. IX, C, fig. 1 et 2, *21a*.
(3) Voyez pl. IX, C, fig. 1 et 2, *21b*.

arrière et vont s'insérer au bord externe de l'olécrâne. Dans une partie de leur étendue, elles recouvrent le brachial antérieur ou court fléchisseur de l'avant-bras, et dans leur portion terminale, elles passent au-dessus des muscles extenseurs des doigts. Ce faisceau sert à fléchir l'avant-bras, en même temps qu'il lui fait exécuter un mouvement de rotation en dehors.

La portion humérale interne (1) affecte une forme triangulaire, elle s'attache directement : 1° à la crête qui surmonte l'épicondyle et se dirige en haut et en dedans ; 2° à tout le bord interne de l'humérus, ainsi qu'à la face postérieure de l'os comprise entre ces deux crêtes. Inférieurement, elle s'insère au bord postérieur et externe de l'olécrâne et à la face supérieure de cette apophyse, de manière à agir avec une très-grande puissance sur ce bras de levier et à contribuer en majeure partie aux mouvements d'extension de l'avant-bras.

Le *faisceau accessoire* (2) dont il a déjà été question (voyez page 102), naît sur une intersection fibreuse qui le sépare du grand dorsal, dont il semble former la continuation directe, puis il se dirige en dedans, et parallèlement à la portion scapulaire, vers le coude et se fixe à l'angle postéro-interne de l'olécrâne, ainsi qu'à l'aponévrose antibrachiale.

Enfin, pour terminer ce qui est relatif aux extenseurs de l'avant-bras, je dois parler d'un petit muscle, qu'on peut considérer comme une dépendance du triceps, et que l'on désigne d'ordinaire sous le nom d'*anconé* ou d'*olécrânien* (3); il s'attache d'une part à l'épitrochlée et d'autre part à l'angle postéro-interne de l'olécrâne.

Je ne connais aucun Rongeur chez lequel le triceps soit aussi développé que chez le Siphné et chez lequel il présente des adhérences aussi intimes avec l'aponévrose antibrachiale. Lorsqu'on cherche à se rendre compte des mouvements qu'il détermine, on voit

(1) Voyez pl. IX, D, fig. 1 et 3, *21c*.
(2) Voyez pl. IX, D, fig. 1 et 3, *21*[d].
(3) Voyez pl. IX, D, fig. 5, *22*.

qu'il est admirablement conformé pour servir des membres fouisseurs. Car lorsqu'il se contracte, non-seulement il étend l'avant-bras, mais encore il le tourne légèrement en dehors en même temps qu'il maintient les doigts solidement fléchis : combinaison de mouvements nécessaire pour entamer le sol et en repousser les débris.

Dans le genre *Spalax*, le triceps ne s'insère que sur les deux tiers antérieurs de l'omoplate, au niveau du point d'attache du faisceau deltoïdien postérieur, et il passe sous le muscle sous-épineux, pour aller se fixer au bord inférieur de l'omoplate, de telle sorte que ce dernier muscle n'est pas, comme chez le Siphné, compris entre deux lames aponévrotiques. Le faisceau accessoire émane aussi du grand dorsal; mais la direction de ses fibres est différente de celle de ce muscle, et par conséquent le grand dorsal agit moins directement sur l'olécrâne.

Chez le Rat, le muscle court fléchisseur de l'avant-bras est complétement à découvert, à cause du développement beaucoup moindre que présente la portion antéro-externe du triceps qui ne s'attache que sur le bord inférieur de l'omoplate, laissant le sous-épineux complétemen àdécouvert. Le faisceau accessoire est très-faible, et au lieu de se continuer avec le grand dorsal il s'insère sur une arcade aponévrotique constituée par ce muscle et une portion du grand pectoral.

Il n'existe chez les Siphnés qu'un seul muscle pronateur correspondant au rond pronateur (1), qui naît en avant de l'épitrochée, à la partie supérieure de cette petite tubérosité, immédiatement au-dessous de la dépression dans laquelle se fixe le court fléchisseur de l'avant-bras. De là, ce muscle se dirige obliquement en avant et en bas pour s'attacher, au moyen d'une très-large aponévrose, à la partie interne du bord supérieur du radius, vers sa portion moyenne.

Le carré pronateur est très-faible; il constitue un petit faisceau,

(1) Voyez pl. IX, D, fig. 1 et 3, 23.

qui s'étend du radius au cubitus, vers la partie inférieure de l'avant-bras.

Chez le Porc-Épic, l'Agouti, la Marmotte, il existe un muscle carré pronateur, qui occupe presque toute la longueur de l'avant-bras.

Comme antagoniste du rond pronateur, on ne trouve qu'un seul muscle qui correspond au court supinateur (1); il est comparativement beaucoup moins développé que le précédent, et naît au-dessous des extenseurs des doigts sur l'épicondyle, contourne l'extrémité supérieure du radius, et s'insère vers le tiers supérieur de cet os, au-dessus et en dehors du rond pronateur.

Le Hamster et la Marmotte possèdent deux supinateurs; mais chez le Lièvre, le Porc-Épic, l'Agouti, le Paca, le Castor, le Rat, le Spalax et l'Hélamys, on ne trouve aucune trace du long supinateur. Sous ce rapport, ces Rongeurs ressemblent donc au Siphné.

Dans le genre dont l'étude nous occupe ici, les muscles qui, d'ordinaire, se portent de l'humérus au carpe, et qui servent aux mouvements d'extension et de flexion de cette partie, sont en quelque sorte détournés de leurs fonctions, et s'insérant sur les métacarpiens, sont en partie affectés au service des doigts.

Les extenseurs sont les deux radiaux externes et le cubital externe.

Le premier radial (2) se voit à la face antérieure et interne du bras; il naît de l'épicondyle de l'humérus, passe au devant de l'articulation du coude, recouvre le supinateur, croise le large tendon du rond pronateur, passe au-dessus de la tête du radius, où il est maintenu par une bride aponévrotique qui lui est commune avec le deuxième radial; puis il va se fixer en dedans de l'extrémité du métacarpien de l'index, au moyen d'un tendon grêle, mais très-allongé.

(1) Voyez pl. IX, D, fig. 6, 24.
(2) Voyez pl. IX, D, fig. 1, et pl. IX, E, fig. 1, 25.

Le deuxième radial externe (1), plus épais et plus charnu que le précédent, naît immédiatement au-dessous et en dehors de lui sur le bord externe de l'épicondyle; il est accolé au premier radial dans presque toute sa longueur, mais on l'en sépare facilement sans aucune déchirure; son tendon est comparativement plus fort et plus court; il s'insère sur la face interne du métacarpien du doigt médius. Les deux radiaux agissent de même, ils étendent ou relèvent la main en tirant les deuxième et troisième métacarpiens en dedans d'une manière très-marquée.

Dans le genre *Spalax* et *Georychus*, il n'y a qu'un seul radial externe; mais chez beaucoup d'autres Rongeurs, ce muscle est double ; ainsi le Castor, le Porc-Épic, le Rat, le Hamster, l'Écureuil, la Marmotte, sont pourvus de deux extenseurs radiaux très-distincts qui s'attachent aussi sur les deuxième et troisième métacarpiens.

Le cubital externe (2) constitue deux faisceaux bien séparés, qui s'insèrent à la base de l'épicondyle, recouvrent le supinateur et s'engagent sous une bride fibreuse qui les maintient pendant leur passage sur la tête du cubitus. Le tendon situé en dehors s'attache sur la face externe du métacarpien du petit doigt; il remplace même l'extenseur dont il n'existe aucune trace. Le second tendon se fixe sur le quatrième métacarpien; de même que le précédent, il est à la fois extenseur et abducteur.

Une semblable disposition est très-rare dans l'ordre des Rongeurs, le cubital externe y est constamment unique ; cependant chez le Zemmi, j'ai trouvé un tendon extrêmement grêle qui se détachait de celui de ce muscle, vers son passage sous la bride fibreuse, et se portait au quatrième doigt; mais l'extenseur du petit doigt existait et était même bien développé. Chez plusieurs Édentés, on remarque que le muscle cubital externe est profondément divisé et ressemble à celui des

(1) Voyez pl. IX, E, fig. 1, *26*.
(2) Voyez pl. IX, E, fig. 1, *27*.

Siphnés ; ainsi chez le Tatou, il existe deux faisceaux bien séparés, dont le plus grêle s'insère sur le quatrième métacarpien ; j'ajouterai aussi que chez cet animal, le fléchisseur commun des doigts n'envoie aucun tendon au cinquième doigt, ce qui augmente la ressemblance entre la disposition de l'appareil moteur de la main de ces deux genres, zoologiquement très-différents, mais tous deux fouisseurs.

Le troisième doigt ou médius est pourvu d'un véritable abducteur (1) qui, dans sa partie supérieure, se confond avec le cubital externe, mais ne tarde pas à s'en isoler ; son tendon s'accole à l'extenseur commun des doigts, passe dans la même gaîne et s'attache à la face externe du troisième métacarpien de façon à tirer le médius en dehors, devenant ainsi l'antagoniste du deuxième radial externe qui est, ainsi que je l'ai dit plus haut, l'adducteur de ce même doigt.

Si l'on considère le trajet de ce muscle et ses rapports dans la gaîne interosseuse, on serait tenté de le regarder comme une dépendance de l'extenseur commun des doigts ; mais lorsque l'on examine son attache supérieure, on voit qu'il est, dans cette portion, intimement uni au cubital externe, et je serais porté à le regarder comme le troisième faisceau de ce muscle.

L'extenseur commun des doigts (2) fournit des tendons aux deuxième, troisième et quatrième doigts ; il naît par un faisceau unique et très-charnu de la portion antérieure du bord externe de l'épicondyle, puis se décompose en trois tendons. Celui qui est placé en dehors se bifurque bientôt lui-même et se porte à la dernière phalange du troisième et du quatrième doigt. Le tendon médian se réunit au précédent et s'attache avec lui au troisième doigt, enfin le dernier, qui de tous est le plus grêle, se fixe à la phalange unguéale de l'index.

Ce doigt possède aussi un extenseur propre (3) qui, situé plus pro-

(1) Voyez pl. IX, E, fig. 1, *29*.
(2) Voyez pl. IX, E, fig. 1, *30*.
(3) Voyez pl. IX, D, fig. 6, et pl. IX, E, fig. 1, *38*.

fondément, s'insère sur le tiers inférieur de la face supérieure du cubitus. Ce muscle se continue par un tendon extrêmement grêle, qui passe dans la gaîne des extenseurs communs et se fixe au côté externe de la première phalange de l'index. Malgré cette position, il est beaucoup plus extenseur qu'abducteur. La plupart des Rongeurs possèdent un muscle analogue et souvent même plus développé que chez les Siphnés.

Les extenseurs du pouce manquent, ils sont remplacés par l'abducteur (1). Ce muscle qui est placé très-profondément, se détache de la fosse creusée sur la face externe de l'olécrâne; il s'insère au bord antérieur du cubitus, ainsi qu'au ligament interosseux et à la portion correspondante du radius, puis il se porte en dedans, contourne ce dernier os et se montre à découvert entre l'extenseur propre de l'index et le deuxième radial externe, enfin il se fixe à la base et en dedans du pouce. Chez le Castor ce muscle est double, mais dans la plupart des Rongeurs, quoique assez volumineux, il est simple; c'est le seul muscle long du pouce; cette disposition a été constatée chez le Porc-Épic, la Marmotte, le Rat, l'Écureuil, le Hamster et le Spalax, etc.

Les muscles fléchisseurs de la main et des doigts ont un volume relatif beaucoup plus considérable que les extenseurs. Le cubital interne (2) est très-robuste; il naît de l'épitrochlée et de toute la crête correspondante de l'olécrâne, de façon à présenter en arrière une large étendue d'insertion. Ce muscle devient tendineux vers le tiers inférieur du cubitus, et il passe dans une coulisse creusée sur l'extrémité de cet os. Dans ce trajet, il est maintenu par une bride fibreuse, puis il se dirige en arrière et va s'attacher au cinquième métacarpien, de manière à fléchir ce doigt sur la main. Chez plusieurs espèces de Rongeurs, le muscle cubital interne ne s'attache que sur l'épitrochlée, et aucune de ses fibres ne naît de l'olécrâne.

(1) Voyez pl. IX, D, fig. 1, et pl. IX, E, fig. 1, 31.
(2) Voyez pl. IX, D, fig. 3, et pl. IX, E, fig. 1, 32.

Le radial interne (1) ou fléchisseur radial de la main, est à peu près aussi volumineux que le muscle précédent; mais, comme il se confond dans sa partie supérieure avec le fléchisseur superficiel des doigts, il doit acquérir une grande force par la contraction de ce dernier. Il s'attache à l'épitrochlée, immédiatement au-dessous du rond pronateur, puis il s'accole au fléchisseur, passe sous l'os surnuméraire et va se fixer à la base et au-dessous du métacarpien du troisième doigt; il fléchit celui-ci et en même temps l'attire en dedans.

Un muscle, que l'on doit considérer comme le grand palmaire (2), se voit à la face postérieure de l'avant-bras, au-dessus du fléchisseur superficiel des doigts; il est très-robuste et se confond en haut avec le muscle que je viens de nommer; en bas, il s'attache à la gaîne fibreuse qui maintient les tendons des fléchisseurs au-dessous de l'extrémité des métacarpiens du troisième et du quatrième doigt. Un autre faisceau dépendant du même muscle, se fixe sur l'os surnuméraire du carpe, de façon à le tirer en arrière, et comme ce dernier os est étroitement uni au pouce, il l'entraîne dans ses mouvements, de telle sorte que ce muscle devient en réalité le fléchisseur du pouce.

Le fléchisseur superficiel des doigts (3) est remarquablement fort; il est bien distinct dans sa partie supérieure; mais, dans la région palmaire de la main, son tendon se soude à celui du fléchisseur profond; cependant, bien que très-étroitement uni à ce dernier, on peut, par la dissection, l'isoler, et l'on voit alors qu'il se divise en deux faisceaux qui se rendent au troisième et au quatrième doigt, et se fixent à la saillie basilaire de la phalange unguéale. Enfin, j'ajouterai que les fibres du triceps brachial qui se confondent avec celles de ce muscle, doivent lui donner une force de contraction très-considérable.

(1) Voyez pl. IX, D, fig. 1 et 3, 33.
(2) Voyez pl. IX, D, fig. 3, 34.
(3) Voyez pl. IX, D, fig. 4, 35.

Le deuxième doigt possède un fléchisseur propre (1), qui est d'abord caché entre le précédent et le fléchisseur profond ; on ne voit que sa portion tendineuse, qui paraît un peu au-dessus du poignet. Ce tendon est assez grêle et très-nettement perforé.

Le premier et le cinquième doigt n'ont pas de fléchisseur superficiel distinct.

Le fléchisseur profond (2) ou perforant naît par deux faisceaux dont l'un se fixe dans la fosse olécrânienne interne, et au bord correspondant de l'apophyse olécrâne et de la face postérieure du cubitus jusque vers son quart inférieur; l'autre se détache de l'épitrochlée et de la face postérieure du radius, en dedans du rond pronateur et du ligament interosseux. Au niveau de l'aponévrose palmaire, ces deux faisceaux se fondent en un tendon large et renflé, qui bientôt se divise en quatre cordons très-gros et très-résistants. Ceux-ci vont se fixer sur la saillie basilaire de la phalange unguéale des quatre doigts externes.

On voit, d'après cette description, que bien que les mouvements des doigts soient peu variés, les muscles de l'avant-bras offrent beaucoup de force et une très-grande complication. Si l'on en juge par le volume des os et par le nombre des tendons qui s'y attachent, c'est le médius qui joue le rôle le plus actif dans les manœuvres que l'animal exécute pour creuser le sol. Effectivement, si l'on examine quels sont les muscles qui se rendent à chacun des doigts, on remarque que le pouce est, sous ce rapport, très-mal partagé. Il ne possède qu'un long abducteur et un fléchisseur qui, lui-même, n'agit pas directement, car il se fixe sur l'os surnuméraire. C'est, ainsi que je l'ai déjà dit, l'analogue du long palmaire.

Le deuxième doigt reçoit un fléchisseur superficiel propre et un tendon du fléchisseur profond : deux extenseurs et un abducteur

(1) Voyez pl. IX, D, fig. 4, *36*.
(2) Voyez pl. IX, D, fig. 4, 37.

(premier radial externe) ; le troisième doigt présente également deu: fléchisseurs et un fléchisseur adducteur fourni par le palmaire, deu: tendons releveurs émanant l'un et l'autre de l'extenseur commun, u adducteur qui n'est autre chose que le deuxième radial externe ; le radia interne lui imprime aussi un mouvement d'abduction ; enfin, de l'ex- tenseur commun se détache un faisceau dont le tendon s'insère à l base et en dedans de la troisième phalange, et concourt à élever l doigt en même temps qu'il le porte en dehors. C'est donc le muscl antagoniste des deux précédents.

Le quatrième doigt, dont le rôle est beaucoup moins important reçoit deux fléchisseurs et un fléchisseur adducteur émané du lon palmaire, un extenseur et un abducteur fourni par le cubital externe

Le cinquième doigt n'a pas d'extenseur propre, c'est encore l cubital externe qui lui envoie un tendon servant à la fois aux mouve- ments d'extension et d'abduction. Il est fléchi par le cubital interne e par le fléchisseur profond.

Splanchnologie.

Les individus du genre *Siphneus* que j'ai eus à ma dispositio avaient été, ainsi que je l'ai déjà dit, conservés pendant plusieurs moi dans le sel, de façon que lorsque je les ai ouverts, presque tous le organes intérieurs étaient dans un état d'altération telle que je n'ai p les étudier d'une manière satisfaisante, et que j'ai dû me borner à e constater les dispositions principales.

L'estomac (1) présente des particularités de structure importante à noter. Sa portion pylorique est renflée et aussi volumineuse que l grand cul-de-sac. Quand on examine sa surface extérieure, on re- marque des différences dans la teinte de chacune de ces parties, diffé-

(1) Voyez pl. IX, E, fig. 4 et 5.

rences qui résultent de la nature de la membrane muqueuse. Le grand cul-de-sac est entièrement tapissé par des papilles très-grosses, très-rapprochées, garnies d'un épithélium épais, de façon à ressembler beaucoup à la tunique interne de la panse d'un Ruminant (1).

Dans la portion moyenne correspondante au cardia et à une partie de la petite courbure de l'estomac, la muqueuse présente un aspect ridé dû à de petits plis parallèles et transverses, interrompus par d'autres plis plus petits et longitudinaux. Cette structure cesse brusquement du côté pylorique, où cette portion de la muqueuse est limitée par un bourrelet saillant et irrégulièrement circulaire. La troisième portion de l'estomac est revêtue d'un épithélium villeux très-délicat, et c'est dans l'épaisseur de ses parois que paraissent être logées les glandules pepsiques. Le pylore est marqué par un petit bourrelet annulaire.

Dans les notes que Pallas a laissées sur les viscères du Zocor (2), cet auteur parle de l'estomac comme étant biloculaire. Je n'ai pu constater ce mode de conformation, ce qui tient peut-être au ramollissement qu'avaient subi les parois stomacales.

De tous les Rongeurs que j'ai eu l'occasion de disséquer, c'est le Rat dont l'estomac ressemble le plus à celui du Siphné; on n'y retrouve cependant pas les grosses papilles dont je viens de parler, et l'on n'y distingue à l'intérieur que deux portions.

Le cæcum (3) est gros, long et contourné en spirale dans l'abdomen. Lorsqu'on l'étend, on voit qu'il présente une suite de boursouflures marquées par des étranglements, et qu'il se termine par une extrémité renflée. Le gros intestin est assez large à son origine, mais bientôt se rétrécit beaucoup et ne présente pas de boursouflures.

(1) Voyez pl. IX, E, fig. 5.

(2) Pallas, *Novæ species quadrupedum e glirium ordine*, 1778.

(3) Voyez pl. IX, E, fig. 6.

Le foie (1) est profondément divisé en sept lobes dont le gauche est le plus grand. Il existe une vésicule biliaire bien développée, mais les conduits hépatiques étaient entièrement détruits.

Des espèces que comprend le genre Siphné.

Jusqu'à présent, on ne connaissait du genre Siphné qu'une seule espèce propre à la Sibérie, c'était le *Mus myospalax*, de Laxmann, appelé communément par les Tongouses, *Monon-Zocor*, ce qui veut dire aveugle, et par les Russes, *Semlanaja-Medwedka*, ou petit Ours terrestre. On le trouve depuis le gouvernement de Tomsk jusqu'à l'Amour supérieur; les individus observés par Laxmann provenaient des environs de Barnaoul, où cette espèce existe communément dans toute la région située entre l'Ob et la Tysch.

Pallas nous apprend que le Zocor est plus rare vers Abakanskoi, et qu'on le rencontre en grand nombre dans la Daourie, entre les vallées de l'Argun et de l'Ingoda. Radde en a rencontré sur la rive orientale du lac Baikal, entre l'Angara et la Selanga. Cet animal fuit les plaines basses et humides, surtout celles qui sont exposées aux inondations; il évite également les régions très-montagneuses, et se tient de préférence dans les terres voisines des fleuves, mais qui sont assez élevées pour être toujours sèches et sont composées de sables ou d'argile faciles à entamer. Il recherche aussi le sol des forêts clairsemées, où il trouve une abondante nourriture.

Il est fort difficile de s'emparer de ce Rongeur, à raison de son genre de vie essentiellement souterraine. Il ne sort que très-rarement de son terrier, et lorsqu'on l'y poursuit, il se creuse de nouvelles galeries avec une telle rapidité, qu'il est presque impossible de l'at-

(1) Voyez pl. IX, E, fig. 3.

teindre. Aussi, le Zocor peut-il être compté parmi les espèces que l'on ne voit que rarement dans les musées zoologiques. C'est ce qui explique l'état imparfait de nos connaissances relatives à ce genre singulier.

Il est intéressant, au point de vue de la répartition géographique des représentants d'un même type, de retrouver dans le nord de la Chine, par conséquent à une distance relativement faible de la Daourie, trois espèces bien distinctes de Siphnés. L'une, que j'ai désignée sous le nom de *Siphneus Armandii*, provient de la Mongolie ; l'autre, le *Siphneus Fontanierii*, a été trouvée dans les environs de Pékin, et la troisième, que je nomme *Siphneus psilurus* (1), est originaire du Petchély. Si l'on ne considère que les caractères extérieurs de ces animaux, on ne trouve entre eux que de faibles différences, et l'on serait tenté, à la suite d'un examen superficiel, de les considérer comme appartenant à une même espèce, ou peut-être, attribuant aux variations individuelles une importance exagérée, serait-on conduit à regarder chacune de ces variations comme correspondant à une espèce particulière. Mais ces incertitudes cessent lorsqu'on étudie le squelette, et surtout le crâne et le système dentaire. En effet, ces parties présentent l'une et l'autre des caractères parfaitement tranchés, et la dentition offre, dans chacun de ces animaux, des particularités faciles à distinguer, particularités qui ne varient pas avec l'âge, car les molaires, comme je l'ai déjà dit, n'ont pas de racines, leur croissance est illimitée, et par conséquent les replis d'émail sont disposés de la même manière, quelle que soit la hauteur de la dent à laquelle on les examine. Enfin, j'ajouterai que je me suis assuré que les différences de sexe n'apportaient aucune modification dans la configuration des molaires.

(1) De ψιλη, sans poils, et οὐρὰ, queue.

SIPHNEUS ARMANDII (1).

(Planche VI.)

Cette espèce a été trouvée sur les hauts plateaux de la Mongoli par M. l'abbé Armand David. Par son aspect général, elle ne diffère p: notablement du *Siphneus myospalax* de Sibérie, et les variations que l'c remarque entre les individus, sous le rapport de la teinte du pelag sont peut-être plus considérables que celles qui existent entre c deux espèces. Cependant, on peut dire en général que le poil est pl doux et plus soyeux, moins roux et plus grisâtre, et que la partie a térieure de la tête est d'un blanc plus pur. Les pattes de devant so armées d'ongles non moins robustes; celui du doigt externe est mên un peu plus fort et plus long (2). Enfin, le troisième doigt des patt postérieures est un peu plus développé que chez le Siphné de S bérie (3).

Ces caractères seraient loin de suffire pour motiver une distincti spécifique; mais, lorsqu'on examine les dents, on y constate des par cularités de conformation tellement marquées, que les déterminatio deviennent faciles.

Chez le *Siphneus Armandii*, la première molaire supérieure (4) e comparativement beaucoup plus grosse que chez le *Siphneus myospala* Sa face interne (5) n'est creusée que d'un seul sillon vertical qui divise en deux portions à peu près égales, et qui correspond au mili du second lobe externe, tandis que dans l'espèce de Sibérie (6),

(1) Voyez *Annales des sciences naturelles*, 5e série, t. VII, p. 376.
(2) Voyez pl. VI, fig. 3.
(3) Voyez pl. VI, fig. 4.
(4) Voyez pl. IX, fig. 1.
(5) Voyez pl. IX, fig. 2.
(6) Voyez pl. IX, fig. 10.

existe, sur cette même face, deux sillons, dont l'un occupe à peu près la même position que je viens d'indiquer, et l'autre, situé beaucoup plus en avant, correspond au tiers postérieur du premier lobe. La deuxième molaire est conformée à peu près de la même manière dans ces deux espèces. On remarque cependant que le sillon interne est plus profond chez le *Siphneus Armandii*. La troisième molaire présente des différences plus marquées; elle est relativement beaucoup plus petite, obscurément lobée du côté externe (1), creusée en dedans d'un sillon vertical bien distinct, et en dehors de deux sillons analogues extrêmement rapprochés. Chez le *Siphneus myospalax*, cette dent est au contraire grande (2) et profondément divisée du côté externe en trois lobes, dont les deux premiers sont larges et à peu près égaux, tandis que le troisième est petit. Sur la face interne, le sillon vertical est à peine marqué. A la mâchoire inférieure, les molaires du Siphné de Mongolie sont beaucoup plus étroites, et les plis d'émail de la couronne sont disposés plus obliquement (3). La première machelière se fait remarquer par sa longueur. De même que chez le *Siphneus myospalax* (4), elle est creusée, sur sa face interne, de trois sillons, mais, chez ce dernier, ces gouttières sont beaucoup plus profondes, surtout la première. La deuxième molaire du *Siphneus Armandii* présente en dehors deux cannelures verticales qui manquent dans l'autre espèce; enfin, la troisième molaire est notablement plus petite.

Le crâne offre, dans ces deux espèces, la même forme générale, mais le museau du *Siphneus Armandii* est plus court et relativement plus large à sa base (5), et sa face supérieure est moins nettement séparée des faces latérales. La forme de l'os basilaire est très-différente;

(1) Voyez pl. IX, fig. 3.
(2) Voyez pl. IX, fig. 11.
(3) Voyez pl. IX, fig. 4.
(4) Voyez pl. IX, fig. 12.
(5) Voyez pl. VIII, fig. 10.

il est plus élargi vers sa partie moyenne, se rétrécit davantage prè des arrière-narines, et présente en arrière deux fossettes évasées qu sont séparées par une petite crête médiane et qui sont à peine indi quées chez le *Siphneus myospalax* (1). Les caisses auditives sont plu globuleuses et s'avancent moins vers la région palatine; il en résult que les fossettes dans lesquelles s'insèrent les ptérygoïdiens interne sont plus développées. J'ajouterai que l'ouverture postérieure de arrière-narines est plus étroite, et que la portion jugale des arcade zygomatiques est moins fortement courbée en dehors.

Je me suis assuré que ces caractères ostéologiques ne varient n avec le sexe ni avec l'âge. Ces deux espèces se retrouvent l'une e l'autre à l'état fossile, dans le terrain d'alluvion des contrées qu'elle habitent encore aujourd'hui. M. Louis d'Eichthal, qui a entrepris il y a quelques années, avec M. Meynier, un voyage en Sibérie, a bien voulu me communiquer plusieurs crânes (2) et quelques ossements trouvés dans les cavernes de l'Inia et de la Tscharych (3), et j'ai reconnu que ces pièces appartenaient au *Siphneus myospalax* de Laxmann. D'autre part, M. l'abbé David a recueilli, dans des dépôts sableux de Mongolie quelques parties du squelette et entre autres une tête presque complète qui provient du *Siphneus Armandii* (4).

SIPHNEUS FONTANIERII (5).

(Voyez planche VII.)

Le premier exemplaire de cette espèce, que j'ai eu l'occasion d'examiner, avait été envoyé au Muséum par M. Fontanier, consu

(1) Voyez pl. VIII, fig. 1.
(2) Voyez pl. VIII, fig. 5.
(3) Voyez pl. IX, fig. 20 et 21.
(4) Voyez pl. IX, fig. 13 à 19.
(5) Voyez *Annales des sciences naturelles*, 5e série, Zool., t. VII, p. 376, 1867.

honoraire à Pékin. M. l'abbé A. David nous en a également adressé quelques-uns qu'il avait pris à Si-wan, localité située dans un pays de montagnes, à environ soixante lieues au nord-oust de Pékin et à six ou huit lieues de la plaine de la Mongolie proprement dite.

Le seul caractère extérieur constant et facile à apercevoir est fourni par la conformation des pattes antérieures (1). Les ongles en sont beaucoup moins robustes et moins longs que chez les deux espèces dont il a été déjà question. Le deuxième doigt correspondant à l'indicateur est armé d'un ongle à peu près de même taille que celui du troisième, et notablement plus allongé que celui du quatrième doigt. Chez le *Siphneus myospalax* et le *Siphneus Armandii*, le deuxième doigt est au contraire dépassé de beaucoup par le troisième et même par le quatrième.

Les pattes postérieures (2) sont plus longues et pourvues d'un doigt externe parfaitement distinct, tandis que, dans l'espèce précédente, cet appendice est rudimentaire. Enfin, les autres doigts sont plus minces et armés d'ongles notablement plus allongés.

La teinte du pelage varie du gris ardoise au gris glacé de roux; le museau est blanc, et parfois cette coloration s'étend jusque sur le front (3); mais cette disposition n'est pas constante.

Cette espèce nouvelle est également très-bien caractérisée par son système dentaire. La première molaire ressemble beaucoup à celle du *Siphneus myospalax*, mais elle est plus comprimée (4), les sillons internes sont plus profonds (5), et le premier est situé plus en avant. Ainsi que je l'ai déjà dit, cette dernière cannelure n'existe pas chez le

(1) Voyez pl. VII, fig. 3.

(2) Voyez pl. VII, fig. 4.

(3) Cette tache frontale est très-marquée chez l'individu figuré sur la planche VII, mais souvent elle manque complétement.

(4) Voyez pl. VIII, fig. 7, et pl. IX, fig. 5.

(5) Voyez pl. IX, fig. 6 et 7.

Siphneus Armandii. Le sillon interne de la deuxième molaire est plus marqué. La troisième de ces dents est remarquable par ses dimensions et par l'écartement de ses lobes. Sa face interne porte une cannelure très-profonde qui la divise en deux parties égales. Chez le *Siphneus Armandii*, cette dent est extrêmement petite, et chez l'espèce de Sibérie, sa face interne est indivise.

La première molaire de la mâchoire inférieure (1) ressemble beaucoup à celle des deux autres espèces, mais la deuxième molaire se distingue par l'existence de deux sillons externes qui manquent chez le *Siphneus myospalax*. Les particularités les plus saillantes nous sont fournies par la deuxième molaire, qui est très-longue, profondément trilobée sur le côté interne, et creusée de deux sillons verticaux bien marqués sur la face externe, disposition qui n'existe ni dans l'une ni dans l'autre des espèces mentionnées.

La forme de la tête osseuse (2) est très-différente de celle de toutes les autres espèces du même genre. Au lieu d'être terminée en arrière par un plan presque vertical, constitué par la région occipitale, elle est, dans cette portion, fortement arrondie; la crête occipitale supérieure est mince, située moins en arrière, et au lieu de former une ligne transversale continue, elle est interrompue sur la ligne médiane et manque presque complétement dans tout l'espace compris entre les lignes temporales. Les crêtes qui représentent la ligne courbe inférieure de l'occipital sont très-saillantes et le dessus de la tête est légèrement voûté d'arrière en avant, au lieu d'être aplati ou déprimé dans sa région coronale. La boîte crânienne est élargie et très-renflée latéralement au-dessus des trous optiques.

Les crêtes temporales s'écartent davantage en arrière. Les arcades zygomatiques naissent directement de la partie latérale des crêtes

(1) Voyez pl. IX, fig. 8.
(2) Voyez pl. VIII, fig. 6 et 7.

occipitales, au lieu d'en être comme d'ordinaire, séparées par une échancrure profonde. La place correspondante à cette échancrure est occupée par un prolongement lamelleux de la crête dont je viens de parler, qui s'avance latéralement en forme de voûte, au-dessus du trou auditif. La région faciale est très-courte; la portion des os intermaxillaires qui loge l'alvéole des incisives est plus à découvert que chez les autres espèces, ce qui tient à la fois à ce qu'elle est plus renflée et à ce que les os du nez sont plus étroits.

La face inférieure du crâne se distingue par quelques caractères qui méritent d'être indiqués (1). L'os basilaire est très-étroit et ne se dilate pas latéralement, comme chez le *Siphneus Armandii* (2). Les trous palatins antérieurs, au lieu de se terminer au niveau du bord postérieur des intermaxillaires, comme chez le *Siphneus myospalax* (3), empiètent beaucoup sur ces os, de telle sorte que la suture qui les sépare des intermaxillaires se trouve vers le milieu de ces fissures; chez le *Siphneus Armandii*, elle correspond au quart postérieur des trous palatins; enfin, les surfaces jugales qui forment la base de l'arcade zygomatique et qui donnent insertion au muscle masséter sont beaucoup plus développées que dans les autres espèces du même genre.

Je rapporte à cette espèce une tête parfaitement conservée (4), plusieurs mâchoires inférieures et un assez grand nombre d'autres os, que M. l'abbé David a trouvé à l'état fossile, en Mongolie, dans des couches d'un limon sablonneux rougeâtre, dont le dépôt remonte probablement à l'époque quaternaire. Cette tête appartient à un Siphné beaucoup plus âgé que tous ceux que j'ai eus entre les mains, mais, malgré quelques légères différences qui tiennent au développement

(1) Voyez pl. VIII, fig. 7.
(2) Voyez pl. VIII, fig. 11.
(3) Voyez pl. VIII, fig. 2.
(4) Voyez pl. VIII, fig. 13.

plus considérable des crêtes musculaires, les caractères essentiels restent toujours les mêmes, et la disposition des dents est tout à fait semblable à celle que je viens de décrire.

SIPHNEUS PSILURUS, nov. sp.

(Voyez planche IX, A et IX, B.)

Le voyage de M. l'abbé David dans le Petchély a procuré au Muséum une troisième espèce nouvelle du genre *Siphneus*. Elle se rencontre dans les champs sablonneux, au sud de Pékin, et se distingue de celles que nous avons déjà décrites par l'absence de poils sur la queue; aussi l'ai-je désignée sous le nom de *Siphneus psilurus*. Les ongles des pattes antérieures sont très-forts et ressemblent à ceux du *Siphneus Armandii* par leur grosseur et leur longueur relatives. Au contraire, les pattes postérieures rappellent davantage celles du *Siphneus Fontanierii*, car les doigts sont grêles, et l'externe est bien apparent. Je ne m'arrêterai pas à décrire le pelage dont la teinte est la même que chez les autres espèces de ce genre.

La tête osseuse (1), par sa forme générale, ressemble à celle du *Siphneus myospalax* et du *Siphneus Armandii*. En effet, elle est tronquée carrément en arrière, et la crête occipitale constitue, dans la partie supérieure de cette région, une sorte de bourrelet marginal, qui, latéralement, devient très-tranchant. Les crêtes qui séparent le sinciput des fosses temporales et qui se prolongent au-dessus des orbites sont parallèles, et, chez les individus adultes, deviennent très-saillantes ; il en résulte que l'espace intermédiaire offre une concavité bien marquée. Les trous sous-orbitaires ont une forme particulière

(1) Voyez pl. IX, A, fig. 1, 2, 3, 4 et 5.

due principalement à l'élévation et à l'allongement de leur paroi interne, qui, en avant, circonscrit une grande échancrue verticale et assez étroite, disposition qui donne à ces orifices, lorsqu'on les examine en dessus, l'aspect d'une gouttière longitudinale.

Chez le *Siphneus myospalax*, le *Siphneus Armandii* et le *Siphneus Fontanierii*, les trous sous-orbitaires sont au contraire largement ouverts, et leur bord externe est très-surbaissé. L'os basilaire est en forme d'écusson, comme chez le *Siphneus Armandii;* mais les deux fossettes dont il est creusé sont plus profondes, enfin il se dilate davantage latéralement.

L'échancrure qui surmonte le trou auditif et qui sépare la base de l'arcade zygomatique de la crête occipitale est bien marquée, comme chez le *Syphneus myospalax* et le *Siphneus Armandii.*

A la mâchoire supérieure, les molaires sont fortes et élargies (1), et sous ce rapport, ressemblent à celles de l'espèce de Sibérie. Ce qui augmente encore les ressemblances, c'est l'existence de deux sillons verticaux à la face interne de cette dent; mais le bourrelet qui est compris entre eux est beaucoup plus saillant, et la seconde de ces cannelures est tellement profonde que la lame d'émail qui la borde se confond avec celle de la face externe, à peu près comme dans le *Siphneus Fontanierii.*

La deuxième et la troisième molaires sont profondément sillonnées en dedans, comme chez cette dernièré espèce et chez le *Siphneus Armandii*, tandis que chez le *Siphneus myospalax*, ces cannelures n'existent pas.

La dernière de ces dents est relativement beaucoup plus grosse que chez le Siphné de Mongolie.

La mâchoire inférieure (2) se fait remarquer par le grand déve-

(1) Voyez pl. IX, A, fig. 6 à 8.
(2) Voyez pl. IX, A, fig. 9.

loppement des trois tubérosités qui occupent sa face externe et qui correspondent au bulbe des molaires. La première mâchelière est grande et large, mais ne diffère que peu de celle des Siphnés de Sibérie et de Mongolie. La seconde est caractérisée par les deux sillons très-profonds qui creusent sa face externe, sillons qui sont à peine marqués chez le *Siphneus Armandii*, et dont il n'existe qu'un seul à peine indiqué chez le *Siphneus myospalax*. Enfin, la troisième molaire présente, sur chacune de ses faces latérales, deux sillons. La première cannelure du côté interne est large et profonde, tandis que la seconde est étroite et superficielle; une disposition inverse s'observe sur la face opposée. Le lobe postérieur est réduit à une sorte de talon rudimentaire, tandis que chez le *Siphneus Fontanierii*, il est presque aussi développé que les deux lobes précédents.

Les descriptions que je viens de présenter montrent que le genre *Siphneus* comprend aujourd'hui quatre espèces parfaitement caractérisées; mais, pour les distinguer entre elles, l'examen des particularités extérieures serait, dans la plupart des cas, insuffisant, tandis que le système dentaire ne peut laisser à cet égard aucune incertitude, car les détails de structure que l'on remarque dans les molaires sont très-apparents et ne varient pas avec l'âge, puisque ces dents croissant pendant toute la vie, la conformation et le nombre des sillons dont elles sont parcourues ne changent pas. Pour déterminer ces espèces, on pourrait même se borner à tenir compte des caractères indiqués dans le tableau suivant :

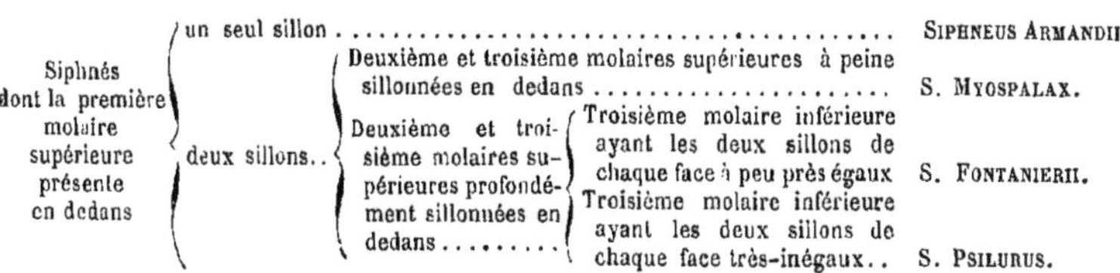

Siphnés dont la première molaire supérieure présente en dedans	un seul sillon			SIPHNEUS ARMANDII.
	deux sillons..	Deuxième et troisième molaires supérieures à peine sillonnées en dedans		S. MYOSPALAX.
		Deuxième et troisième molaires supérieures profondément sillonnées en dedans	Troisième molaire inférieure ayant les deux sillons de chaque face à peu près égaux	S. FONTANIERII.
			Troisième molaire inférieure ayant les deux sillons de chaque face très-inégaux..	S. PSILURUS.

Ces espèces sont également faciles à distinguer à l'aide des caractères ostéologiques fournis par la conformation du crâne; pour s'en convaincre, il suffit de consulter le tableau suivant :

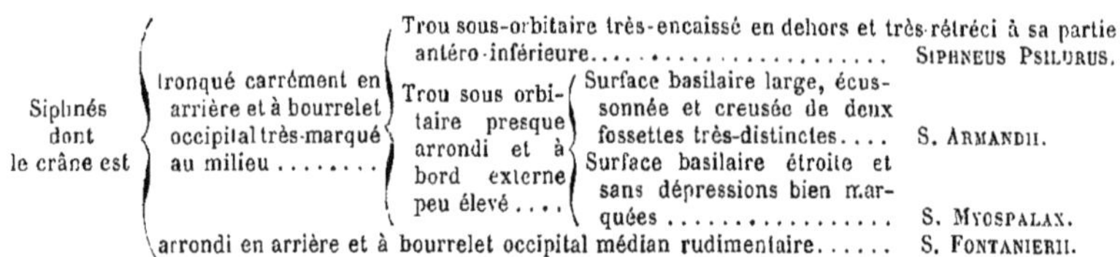

Siphnés dont le crâne est
- tronqué carrément en arrière et à bourrelet occipital très-marqué au milieu ....
  - Trou sous-orbitaire très-encaissé en dehors et très-rétréci à sa partie antéro-inférieure........................ SIPHNEUS PSILURUS.
  - Trou sous orbitaire presque arrondi et à bord externe peu élevé ....
    - Surface basilaire large, écussonnée et creusée de deux fossettes très-distinctes.... S. ARMANDII.
    - Surface basilaire étroite et sans dépressions bien marquées .... S. MYOSPALAX.
- arrondi en arrière et à bourrelet occipital médian rudimentaire...... S. FONTANIERII.

§ 3. — GENRE ARVICOLA.

ARVICOLA MANDARINUS.

(Voyez planche XII, fig. 4, et planche XIII, fig. 4 à 4 *d*.)

Le genre Arvicole est représenté dans l'Asie septentrionale par un nombre considérable d'espèces dont nous devons la connaissance à Pallas (1), à M. Schrenck (2), à M. Radde (3) et à quelques autres zoologistes russes; mais tous ces rongeurs diffèrent notablement du petit Campagnol que M. l'abbé David a trouvé dans la Mongolie chinoise, et que je désignerai sous le nom d'*Arvicola mandarinus*.

Cette espèce est facile à reconnaître par sa coloration, par la petitesse de sa queue et la brièveté de ses oreilles qui sont presque entièrement cachées par les poils de ses joues. Le dessus du corps et de la tête est d'un brun roux foncé et mêlé de noir; les flancs sont d'un jaune roussâtre qui se prolonge jusque sur les côtés du ventre; la gorge et le dessous du corps sont d'une teinte grise mêlée de jaune; les pattes, poilues jusqu'à l'extrémité des doigts, sont d'un brun jaunâtre clair; les ongles sont de la même couleur, et celui du pouce des pattes antérieures est

(1) *Novæ species quadrupedum e Glirium ordine* (1778).
(2) *Reisen und Forschungen im Amur-Land*, Bd. I (1858).
(3) *Reisen im Süden von Ost-Sibirien*, Bd. I (1862).

obtus et très-court, tandis que les autres sont longs et pointus, enfin la queue, très-grêle et garnie de poils ras, est brune en dessous.

Les caractères fournis par le système dentaire sont également à noter (1). La première molaire de la mâchoire inférieure (2) présente du côté externe quatre prismes ayant à peu près la même grandeur, et du côté interne, cinq prismes qui sont tous bien développés. La molaire suivante offre, comme d'ordinaire, trois prismes en dehors ainsi qu'en dedans. La molaire postérieure est garnie de trois prismes saillants du côté interne, et de deux seulement du côté externe (3). La première molaire supérieure, beaucoup plus grosse que les suivantes, porte sur chacun de ses côtés trois angles saillants ou prismes bien développés. La deuxième molaire supérieure a également trois prismes bien constitués du côté externe, mais du côté interne il n'y a que deux prismes distincts suivis d'un prisme rudimentaire. Enfin, la dernière molaire de la mâchoire supérieure présente du côté interne, aussi bien que du côté externe, trois prismes, mais le troisième du côté interne est rudimentaire.

Chez la plupart des Arvicoles, le mode de conformation de la première molaire inférieure ou de la dernière molaire supérieure est différent et suffirait pour distinguer ces Rongeurs de l'espèce dont il est ici question. En effet, chez plusieurs de ces Campagnols, l'*Arvicola rutilus* de Pallas (4), l'*Arvicola glareolus* du même auteur (5) et l'*Arvicola amuriensis* de M. Schrenck (6), par exemple, la première molaire inférieure présente, du côté interne aussi bien que du côté externe, seulement

(1) Voyez à ce sujet : Wagner. *Beitr. zur Kenntniss der Gattung* Arvicola (*Bulletin der K. Akademie der Wissenschaften*. München, 1853, n° 33, p. 257).

(2) Voyez pl. XIII, fig. 4*c*.

(3) Voyez pl. XIII, fig. 4*d*.

(4) *Glires*, p. 246, pl. XIV, B. — *Myodes rutilus*, Pallas, *Zoogr.*, t. I, p. 177. — *Arvicola rutilus*, Schrenk, *Reisen*, t. I, p. 135. — Radde, *Reise*, t. I, p. 186, pl. VII, fig. 8.

(5) *Mus rutilus* var., Pallas, *Glires*. — *Mus glareolus*, Schreber, *Saugeth*.

(6) *Reisen*, t. I, p. 129, pl. VI, fig. 1, 2.

quatre prismes ou angles saillants, et chez l'*Arvicola mongolicus*, l'*A. Brandtii* (1), l'*A. saxatilis* (2), etc., la dernière molaire supérieure est pourvue d'un quatrième prisme du côté interne. Sous le rapport du nombre des angles latéraux de ces dents, l'*A. mandarinus* ressemble à l'*Arvicola russatus* (3), à l'*A. rufocanus* (4), à l'*A. obscurus* (5) et à quelques espèces européennes; mais il s'en distingue par les dimensions de la queue et la forme des oreilles. Ainsi, chez l'*Arvicola obscurus* et l'*A. Brandtii*, la queue est rudimentaire; chez l'*A. russatus*, au contraire, elle est, proportionnellement à la taille de l'animal, environ deux fois aussi large que chez l'*Arvicola mandarinus*. Chez l'*A. rufocanus*, la queue est aussi beaucoup plus longue que chez cette dernière espèce. Par les dimensions de cet appendice, l'*A. mandarinus* se rapproche de l'*A. macrotis* de la Sibérie orientale (6), mais il s'en distingue nettement par sa coloration ainsi que par le faible développement de ses oreilles.

M. Gerbe, à qui l'on doit un travail spécial sur les Campagnols, classe ces animaux en deux séries, suivant qu'ils ont deux ou quatre paires de mamelles (7). Ce caractère est difficile à constater sur des peaux desséchées, et par conséquent je n'oserais en parler d'une manière positive pour ce qui concerne l'*Arvicola mandarinus*, mais j'ajouterai que sur l'individu dont je donne ici la description, je n'ai aperçu de trace que de deux paires de tetines.

La tête osseuse de l'*Arvicola mandarinus* (8) est d'une forme très-

(1) Radde, *Reise*, t. I, p. 199, pl. VII, fig 3.

(2) *Mus saxatilis*, Pallas, *Glires*, p. 255, pl. 23 B. — Schrenck, *op. cit.*, p. 137, pl. VI, fig. 3.

(3) Radde, *op. cit.*, t. I, p. 186, pl. VII, fig. 2.

(4) Radde, *op. cit.*, p. 185, pl. VII, fig. 4.

(5) *Hypudæus obscurus*, Eversmann, *Addenda ad Pallasii Zoogr.*, fasc. 2, 1841. — Middendorff, *Reise*, t. II, p 109, pl. XI, fig. 1. — Radde, *op. cit.*, t. I, p. 190, pl. VI, fig 6.

(6) Radde, *op. cit.*, t. I, p. 196, pl. VI, fig. 2.

(7) Article Campagnol du *Dictionnaire universel d'histoire naturelle*, 2e édition, t. III, p. 158 (1867).

(8) Voyez pl. XIII, fig. 4, 4 *a*.

ramassée; la boîte crânienne est fort large immédiatement en arrière des cavités orbitaires; les arcades zygomatiques sont très-arquées et la face est étroite.

Par les notes dont M. l'abbé David a accompagné ses collections, je vois que ce Campagnol a les yeux assez gros et noirs. La femelle est un peu plus petite qne le mâle.

Voici les dimensions des différentes parties du corps du Campagnol mandarin.

Longueur totale du corps depuis le museau jusqu'à la base de la queue en suivant la courbe du dos	0,105
Longueur de la tête depuis l'extrémité du museau jusqu'au trou auditif	0,035
Longueur de la queue	0,020
Hauteur des oreilles	0,012
Longueur des pieds postérieurs	0,016

§ 4. — GENRE CRICETUS.

Le Hamster, ou *Cricetus frumentarius* de Pallas (1), habite la vaste région européo-asiatique comprise entre l'Alsace et la province de Liége à l'ouest, l'Obi et l'Irtisch à l'est; mais il ne s'étend pas dans la partie orientale de l'Asie et il y est représenté par un nombre considérable de petits Rongeurs qui ressemblent davantage aux Campagnols et qui m'ont paru devoir être réunis dans un sous-genre particulier. J'ai désigné cette division secondaire sous le nom de *Cricetules* ou petits Hamsters (2), mais les caractères qui les distinguent des Hamsters proprement dits n'ont pas assez d'importance pour motiver une séparation plus profonde, et je ne proposerai pas de retirer ces espèces du grand genre *Cricetus* de Cuvier (3).

(1) *Zoographia Russo-Asiatica*, t. I, p. 161.

(2) *Observations sur quelques mammifères du nord de la Chine* (*Ann. des sciences nat.*, 1867, série 5, t. VII, p. 275).

(3) Quelques auteurs (Giebel, par exemple) attribuent l'établissement de ce genre à Pallas,

La section ou sous-genre des *Cricetulus* diffère des Hamsters ordinaires par la forme plus allongée de la tête osseuse, par la faiblesse des pattes antérieures et par la disposition des ongles qui se relèvent pendant la marche, de façon à conserver leur pointe aiguë, tandis que chez le Hamster ordinaire elles touchent la terre et s'usent très-rapidement. Le *Mus furunculus* (1), le *Mus arenarius* (2), le *Mus songarus* (3) et le *Mus phæus* (4) de Pallas, ainsi que le *Cricetus nigricans* de M. Brandt (5), appartiennent à cette subdivision, et les espèces nouvelles que je vais faire connaître ici doivent également y prendre place.

CRICETUS (CRICETULUS) GRISEUS.

(Voyez planche XII, fig. 1 et planche XIII, fig. 1-1 *h*).

Cette petite espèce de Hamster a environ la taille du Mulot, elle est très-commune dans les champs aux environ de Pékin, et elle y fait de grands dégâts en emmagasinant du grain dans les galeries où elle passe l'hiver. Elle se trouve aussi dans les montagnes de la Mongolie chinoise. Son pelage est très-doux, soyeux, serré, régulièrement couché.

mais on le doit en réalité à Cuvier qui, après l'avoir indiqué succinctement dans son *Tableau élémentaire* imprimé en 1797 (p. 139), y donne le nom de *Cricetus* dans la première édition de son *Règne animal* publié en 1817 (t. I, p. 198).

La *Zoographia Rosso-Asiatica* de Pallas, où les espèces désignées d'abord par cet auteur sous les noms de *Mus arenarius*, *Mus accedula*, etc., furent rangées dans le genre *Cricetus*, ne parut qu'en 1831.

(1) Pallas, *Glires*, p. 273, pl. XV B. — *Cricetus furunculus*, Desmarest, *Mammal.*, p. 312. — Pallas, *Zoogr.*, t. I, p. 163. — Wagner, *Saugeth.*, t. III, p. 450, pl. CCII.

(2) Pallas, *Glires*, p. 265, pl. XVI A. — *Cricetus arenarius*, Desmarest, *op. cit.*, p. 311. — Pallas, *Zoogr.*, t. I, p. 162. — Wagner, *op. cit.*, pl. CXCIX.

(3) Pallas, *Glires*, p. 269, pl. XVI B. — *Cricetus songarus*, Desmarest, *op. cit.*, p. 311. — Pallas, *Zoogr.*, t. I, p. 162, — Wagner, *op. cit.*, pl. CCI.

(4) Pallas, *Glires*, p. 261, pl. XV A. — *Cricetus phæus*, Desmarest, *op. cit.*, p. 311. — Pallas, *Zoogr.*, t. I, p. 163. — Wagner, *op. cit.*, pl. CC.

(5) Menetriès, *Catalogue raisonné des objets de Zoologie recueillis dans un voyage au Caucase*, p. 22, 1832.

La portion basilaire des poils est partout d'un gris ardoisé intense, mais cette teinte n'est pas visible à l'extérieur, car leur portion terminale est colorée d'une autre manière et cache complétement la première. Le dessus du corps et de la tête est d'un gris pâle tirant sur le fauve, et dans l'adulte il existe sur la ligne médiane du dos une bande brune mal limitée et peu distincte qui s'étend depuis la nuque jusqu'à la base de la queue, mais ne se prolonge pas notablement sur cet appendice dont le bord supérieur est jaunâtre. Dans le jeune âge cette raie dorsale manque.

La gorge, les flancs, le ventre, les pattes et la queue sont d'un blanc grisâtre. Les lèvres et le bas des joues sont bleuâtres; les moustaches sont plus longues que la tête et composées de poils de deux teintes : les uns bruns noirs, les autres blanchâtres. Les oreilles sont grandes, bordées de blanc et d'un brun noirâtre dans la moitié antérieure de leur face postérieure, ainsi que dans la portion supérieure et postérieure de leur face antérieure. La queue est très-courte, grise et entièrement revêtue de petits poils roides. Les ongles sont longs et très-acérés. Enfin, les pelotes ou tubercules de la face plantaire des pieds sont au nombre de six partout. Aux pattes antérieures (1), ces pelotes sont disposées d'une manière assez régulière sur deux rangs transversaux dont l'antérieur décrit une ligne courbe et le postérieur une ligne presque droite. Dans chacune de ces rangées, le tubercule moyen est plus gros que les deux tubercules latéraux, et ceux-ci sont à peu près de même grandeur. Aux pattes postérieures (2), il n'en est pas de même ; des trois tubercules de la rangée antérieure, l'extérieur est le plus gros ; une seconde rangée se compose de deux tubercules moins développés que les précédents et très-écartés entre eux ; enfin, le sixième tubercule est rudimentaire et rejeté très en arrière.

(1) Voyez pl. XIII, fig. 1 *g*.
(2) Voyez pl. XIII, fig. 1 *h*.

La boîte crânienne (1) est plus bombée que chez le Hamster proprement dit, et ne présente pas de crêtes sus-temporales; la région frontale interorbitaire n'est pas excavée longitudinalement.

La forme des dents molaires varie beaucoup suivant le degré d'usure de ces organes (2). La molaire postérieure de la mâchoire supérieure est plus petite comparativement à la seconde molaire que chez le Hamster de France. A la mâchoire inférieure, la différence entre ces deux dents est au contraire moins marquée.

Les abajoues sont très-développés.

Le *Cricetus griseus*, quoique plus petit que le *Cricetus furunculus* de Pallas (3), y ressemble beaucoup, mais chez ce dernier Rongeur le dessus du corps et de la tête est d'une couleur brunâtre beaucoup plus foncée et tirant davantage sur le roux; la raie dorsale, mieux dessinée et plus noire, se prolonge jusqu'à l'extrémité de la queue; enfin, le bas des joues, la gorge et le dessous du corps sont d'un gris foncé.

Le *Cricetus isabellinus*, trouvé en Perse par M. Filippi (4) et décrit très-sommairement par cet auteur, paraît ressembler au *Cricetus griseus* par son mode de coloration, mais serait notablement plus grand.

Les proportions du *Cricetus griseus* sont indiquées par les mesures suivantes :

Longueur totale de l'extrémité du museau à la base de la queue.......	0,12
Longueur de la queue..................................	0,02

M. l'abbé Armand David nous apprend que ce Hamster a les yeux assez gros et noirs. La femelle est un peu plus petite que le mâle.

(1) Voyez pl. XIII, fig. 1 et 1 *a*.
(2) Voyez pl. XIII, fig. 1 *c*, 1 *d*, 1 *e*, 1 *f*.
(3) *Mus furunculus*, Pallas, *Glires*, p. 273, tab. XV B. — *Cricetus furunculus*, Pallas, *Zoogr.*, t. I, p. 163.
(4) *Note di un Viaggio in Persia*, p. 314 (1865).

CRICETUS (CRICETULUS) OBSCURUS.

(Voyez planche XII, fig. 2 et planche XIII, fig. 2-2 *c*.)

Je crois devoir distinguer spécifiquement du *Cricetulus griseus* et des autres *Cricetulus*, connus jusqu'ici, un petit Hamster trouvé par M. l'abbé Armand David à Sartchy sur le bord du Hoangho, dans la Mongolie chinoise, et je l'ai désigné sous le nom de *Cricetus obscurus*, parce que la couleur générale de sa robe est beaucoup plus foncée que chez le *C. griseus* sans avoir la teinte rousse qui se fait remarquer chez le *C. furunculus*. La bande dorsale est plus large et s'étend davantage sur le dessus de la tête; la bordure blanche des oreilles est plus étendue. Enfin la queue est beaucoup plus longue et notablement comprimée latéralement.

La forme de la tête osseuse diffère également chez le *C. obscurus* et le *C. griseus*. Dans l'espèce dont je m'occupe ici, le crâne est plus renflé et la face est plus courte (1).

La forme des dents (2) est à peu près la même que chez le *Cricetus griseus*.

Longueur de l'extrémité du museau à l'origine de la queue	0,103
Longueur de la face depuis l'extrémité du museau jusqu'au trou auditif	0,021
Hauteur des oreilles	0,012
Longueur de la queue	0,022

CRICETUS (CRICETULUS) LONGICAUDATUS.

(Voyez planche XIII, fig. 3 et planche XIII, fig. 3, 3 *a*.)

Cette espèce habite la Mongolie chinoise comme les précédentes, mais s'en distingue nettement par le développement considérable de sa queue, qui représente presque le tiers de la longueur totale de l'animal.

(1) Voyez pl. XIII, fig. 2.
(2) Voyez pl. XIII, fig. 2*b*, 2*c*.

La couleur du dessus du corps est plus foncée, et mélangée de brun et de gris noirâtre ; il n'y a pas de bande médiane sur le dos ; les oreilles sont brunes dans toute l'étendue de leur surface postérieure, et le dessus du nez est bordé de brun latéralement.

La queue est peu garnie de poils, et sa couleur est uniformément d'un gris jaunâtre pâle. Enfin la gorge, les flancs et le dessous du corps sont d'un blanc plus pur que chez les *C. griseus.*

Cette espèce diffère aussi des précédentes par la forme de la tête osseuse (1), qui est notablement plus allongée ; le crâne est plus étroit comparativement à la longueur de la face, et la mâchoire supérieure se rétrécit plus graduellement depuis les pommettes jusqu'à l'extrémité du museau.

Longueur du corps de l'extrémité du museau à la base de la queue (en suivant la courbure du dos)	0,105
Longueur de la face depuis l'extrémité du museau jusqu'au trou auditif	0,024
Hauteur des oreilles	0,013
Longueur de la queue	0,038

§ 5. — GENRE MUS.

MUS HUMILIATUS.

(Voyez planche XLI, fig. 1 .)

Le *Mus rattus* est représenté à Pékin et dans la partie adjacente de la Mongolie chinoise par une espèce dont la coloration est à peu près la même, mais dont la taille est beaucoup moins grande et dont la queue, proportionnellement au corps, est notablement plus courte. M. l'abbé David en a envoyé au Muséum un nombre d'individus suffisant pour faire bien apprécier les caractères de cette espèce que je distinguerai sous le nom de *Mus humiliatus.*

Le pelage est doux, et les longs poils du dos ne dépassent que peu

(1) Voyez pl. XIII, fig. 3, 3*a*.

les poils ordinaires. Le dessus du corps et de la tête est couvert de poils d'un brun mêlé de roux à leur extrémité et ardoisés à leur base. Le dessous du corps est d'un gris pâle et sale, ainsi que la gorge et le tour des lèvres.

Les pattes sont grisâtres en dehors aussi bien qu'en dedans. La queue est de longueur médiocre et bien garnie de poils très-courts ; en dessus elle est brune, mais en dessous elle est d'un gris pâle; on y compte environ 150 cercles d'écailles. Les oreilles sont médiocres, un peu poilues en dedans ainsi qu'en dehors, brunes et ornées d'une ligne blanchâtre sur leur bord libre. Les moustaches sont bien développées, quelques-uns des poils qui les constituent sont blancs, les autres sont noirs.

Longueur de l'extrémité du museau à la base de la queue..........	0,17
Longueur de la queue....................................	0,11
Longueur de la face depuis l'extrémité du museau jusqu'au trou auditif..	0,03
Longueur des oreilles....................................	0,013
Longueur du pied postérieur....................................	0,03

MUS PLUMBEUS.

(Voyez planche XLIII, fig. 2.)

Cette espèce, par sa taille, est intermédiaire au Rat commun et à la Souris, et se fait remarquer par la teinte plombée de son pelage. Le dessus de la tête et du dos est d'un gris brunâtre terne ; les joues, les côtés du corps et la face externe des membres sont d'un gris foncé légèrement bleuâtre ; les côtés de la bouche, le dessous du corps et les pieds d'un gris clair ; les moustaches sont peu développées et très-fines. Les oreilles sont petites et à peu près de même couleur que les parties adjacentes de la tête; elles sont garnies de poils très-courts. Les dents incisives sont blanches au lieu d'être d'un jaune foncé comme chez la plupart des espèces voisines. La queue est courte, garnie d'écailles très-petites, et bien pourvue de poils ras; sa couleur est d'un brun grisâtre en dessus et d'un gris pâle en dessous.

Longueur de l'animal depuis l'extrémité du museau jusqu'à l'origine de queue (en suivant comme d'ordinaire la courbe du dos)...........	0,13
Longueur de la queue....................................	0,07
Longueur de la tête depuis l'extrémité du museau jusqu'aux oreilles....	0,025
Longueur des oreilles....................................	0,011
Longueur du pied postérieur....................................	0,026

Trouvé par M. l'abbé A. David, à Suen-hoa-fou, dans la partie occidentale du Tchély.

§ 6. — GENRE GERBILLUS.

J. F. Gmelin, en établissant le genre Dipus (1), y avait fait entrer non-seulement les Gerboises et les Helamys ou Pedetes, mais aussi quelques Rongeurs de la grande famille des Rats dont les pattes postérieures sont très-longues: par exemple, le *Mus longipes* ou *meridianus*, et le *M. tamaricinus* de Pallas.

En 1804, Desmarest jugea avec raison que toutes ces espèces ne devaient pas être réunies dans un même groupe, et il constitua, avec le *Mus longipes* et quelques autres Murides de même forme, une nouvelle division générique sous le nom de *Gerbillus* (2). En 1811, Illiger adopta un mode de classification analogue, mais substitua au nom de *Gerbillus* celui de *Meriones* (3). Contrairement aux règles fondées sur la chronologie, beaucoup d'auteurs allemands accordent la préférence à cette dernière désignation et relèguent le nom de *Gerbillus* au nombre des synonymes dont la nomenclature zoologique est surchargée. S'il fallait opter entre les deux expressions, ce serait le nom le plus ancien qui devrait continuer à figurer dans nos catalogues mammalogiques, et le

(1) Linné, *Syst. nat.*, édit. XIII, t. I, p. 157 (1788).
(2) Desmarest, *Nouv Dict. d'hist. nat.*, t. XXIV, p. 22.
(3) Illiger, *Prodromus systematis Mammalium et Avium*, p. 82.

mot *Meriones* devrait disparaître ; mais, ainsi que Fréd. Cuvier (1) l'a fait voir, le genre *Gerbillus* de Desmarest ou *Meriones* d'Illiger renferme des espèces qui appartiennent à deux types génériques distincts, et tout en réservant aux Gerbilles les plus anciennement connues ce dernier nom, on peut utiliser celui de *Meriones* en l'appliquant au groupe formé par les autres espèces, telles que le *Mus canadensis* de Pennant et le *M. labradoricus* dont M. Wagner (2) a préféré former un genre nouveau, sous le nom de *Jaculus*, déjà employé dans une acception très-différente. Enfin le même auteur, se fondant sur quelques particularités dans la forme des molaires et de l'os interpariétal, sépare des Meriones ou Gerbilles plusieurs espèces de ce groupe et leur donne le nom générique de *Rhombomys* (3).

J'ai cru devoir suivre ici la marche adoptée par Fréd. Cuvier, car elle me paraît être la plus conforme aux règles de la justice et la plus propre à éviter des confusions regrettables.

Il est d'ailleurs à remarquer que le mérite de l'établissement de cette division n'appartient en réalité ni à Desmarest ni à Illiger, mais à Pennant, car le genre Gerbille correspond à une des sections que ce zoologiste avait formée sous le nom de Rats gerboïdes (4).

Il me paraît inutile d'entrer ici dans des détails relatifs aux caractères du genre Gerbille, et je rappellerai seulement que chez ces animaux sauteurs les pieds postérieurs ne sont pas d'une longueur aussi exagérée que chez les Gerboises, et ne présentent pas dans le mode d'organisation du tarse les singularités qui existent chez ces dernières, où les trois doigts principaux ou même uniques sont portés sur un seul os comparable au canon du pied des oiseaux. Il est aussi à

(1) Voyez Georges Cuvier, *Le règne animal distribué d'après son organisation*, 2e édit., t. I, p. 203 et 204 (1829).

(2) Supplément à l'ouvrage de Schreber sur les *Mammifères*, t. III, p. 292 (1843).

(3) Wagner, *loc. cit.*, p. 485.

(4) Pennant, *Hist. of quadrupeds*, vol. II, p. 173.

noter que les Gerbilles, tout en ressemblant beaucoup aux Rats, ont la queue longue et velue sans être terminée par un pinceau touffu comme chez les Gerboises ; que leurs molaires supérieures (1), peu différentes de celles des Rats, sont au nombre de trois paires à chaque mâchoire, tandis que chez les Meriones ces dents sont au nombre de quatre de chaque côté à la mâchoire supérieure, et enfin que leurs incisives supérieures sont creusées d'un sillon vertical comme chez certaines Gerboises (2).

Ce genre appartient à l'ancien continent seulement et abonde en Afrique, mais compte aussi plusieurs représentants en Asie, particulièrement en Sibérie et dans l'Inde. Tels sont les *Gerbillus meridianus* ou *Mus longipes* (3), le *G. tamarinus* (4), le *G. opimus* (5), le *Herinc* ou *G. indicus* (6), le *G. otarius* (7), le *G. Cuvieri* (8) et le *G. erythrurus* (9).

Le voyage fait par M. l'abbé Armand David dans la Mongolie chinoise m'a permis d'ajouter à cette liste deux espèces nouvelles.

(1) Voyez pl. X *a*, fig. 1 *c* et 2 *c*.

(2) Voyez pl. X *a*, fig. 1 *e* et 2 *e*.

(3) *Mus longipes*, Pallas, *Glires*, p. 314, tab. XVIII B. — *Dipus? meridianus*, Pallas, *Zoogr.*, t. I, p. 182. — *Gerbillus meridianus*, Isid. Geoffroy, *Dict. class. d'hist. nat.*, t. VII, p 322. — *Rhombomys meridianus*, Wagner, *Saugeth*, t. III, p. 492.

(4) *Mus tamaricinus*, Pallas, *Glires*, p. 322, tab. XIX. — *Rhombomys tamaricinus*, Wagner, *op. cit.*, t. III, p. 491.

(5) Lichtenstein, Catalogue des mammifères envoyés par M. Eversmann, etc. (*Voyage d'Altenbourg à Bookhara*, par Meyendorff, 1826, p. 395).

(6) *Dipus indicus*, Hardwick, *Trans. of the Linn. soc.*, vol. VIII, pl. VII. — *Gerbillus indicus*, Desmarest, *Mammalogie*, p. 320. — *Herine*, Fréd. Cuvier, *Mammifères*, pl. 267. — *Meriones indicus*, Wagner, *op. cit.*, t. III, p. 472.

(7) Fréd. Cuvier, *Mém. sur les Gerboises et les Gerbilles* (*Trans. of the Zool. soc of London*, t. II, p. 144).

(8) Waterhouse, *Procced. of the Zool. soc. of London*, 1838, t. VI, p. 56.

(9) Gray, Collection du musée britannique.

GERBILLUS UNGUICULATUS.

(Voyez planche XI, fig. 1 et 2, et pl. X a, fig 2.)

Alph. Milne Edwards, *Ann. des sc. nat.*, 5e série, t. VII, p. 377, 1867.

Cette espèce ressemble beaucoup au *Gerbillus tamaricinus*, bien qu'elle soit notablement plus petite. De même que le *G. opimus* et le *G. indicus*, elle se distingue nettement du *G. longipes* et du *G. Cuvieri* par la brièveté relative des pieds postérieurs, et l'on ne saurait la confondre avec le *O. otarius*, car elle a les oreilles à peu près de même grandeur que les autres espèces dont je viens de parler. Sa queue n'est pas terminée par une houppe, ainsi que cela paraît avoir lieu chez le *Gerbillus opimus ;* enfin les doigts sont poilus en dessus au lieu d'être nus comme chez le *C. tamaricinus*.

Par sa coloration, le *G. unguiculatus* ne présente rien de remarquable, si ce n'est que les côtés de la face n'offrent pas de blanc comme chez le *G. tamaricinus*. Les oreilles sont moins grandes et beaucoup plus poilues que chez cette dernière espèce. Les moustaches sont longues et composées en partie de soies noirâtres, en partie de soies blanchâtres. La gorge, la poitrine et même le ventre sont d'un blanc sale teinté de gris et de jaune. La queue est de longueur médiocre et bien garnie de poils assez longs. Les ongles, de couleur noire, sont plus allongés, plus robustes et plus pointus que d'ordinaire dans le même genre. Les pieds de devant sont poilus en dessous. Aux pattes postérieures cette disposition est très-prononcée ; le talon seul est à découvert et tout le reste de la plante du pied, ainsi que le dessous des doigts, est complétement revêtu de poils longs et serrés.

Les caractères tirés de la conformation de la tête osseuse et du système dentaire distinguent encore mieux le *Gerbillus unguiculatus* des autres espèces dont je viens de parler. En effet, si l'on compare ces parties chez notre Rongeur et chez le *G. indicus*, dont Fr. Cuvier a donné d'excellentes figures, on remarque que chez l'espèce des Indes, la tête, considérée dans son ensemble, est beaucoup plus longue et plus étroite; ces différences de proportion sont surtout dues au développement de toute la partie præorbitaire. La tête du *G. unguiculatus* est remarquable par le renflement de la boîte crânienne, comparé à la brièveté de la face qui est plus courte encore que chez le *G. Burtoni*. La forme du trou sous-orbitaire est très-différente de celle que l'on observe dans l'espèce indienne: au lieu d'être profondément encaissé en bas par le développement exagéré de l'arc maxillaire, ce trou présente les dimensions que l'on trouve communément chez les Gerboises africaines. Le front est un peu excavé sur la ligne médiane, disposition qui n'existe pas chez le *G. indicus;* la branche postérieure de l'arcade zygomatique est beaucoup moins élargie à sa racine. Les trous incisifs s'avancent beaucoup plus vers les dents antérieures. La dernière molaire supérieure est plus simple; sa couronne est régulièrement arrondie au lieu de présenter en arrière une sorte de petit talon; elle est aussi plus petite comparativement à la deuxième molaire. Le lobe antérieur de la première de ces dents est, au contraire, notablement plus élargi. Les mêmes caractères se retrouvent à la mâchoire inférieure où la dernière molaire porte un petit talon et où les prismes de la première de ces dents sont beaucoup plus inégaux. Chez le Gerbille de Burton, l'espace occupé par la série des mâchelières est comparativement moindre; celles-ci semblent avoir été comprimées d'avant en arrière et leurs lobes constitutifs, aussi larges que dans le *G. unguiculatus*, ont beaucoup moins d'épaisseur. La couronne de la dernière molaire, au lieu d'être arrondie, est ovalaire. Une disposition analogue se retrouve chez le Gerbille Otarie. Les termes de comparaison m'ont manqué pour établir les

(1) Voyez pl. 10 *a*, fig. 2.

caractères ostéologiques qui distinguent le *Gerbillus unguiculatus* du *G. tamaricinus*, du *G. longipes* et du *G. Cuvieri*, mais les figures qui accompagnent ce mémoire rendront cette lacune facile à combler pour les zoologistes qui ont à leur disposition la tête osseuse de ces différentes espèces.

Le *Gerbillus unguiculatus* habite les plaines stériles et pierreuses de la Mongolie chinoise. M. l'abbé Armand David nous apprend que ce petit Rongeur y vit en troupes nombreuses et se creuse des galeries souterraines d'où il sort pendant le jour pour courir au soleil. En hiver, il se tient généralement renfermé, à moins que le temps ne s'adoucisse, et pendant cette saison il se nourrit à l'aide des provisions qu'il a amassées en été. Les Chinois le désignent sous le nom de *Hoang-hao-dze*.

Longueur de l'extrémité du museau à l'origine de la queue	0,132
Longueur de la queue non compris les poils terminaux	0,09
Longueur de la queue y compris les poils terminaux	0,10
Longueur de la face de l'extrémité du museau au trou auditif	0,031
Hauteur des oreilles	0,012
Longueur des pieds postérieurs, de la face postérieure du talon à l'extrémité des ongles	0,028

GERBILLUS PSAMMOPHILUS.

(Voyez planche XI, fig. 3 et 4, et planche X *a*, fig. 1.)

Gerbillus brevicaudatus (1), Alph. Milne Edwards, *Annales des sciences naturelles*, 5e série, t. VII, p. 377 (1867).

Cette espèce est plus petite que la précédente, avec laquelle elle a cependant beaucoup de ressemblance, et j'aurais hésité à l'en séparer,

(1) Le nom de *Gerbillus brevicaudatus* avait été donné en 1836 par F. Cuvier à une espèce déjà décrite par Smith sous le nom de *G. auricularis* (1834) ; cette désignation de *brevicaudatus* a dû par conséquent être abandonnée et est devenue disponible : c'est ce qui m'avait permis de l'appliquer à l'une des espèces de la Mongolie, mais cette dénomination ayant déjà donné lieu à certaines erreurs, je crois préférable de la remplacer par l'épithète spécifique de *psammophilus* qui indique les habitudes de cette Gerbille.

si ces caractères différentiels ne s'étaient pas présentés avec une grande constance, et si en Mongolie elle ne vivait pas séparée de la Gerbille onguiculée. La teinte générale du pelage est moins grise, le jaune cannelle y domine davantage; le dessus de la tête, la gorge, la poitrine, le ventre, la face interne des membres et le dessus des pieds sont d'un blanc pur; enfin, la queue est d'un jaune roussâtre clair mélangé de brun vers l'extrémité de cet appendice. C'est surtout par la brièveté relative de la queue que le *G. psammophilus* se distingue du *G. unguiculatus*. Ses pattes postérieures sont aussi plus allongées, les doigts sont moins fortement armés, les poils qui les garnissent sont plus clair-semés; enfin, les ongles, au lieu d'être noirs, sont blancs.

La forme générale de la tête osseuse (1) est à peu près la même que chez l'espèce précédente; cependant la face supérieure en est plus arquée d'arrière en avant; le museau est plus court et plus étroit surtout vers son extrémité. L'arc maxillaire, qui circonscrit en dehors le trou sous-orbitaire, se prolonge moins en avant; la racine antérieure de l'arcade zygomatique est plus étroite et la caisse auditive est beaucoup plus renflée au-devant du trou auditif, de façon qu'elle est dans ce point en contact avec l'arcade zygomatique, tandis que chez le *G. unguiculatus* elle en est séparée par un espace notable. L'angle de la mâchoire inférieure est très-mince et en forme de crochet, tandis que chez le *G. unguiculatus* il est plus élargi et plus obtus. Les dents de ces deux espèces de Mongolie ne diffèrent que peu. Cependant les incisives du *G. psammophilus* sont beaucoup plus étroites, et la dernière molaire est relativement plus forte à la mâchoire supérieure aussi bien qu'à la mâchoire inférieure (2).

(1) Voyez pl. X *a*, fig. 1.
(2) Voyez pl. X *a*, fig. 1 *c* et 1 *d*.

Longueur de l'extrémité du museau à la base de la queue	0,125
Longueur de la queue sans les poils terminaux	0,075
Longueur de la queue avec les poils terminaux	0,080
Longueur de la face, depuis le bout du museau jusqu'à l'entrée de l'oreille.	0,027
Hauteur des oreilles	0,009
Longueur des pattes postérieures du talon à l'extrémité des ongles	0,030

Cette espèce a été trouvée par M. l'abbé Armand David, dans la Mongolie chinoise et à Suen-hoa-fou, dans la province de Pékin. Elle est moins commune que la précédente et a les mêmes habitudes, mais elle fréquente de préférence les plaines sablonneuses. Les Chinois l'appellent *Cha-oa-dzé*.

§ 7. — GENRE DIPUS.

Le groupe naturel des Gerboises ou genre *Dipus* de Gmelin (1), tel qu'il fut délimité par Illiger en 1811 (2), et par Frédéric Cuvier quelques années plus tard (3), comprend un nombre considérable de petits Rongeurs sauteurs qui, tout en ayant à peu près la même conformation générale et le même aspect, présentent entre eux des différences assez grandes pour motiver leur répartition en plusieurs divisions secondaires ou sous-genres. Lichtenstein fut le premier à les classer de la sorte; se fondant sur les variations offertes par le nombre des doigts des pattes antérieures, cet auteur les distribua en trois sections, mais il ne jugea pas nécessaire de donner à ces divisions des noms particuliers (4). Ses successeurs allèrent plus loin. En 1821, un zoologiste polonais, dont les écrits cités par M. Brandt sont peu connus en France, T.-P. Jarocki, réserva le nom générique de *Dipus* aux Gerboises dont les pattes postérieures sont tridactyles,

(1) Linné, *Systema naturæ*, editio decima tertia, 1788, t. I, p. 157.

(2) *Prodromus systematis Mammalium et Avium*, p. 81.

(3) G. Cuvier, *Règne animal*, 1re édition, t. I, p. 199 (1817).

(4) Lichtenstein, *Ueber die Springmäuse* (*Abhandlungen der Akademie der Wissenschaften zu Berlin*, aus dem Jahre 1825, p. 133, 1828).

et constitua sous le nom de *Jaculus* un nouveau genre pour les espèces à pattes postérieures pentadactyles (1). En 1836, Frédéric Cuvier (2), sans avoir eu connaissance du travail de Jarocki, arriva au même résultat, mais il donna à la nouvelle division générique, établie de la sorte aux dépens du grand genre *Dipus*, le nom d'*Alactaga* (3). Bientôt après, un zoologiste allemand, J.-A. Wagner, crut utile de modifier cette nomenclature et contribua ainsi à augmenter la confusion regrettable qui y régnait déjà. En effet, tout en conservant le nom de *Dipus* aux Gerboises à pieds postérieurs tridactyles, comme l'avaient fait les deux auteurs dont je viens de parler, il réunit aux Gerboises à pattes postérieures pentadactyles le *Dipus tetradactylus* dont ces naturalistes n'avaient pas parlé, et il donna au genre *Jaculus* de Jarocki ou *Alactaga* de Frédéric Cuvier, ainsi étendu, le nom de *Scirtetes* (4), puis il appliqua à une nouvelle division générique, établie pour recevoir un Mérione du Labrador, le nom de *Jaculus* employé précédemment par Erxleben pour désigner une division comprenant les Dipus, les Gerbilles et les Pedetes, par Jarocki dans le sens que je viens de rappeler, et par la plupart des zoologistes comme nom spécifique pour l'un de ces Scirtetes ou *Alactaga* de Frédéric Cuvier (5). Une pareille marche me semble difficile à justifier, et ici, de même que dans les autres questions de nomenclature zoologique, les droits établis par la priorité me paraissent devoir être respectés.

(1) *Zoologia Cayli Zwiertopismo ogolne.* Warszawie, 1821, t. I, p. 26. (D'après Brandt.)

(2) T. Cuvier, *On the Jerboas and Gerbillus* (*Proceedings of the Zool. Soc.*, 1836, p. 141). — *Mémoire sur les Gerboises et les Gerbilles* (*Transactions of the Zool. Soc.*, 1841, vol. II, p. 131).

(3) D'après Messerchmidt, les Mongols-Dauriens donnaient aux Gerboises de la Sibérie le nom d'*Alak-daagha* qui est devenu ensuite *Alagtaga* pour Buffon et *Aluctaga* pour les zoologistes du siècle actuel.

(4) A. Wagner, *Gruppirung der Gattungen der Nager in natürlichen Familien* (*Archiv für Naturgeschichte*, 1841, Bd. I, p. 119).

(5) Supplément à l'ouvrage de Schreber : *Die Säugethiere*, t. III, p. 292, 1843.

Dans un mémoire remarquable sur les Gerboises, publié par M. Brandt en 1844 (1), ce naturaliste éminent introduit dans le mode de distribution méthodique de ces Rongeurs plusieurs perfectionnements ; mais il me paraît avoir compliqué un peu trop la nomenclature destinée à mettre en relief cette partie de la classification mammalogique. Ainsi, après avoir réparti les Gerboises en trois genres, appelés, le premier, genre *Dipus*, le second, genre *Alactaga*, et le troisième *Platycercomys*, M. Brandt subdivise son genre *Dipus* en deux sous-genres caractérisés par le nombre des dents molaires de la mâchoire supérieure ; il conserve à l'un de ces groupes le nom de *Dipus*, et il donne à l'autre subdivision le nom de *Scïrtopoda ;* puis il établit, parmi ces derniers, deux sections auxquelles il donne les noms de *Hallictus* et de *Hallomys ;* enfin il divise également son genre *Alactaga* en deux sous-genres dont l'un, comprenant les espèces à pattes postérieures pentadactyles et correspondant exactement au genre *Alactaga* de Frédéric Cuvier, prend le nom de *Scirteta*, tandis que l'autre, caractérisé par l'existence de quatre doigts aux pattes postérieures, est appelé *Scirtomys*.

Plusieurs de ces subdivisions me paraissent devoir être adoptées, mais aucune d'entre elles ne me semble reposer sur des particularités organiques d'une importance assez grande pour motiver la dislocation complète du genre *Dipus*, et afin de mettre bien en évidence les affinités naturelles qui réunissent tous ces Rongeurs, je crois utile de n'enlever à aucun d'eux le nom commun sous lequel Illiger, Georges Cuvier et la plupart des autres zoologistes de la première moitié du siècle actuel les ont désignés.

C'est pour cette raison que j'ai donné à l'espèce nouvelle, dont je vais décrire ici les caractères, le nom générique de *Dipus*, bien qu'elle

(1) Remarques sur la classification des Gerboises, eu égard surtout aux espèces de Russie, avec un aperçu de la disposition systématique des espèces en général, etc. (*Bulletin de l'Acad. des sc. de Saint-Pétersbourg*, t. I, p. 209, 1844)

soit, non pas un *Dipus*, mais un *Jaculus* pour Jarocki, un *Alactaga* pour M. Brandt et pour M. Giebel, un *Scirtetes* pour M. A. Wagner et pour Van der Hœven ; mais afin de rappeler les particularités organiques qui la distinguent des *Dipus* proprement dits, j'ajouterai à ses noms générique et spécifique l'indication du sous-genre dont elle fait partie.

DIPUS (JACULUS) ANNULATUS.

(Voyez planche X et planche X*a*, fig. 3.)

Dipus annulatus, Alph Milne Edwards, *Ann. des sc. natur.*, 5ᵉ série, t. VII, p. 376, 1867.

La subdivision du genre *Dipus*, à laquelle cette espèce appartient, est caractérisée par l'existence de cinq doigts aux pattes postérieures, d'incisives supérieures dépourvues de sillon à leur face antérieure, de quatre molaires de chaque côté à la mâchoire supérieure et d'une queue très-grande, grêle et terminée par un large pinceau de longs poils.

Ce groupe appartient principalement à la partie orientale de l'Europe et à l'Asie. Suivant la plupart des auteurs qui ont traité de la faune mammalogique de ces contrées, elle se composerait d'un nombre considérable d'espèces, notamment du *Dipus jaculus* de Gmelin (1), du *Dipus acontion* de Pallas (2) ou du *Dipus pygmæus* d'Illiger (3),

(1) *Cuniculus pumilius saliens*, Georg. Gmelin, *Nov. Comment. Petropol.*, t. V, p. 37, 351, tab. II, fig. 1. — *Lepus terrestris*, Gothl. Gmelin jun. Iliner, I, p. 26, tab. II. — *L'alagtaga*, Buffon, édit. in-8 de Verdière, t. XXIII, p. 46.— *Mus jaculus*, Pallas, *Glires*, p. 275, tab. XX. — *Dipus jaculus*, Pallas, *Zoogr. Rosso-Asiatica*, t. I, p. 181. — *Dipus jaculus*, J.-F. Gmelin, Linné, *Syst. nat.*, éd. 13, t. I, p. 157. — *Dipus alagtaga*, Olivier, *Bull. de la Soc. Philomathique*, p. 50. — Lichtenstein, *op. cit.* (*Mém. de l'Acad. de Berlin*, pour 1825, p. 153). — Nordmann, *Voyage de Demidoff en Crimée*, t. III, p. 52. Je ne cite pas Linné, car cet auteur a appliqué le nom de *Mus jaculus* aux Gerboises à pattes postérieures tridactyles. (*Syst. nat.*, édit. 12, t. I, p. 85).

(2) *Zoographia Rosso-Asiatica*, t. I, p. 182. — *Mus jaculus var. minutus*, Pallas, *Glires*, p. 292. — *Scirtetes acontion*, J. A. Wagner, *Säugethiere* von Schreber, supplém. B. 3, p. 289.

(3) Lichtenstein, *op. cit.*, p. 155, tab. VIII.

du *Dipus minutus* de Blainville (1), du *Dipus vexillarius* d'Eversmann (2), du *Dipus decumanus* (3), du *Dipus spiculum* (4) et du *Dipus elater* de Lichtenstein (5), de l'*Alactaga indica* de Gray (6) et du *Dipus aulacotis* de Wagner (7) ; mais M. Brandt, qui a fait une étude attentive de ces Gerboises, a cru devoir réduire beaucoup cette liste (8). Ainsi, d'après ce zoologiste, le *Dipus decumanus* et le *D. vexillarius* ne doivent pas être distingués spécifiquement du *Dipus jaculus*, et il faudrait aussi y réunir le *Dipus spiculum*, opinion que je ne partage pas ; enfin le *Dipus minutus* ne saurait être séparé du *Dipus acontion*.

Pour faire bien ressortir les caractères distinctifs du *Dipus annulatus*, je le comparerai donc à chacune des espèces dont il vient d'être question.

Le *Dipus annulatus* est beaucoup plus petit que le *Dipus jaculus* ou *D. vexillarius*, mais il s'en rapproche par la grandeur des oreilles. En effet, celles-ci, sans être aussi développées que chez la grande Gerboise de Russie et de la Sibérie, sont remarquablement longues, car elles égalent, à peu de chose près, la longueur de la face. Du reste, le *Dipus annulatus* se distingue de cette espèce par le mode de coloration de la portion terminale de sa queue. Chez cette dernière le bout de cet appendice est blanc dans une étendue presque égale à celle de la portion brune qui le précède, et la teinte brune de celle-ci passe graduellement au fauve grisâtre en avant. Chez le *Dipus annulatus*, au

(1) Desmarest, article GERBOISE. *Nouveau dictionnaire d'histoire naturelle*, t. XIII, p. 127. — *Mammalogie*, p. 318.

(2) *Mittheilungen über einige neue und einige weniger gekannte Säugethiere Russlands*, von Dr E. Eversmann (*Bulletin de la Soc. des naturalistes de Moscou*, 1840, n° 1, p. 42).

(3) Lichtenstein, *loc. cit.*, p. 154, tab. VI.

(4) Lichtenstein, *loc. cit.*, p. 154, tab. VII.

(5) Lichtenstein, *loc. cit.*, p. 155, tab. IX.

(6) *Descript. of some new Genera and species of Mammalia* (*Ann. and Mag. of Nat. Hist.*, 1842, vol. X, p. 262).

(7) Andreas Wagner, *Beschreibung einiger neuer Nager* (*Abhand. der Bayerischen Akademie der Wissenschaften*, B. 3, 1840, p. 211, tab. IV, fig. 1).

(8) Brandt, *Remarques sur la classification des Gerboises* (*Bulletin de l'Académie de Saint-Pétersbourg*, 1844, t. II, p. 210).

contraire, le pinceau terminal blanc est très-court, et la portion précédente du pinceau coloré en brun noirâtre est séparée de la partie grêle et fauve de la queue par une bande transversale blanche.

La teinte générale du dessus de la tête, du dos et de la face externe des jambes postérieures est beaucoup plus foncée que chez le *Dipus jaculus* de la Sibérie occidentale ; elle est même entremêlée de brun noirâtre ; mais il est à noter qu'un mode de coloration analogue se retrouve chez les Gerboises que M. Radde a observées dans la région du fleuve Amour et que ce zoologiste rapporte au *Dipus jaculus* (1). Il est aussi à noter que chez le *Dipus annulatus* les doigts des pattes postérieures sont garnis latéralement de poils très-longs et touffus.

Le *Dipus spiculum* de Lichtenstein ressemble davantage à la Gerboise dont nous nous occupons ici ; mais la portion brune subterminale de la queue n'est pas bordée de blanc en avant comme chez cette dernière, et d'ailleurs la petitesse relative des oreilles ne permet pas de la confondre avec notre espèce. Il est vrai que, suivant M. Brandt, ce caractère n'aurait que peu de valeur, et le *Dipus spiculum* ne serait qu'une variété du *Dipus jaculus;* mais je pense que ce rapprochement n'est pas fondé et que ces deux Gerboises sont distinctes spécifiquement, ainsi que Lichtenstein l'avait avancé.

Un autre trait de ressemblance entre le *Dipus spiculum* et le *Dipus annulatus* consiste dans la brièveté des doigts latéraux des pattes postérieures qui descendent notablement moins bas que chez le *Dipus jaculus*.

Le *Dipus annulatus*, de même que le *Dipus jaculus*, se distingue du *Dipus acontion* ou *Dipus pygmæus*, par la grandeur plus considérable des oreilles, par la longueur des pieds de derrière et par moins de réduction dans les pattes antérieures. Chez le *Dipus acontion* ces membres sont remarquablement petits.

(1) *Dipus jaculus, var. Mongolica*, Radde, *Reisen im süden von Ost-Sibirien*, von G. Radde, t. I, p. 170.

Je ne connais le *Dipus elater* des steppes des Kirghis que par la description et les figures que Lichtenstein en a données (1). Par la proportion des oreilles, cette Gerboise ressemble beaucoup au *Dipus annulatus;* mais le pinceau terminal de sa queue est grêle, sa portion brune est peu marquée, et il n'y a pas d'anneau blanc la bordant en avant.

Le *Dipus aulacotis* qui habite l'Arabie manque également de l'anneau blanc à la base de la portion brune du pinceau terminal de la queue, et d'ailleurs cette espèce diffère de toutes celles dont je viens de parler par le mode de conformation de la face antérieure des oreilles qui est aréolée (2).

Enfin le *Dipus indicus* du Candahar, décrit très-sommairement par M. Gray et paraissant se rapprocher beaucoup du *D. acontion*, se distingue par la coloration des poils de la portion subterminale du pinceau caudal qui, au lieu d'être bruns ou noirs dans toute leur longueur comme d'ordinaire, sont jaunes vers la base et brunâtres près de l'extrémité seulement.

La tête osseuse du *D. annulatus* (3) présente les mêmes caractères essentiels que celle du *D. jaculus* de Russie, et sauf les dimensions qui sont moindres, elle lui ressemble beaucoup; mais le système dentaire nous fournit des particularités importantes et qui permettent de distinguer très-facilement le crâne de l'espèce à queue annelée. La série des dents mâchelières est plus allongée, et à la mâchoire supérieure (4) la première molaire s'élève presque au même niveau que les suivantes, tandis que chez la Gerboise de Russie elle est extrêmement petite et sa couronne n'atteint pas le même niveau que les autres dents; la deuxième molaire est très-simple, elle est constituée par deux lobes séparés l'un

(1) *Loc. cit*, tab. IX.

(2) Voyez Wagner, *op. cit.* (*Mém. de l'Acad. de Munich*, t. III, pl. IV, fig. 1 *a*).

(3) Voyez pl. X*a*, fig. 3, 3 *a*, 3 *b* et 3 *c*.

(4) Voyez pl. X*a*, fig. 3 *d*.

de l'autre par un sillon vertical séparant la dent en deux portions à peu près égales. Sur sa surface on n'aperçoit que deux îlots d'émail indiquant l'existence d'autant de divisions superficielles qui s'effacent par l'usure Chez le *D. jaculus* les plis d'émail sont plus compliqués et la face externe de la dent porte deux sillons bien distincts. Le même caractère différentiel se retrouve sur la troisième molaire. La quatrième molaire du *D. annulatus* est remarquablement petite; elle affecte une forme cylindrique et l'émail l'enveloppe comme une gaîne, mais ne constitue aucun repli intérieur, tandis que chez le *D. jaculus* cette dent est relativement grosse et présente plusieurs replis transversaux d'émail.

Les molaires de la mâchoire inférieure (1) sont construites d'après le même type, et beaucoup plus simples chez l'espèce de Mongolie que chez celle de Russie. La première de ces dents est très-allongée dans le sens antéro-postérieur et l'émail revêt sa surface extérieure sans s'avancer dans l'intérieur en forme de lames transversales; comme chez le *D. jaculus;* on aperçoit cependant trois fossettes garnies d'émail, dont deux contiguës situées en avant, et l'autre près du bord postérieur et intérieur; un sillon vertical superficiel se voit sur chacune des faces, circonscrivant ainsi deux lobes dont l'antérieur est beaucoup plus étroit que le postérieur. Chez le *D. jaculus* ces sillons sont au nombre de deux. Les mêmes caractères différentiels se remarquent sur la deuxième molaire; les replis d'émail et les sillons latéraux offrant à peu près la même disposition que sur la molaire précédente. La dernière de ces dents est très-petite et exactement semblable à sa congénère de la mâchoire supérieure; elle est cylindrique et dépourvue de replis d'émail; au contraire, chez le *D. jaculus* elle est profondément sillonnée sur ses faces externe et interne.

Le *Dipus annulatus* habite en grand nombre les collines sablonneuses de la haute Mongolie chinoise, et le Muséum d'histoire natu-

(1) Voy. pl. X *a*, fig. 3 *e*.

relle en a reçu plusieurs exemplaires par les soins de M. l'abbé Armand David. Ce savant et zélé voyageur nous apprend que cette Gerboise est nocturne et se creuse des galeries profondes; ses mœurs sont très-douces et elle ne cherche jamais à mordre lorsqu'on la tient en captivité. M. David en a vu aussi quelques individus aux environs de Suen-Hoa-fou, dans la province de Petchély, mais ils sont très-rares dans cette partie de la Chine. Voici les principales dimensions de l'une de ces Gerboises adultes :

Longueur du corps depuis l'extrémité du museau jusqu'à la base de la queue (en suivant la courbure du dos)	0,173
Longueur de la queue	0,190
Longueur de la face depuis le bout du museau jusqu'à l'oreille	0,037
Longueur des oreilles	0,033
Longueur des pattes antérieures depuis l'articulation du coude jusqu'à l'extrémité des doigts	0,040
Longueur des pattes postérieures depuis l'extrémité supérieure de la jambe jusqu'à l'extrémité des doigts	0,122
Distance entre le talon et l'extrémité inférieure du doigt externe	0,044
Longueur totale du métatarsien médian	0,056
Longueur du doigt médian	0,019

§ 8. — GENRE SPERMOPHILE.

Frédéric Cuvier, dont le nom mérite d'être cité avec éloge à presque toutes les pages de l'histoire des progrès accomplis en mammalogie pendant la première moitié du siècle actuel, fonda en 1822, sous le nom de *Spermophile*, une division générique particulière pour recevoir le *Souslik* ou *Mus citillus* de Linné (1), que ses prédécesseurs rangeaient dans le genre Marmotte ou *Arctomys* (2). Cette distinction était motivée par l'existence d'abajoues chez le Souslik et l'absence de

(1) *Systema naturæ.*

(2) F. Cuvier, *Considérations sur les caractères génériques de certaines familles de Mammifères, appliquées aux Marmottes et au Souslik, et formation du genre Spermophile* (*Mém. du Muséum*, t. IX, p. 295).

ces organes chez la Marmotte proprement dite, par quelques différences dans la forme des dents molaires, des oreilles et de la tête osseuse ; elle était aussi en concordance avec certaines différences dans les mœurs de ces Rongeurs, et elle fut aussitôt admise sans contestation par tous les naturalistes. Cependant si les droits résultant de la priorité devaient être notre seul guide dans l'emploi des désignations méthodiques en zoologie, il faudrait ce me semble rayer le mot *Spermophilus* de nos catalogues mammalogiques et y substituer celui de *Cynomys*. Effectivement, dès 1817 Rafinesque avait donné ce dernier nom à un genre nouveau, établi pour recevoir le *chien des prairies* ou *écureuil jappant* des voyageurs américains (1), et je ne vois aucun motif suffisant pour séparer génériquement le Cynomys et les Spermophiles, ainsi que le font quelques auteurs. Mais ce changement de nomenclature serait une source de beaucoup de confusions, et tout en rappelant les droits de Rafinesque il me semble préférable de conserver la désignation introduite dans la science par F. Cuvier et employée journellement par tous les mammalogistes ; cela est regrettable, mais utile.

J'ajouterai que le Souslik est évidemment le représentant d'une forme zoologique particulière autour de laquelle viennent se grouper un assez grand nombre d'espèces, dont quelques-unes diffèrent notablement soit des Écureuils, soit des Marmottes proprement dites (2). Or, le chien des prairies, qui est le type du genre *Cynomys* de Rafinesque, est précisément une de ces formes intermédiaires qui tient presque autant des Marmottes que des Spermophiles (3). Il serait donc impossible de le prendre comme représentant d'une division mammalogique quelconque.

Une autre cause de confusion, que rien ne peut justifier, consiste

(1) *Description of seven new genera of North-American Quadrupeds* (*American Monthly Magazine*, vol. II, p. 45, New-York, 1817).

(2) Par exemple, le *Spermophilus macrourus* du Mexique.

(3) M. Brandt range cette espèce dans le genre *Arctomys* proprement dit. (*Bull. de l'Acad. de Saint-Pétersbourg*, t. II, p. 364, 1844.)

dans les changements de nomenclature introduits plus récemment par Lichtenstein. Cet auteur, pensant qu'il était utile de pousser les divisions génériques plus loin que ne l'avait fait Frédéric Cuvier, forma, aux dépens des Spermophiles de celui-ci, deux genres dont l'un a pour type le Souslik, et l'autre comprend les espèces américaines. Mais, au lieu de réserver le nom de *Spermophilus* à la division contenant l'espèce pour laquelle ce nom avait été introduit dans la science, il appela ce groupe genre *Citillus*, et il appliqua le nom de *Spermophilus* au groupe formé par les Cynomys de Rafinesque et les autres espèces américaines dont Frédéric Cuvier ne s'était pas occupé lorsqu'il créa son genre *Spermophilus* (1). Heureusement Lichtenstein n'eut que peu d'imitateurs, et son genre *Citillus* ne figure que dans un petit nombre de classifications mammalogiques.

Les modifications introduites dans le mode de distribution méthodique de ces Rongeurs par M. Brandt, n'offrent pas les inconvénients que je viens de signaler. M. Brandt conserve intégralement le genre *Spermophilus* de Frédéric Cuvier, mais il y établit des divisions secondaires ou sous-genres qui peuvent faciliter le groupement des espèces. Ainsi, ce zoologiste distingue d'une part les *Spermophiles colobates*, et, d'autre part, les *Otospermophiles*. Les premiers, caractérisés par la grandeur relative des molaires et par quelques autres particularités organiques, se subdivisent à leur tour en trois sections suivant que la plante des pieds est nue ou poilue, etc.

Les Otospermophiles appartiennent tous à l'Amérique; quelques espèces du nouveau monde prennent, au contraire, place dans le sous-genre des Spermophiles colobates, mais la plupart de ces derniers habitent l'Asie ou l'Europe orientale, et c'est seulement à eux qu'il me paraît nécessaire de comparer ici l'espèce nouvelle dont je me propose de faire connaître les caractères.

(1) Lichtenstein, *Darstellung neuer oder wenig bekannter Säugethiere*. Berlin, 1827-1834, 5 heft. (Texte joint à la planche 31, sans pagination.)

SPERMOPHILUS (COLOBATES) MONGOLICUS.

(Voyez planche XVII, fig. 1.)

Alph. Milne Edwards, *Ann. des sc. nat. Zool.*, 5e série, 1867, p. 376.

Ce Spermophile de petite taille a le dessous des pieds postérieurs très-poilu, caractère qui ne permet de le confondre ni avec le *Spermophilus fulvus* (1), ni avec les *S. rufescens* (2), *S. erythrogenys* (3), *S. brevicauda* (4), *S. mugosaricus* (5), *S. musicus* (6), *S. concolor* (7), ou toute autre espèce appartenant à la première subdivision établie par M. Brandt, parmi les Spermophiles colobates. Sa queue est courte ; sa longueur égale à peu près une fois et demie celle des pieds postérieurs, comme chez les espèces rangées par M. Brandt dans sa section C, tandis que chez le *Spermophilus Eversmannii* (8) et les autres espèces de la section B du même auteur, la queue est longue.

(1) *Arctomys fulvus*, Lichtenstein. Catal. des Mammifères envoyés par Eversmann (*Voyage à Boukhara*, par Meyendorff, 1826, p. 385). — Eversmann, *Mittheilung über Säugethiere Russlands* (*Bull. de la Soc. des natural. de Moscou*, 1840, p. 33). — *Spermophilus fulvus*, Brandt, *op. cit.* (*Bull. de l'Acad. de Saint-Pétersb.*, t. II, p. 366).

(2) *Mus citillus* var. *major*, Pallas, *Glires*, p. 125, tab. 6.—*Spermophilus rufescens*, Keyserling et Blasius ; voyez Brandt, *loc. cit.*, p. 367.

(3) Brandt, *loc. cit.*, p. 367.

(4) Brandt, *loc. cit.*, p. 368. — *Spermophilus Mugosaricus ?* Eversmann, *loc. cit.* (*Bull. de la Soc. des nat. de Moscou*, 1840, p. 33).

(5) *Mus citillus* var. *pygmæa*, Pallas, *Glires*, p. 122 (ex parte) *Arctomys mugosaricus* Lichtenstein, *op. cit.* (*Voyage de* Meyendorff, p. 387). — Lichtenstein, *Darstellung neuer Säugethiere*, tab. 32, fig. 2. — *Spermophilus mugosaricus*, Keyserl. et Blasius. — Brandt, *loc. cit.*, p. 370.

(6) *Mus citillus* var., Pallas, *Glires*, p. 122.—*Spermophilus musicus*, Menetries. (*Catalogue raisonné des objets de zoologie recueillis dans un voyage du Caucase*, p. 21 (1832).)

(7) Isidore Geoffroy Saint-Hilaire, *Voyage aux Indes orientales*, par Belanger ; *Zoologie*, p. 151, pl. VIII (1834).

(8) *Mus citillus*, Pallas, *Glires*, p. 126. —*Spermophilus Eversmanni*, Brandt (*Bull. de l'Acad. de Saint-Pétersbourg*, 1841, p. 42). — *Observ. sur les Sousliks* (*Bull. de l'Acad. de Saint-Pétersbourg*, 1844, p. 373). — Middendorff, *Säugethiere* (*Sibiresche Reise*, Bd. II, p. 83, pl. 3, fig. 1, 2). — Radde, *Reisen im Süden von ost-Sibirien*, t. I, p. 149.)

C'est donc à côté du *Spermophilus citillus* (1), du *Spermophilus guttatus* (2), du *Spermophilus leptodactylus* (3), du *Spermophilus dauricus* (4), et du *Spermophilus xanthoprymnus* (5), que le *S. mongolicus* doit prendre place.

Il a les oreilles plus courtes que chez la première de ces espèces, et sa robe n'est pas tachetée comme chez le *S. guttatus*. Par son mode de coloration, il ressemble beaucoup au *S. leptodactylus* et au *S. dauricus;* mais il a la queue plus courte que chez le *S. leptodactylus*, et il paraît différent de l'espèce que je viens de citer en dernier lieu, par l'absence du jar noirâtre dont celle-ci est abondamment pourvue. Je n'ai pas eu l'occasion de voir le *S. dauricus*, et je ne le connais que par la description et la figure que M. Radde en a données ; le *S. mongolicus* y ressemble beaucoup, quoique la teinte de celui-ci soit plus brune ; de même que chez cette espèce, il a la queue terminée par un pinceau noirâtre bordé de blanc, mais foncé en dessous aussi bien qu'en dessus vers sa base, tandis que chez le *S. dauricus* la face inférieure de la queue est blanchâtre vers sa base. Du reste, ce qui me paraît caractériser le

(1) *Mus citillus*, Linné, *Syst. nat.*, éd. 12, t. I, p. 80.— *Spermophilus citillus*, Keyserling et Blasius. — Brandt, *op. cit.* (*Bull. de l'Acad. de Saint-Pétersb.*, 1844, p. 376).

(2) *Mus citillus* var. *guttata*, Pallas, *Glires*, p. 127, pl. 6 B. — Fréd. Cuvier, *Mammifères*. — *Spermophilus citillus* var. *Odessana*. Nordmann, *Voyage de Demidoff en Crimée*, t. III, p. 27, pl. 3. — *Spermophilus guttatus*, Brandt, *op. cit.* (*Bull. de l'Acad. de Saint-Pétersbourg*, 1844, p. 375).

(3) *Arctomys leptodactylus*. Lichtenstein, *op. cit.* (Meyendorff, *Voyage à Boukhara*, p. 385). — *Citillus leptodactylus*. Lichtenstein, *Säugethiere*, pl. 32, fig. 1. — M. Brandt rapporte cette espèce au *S. fulvus*, mais Lichtenstein dit formellement que chez ce Rongeur la plante des pieds est couverte « de poils, serrés, roides et assez longs » (*loc. cit* , p. 386), tandis que chez les *S. fulvus* cette partie est nue.

(4) Brandt, *op. cit.* (*Bull. de l'Acad. de Saint-Pétersbourg*, 1844, p. 379). — Radde, *Reisen*, t. I, p. 145, pl. 6, fig. 1.

(5) Dans la collection du Muséum ce nom a été donné à un spermophile trouvé aux environs d'Erzeroum par M. Challaye, consul de France. Cette espèce ressemble beaucoup au *S. citillus* de la Turquie, mais s'en distingue : 1° par la coloration jaune plus ou moins ferrugineuse du bas des joues, des épaules, de la face antérieure et externe des pattes antérieures, de la partie postérieure des jambes de derrière et de la région anale ; 2° par l'absence presque complète de blanc à l'extrémité de la queue.

plus l'espèce dont je m'occupe ici, c'est l'extrême douceur de son pelage ; chez tous les autres Spermophiles de la même section que j'ai pu examiner, le poil est sec et un peu grossier ; ici, au contraire, il est d'une mollesse remarquable, et au toucher on distingue facilement cet animal de tous ses congénères.

Ainsi que je l'ai déjà dit, le *S. mongolicus* a les oreilles extrêmement courtes ; le dessus du nez est fauve, la face supérieure du crâne et le dos sont d'un gris jaunâtre mêlé de brun, bien que la base des poils soit d'un ton ardoisé très-foncé. Les côtés de la tête, les flancs et la face externe des membres sont d'un gris jaunâtre tirant sur le blanc ; le tour de la bouche et la gorge sont tantôt grisâtres, d'autres fois tout à fait blancs ; la poitrine et la face antérieure des pattes thoraciques sont plus jaunes ; enfin les ongles sont noirs ainsi que les moustaches.

La tête osseuse du *Spermophilus mongolicus* (1) ressemble beaucoup, par sa conformation générale, à celle du Souslik ; on remarque cependant que chez l'espèce de Mongolie la portion crânienne est plus étroite par rapport à la face ; effectivement les os du nez sont plus plats et plus larges en arrière, de façon que le dessus du museau est moins busqué. Les dents de ces deux Spermophiles présentent les mêmes caractères dans leurs rapports de grandeur et dans l'arrangement des crêtes et des tubercules qui garnissent leur surface triturante. Cependant on remarque que chez l'espèce que nous décrivons ici les molaires sont comparativement plus étroites (2).

Longueur de l'extrémité du museau à la base de la queue............	0,21
Longueur de la queue y compris le bouquet de poils terminal.........	0,06
Longueur de la queue, les poils terminaux non compris...............	0,04
Longueur de la face depuis l'extrémité du museau jusqu'au trou auditif.	0,038
Longueur du pied postérieur..................................	0,035

(1) Voy. pl. XVIII fig. 3 et 3 *a*.
(2) Voy. pl. XVIII, fig. 3 *b* à 3 *d*.

Ce petit Rongeur a été trouvé par M. l'abbé Armand David dans la Mongolie chinoise et dans le voisinage de Pékin. Il y est très-commun dans les plaines aussi bien que dans les montagnes, et se creuse des galeries souterraines fort profondes où il s'endort pendant l'hiver. Son régime est frugivore aussi bien que granivore. Les Chinois le connaissent sous le nom de *Hoang-Chou.*

§ 9. — GENRE SCIURUS.

SCIURUS (TAMIAS) DAVIDIANUS.

(Voyez planche XVI et planche XVIII, fig. 2.)

Alph. Milne Edwards, *Description de quelques espèces nouvelles d'Écureuils* (*Revue et Magasin de Zoologie*, 1867, p. 196).

L'Écureuil des environs de Pékin, que j'ai désigné sous le nom de *Sciurus Davidianus*, peut être considéré comme une espèce de transition reliant entre eux les Écureuils véritables et les Tamias. Un des caractères sur lesquels Illiger s'appuya pour motiver une distinction générique entre ces deux groupes consiste dans l'existence d'abajoues chez ces derniers Rongeurs, et l'absence de ces poches jugales chez les premiers (1) ; à ce caractère s'en ajoutent quelques autres tirés du peu de développement de la queue chez les Tamias, de leurs habitudes souterraines, etc. Ces particularités n'ont qu'une faible valeur zoologique et motiveraient tout au plus l'établissement d'un sous-genre ; car elles présentent peu de constance, et l'on trouve tous les passages de l'une de ces formes extrêmes à l'autre. Ainsi, par le mode de coloration, par la longueur de la queue, le *Sciurus Davidianus* ressemble beaucoup aux Écureuils ordinaires, mais il porte de chaque côté des joues des poches buccales très-petites, il est vrai, mais bien caractérisées, et nous ver-

(1) Illiger, *Prodromus systematis Mammalium et Avium*, 1811, p. 83.

rons que la tête osseuse se rapproche beaucoup plus de celle des Tamias que de celle des Écureuils. Enfin il habite dans des galeries souterraines, et ce n'est qu'accidentellement qu'il grimpe au tronc des arbres. L'Écureuil de Pékin doit donc être considéré non pas comme un *Sciurus*, mais plutôt comme un *Tamias;* cependant on ne doit attribuer à ce dernier groupe qu'une valeur subgénérique, et par conséquent j'inscrirai, dans nos catalogues de zoologie, l'espèce des environs de Pékin sous le nom de *Sciurus Davidianus.*

La tête est longue et pointue; le nez, les joues, le front et l'occiput sont d'une teinte noirâtre piquetée de fauve olivâtre et de gris. Les oreilles, dépourvues de pinceaux de poils, sont petites; elles sont complétement nues en arrière, et il existe seulement le long de leur bord antérieur une bande couverte de poils. Le dessus du corps, les flancs, la face externe des membres, sont d'un gris tiqueté de noir. Les pieds sont de la même teinte, mais un peu plus clairs. Aux pattes antérieures, le pouce est rudimentaire. Sur la gorge, la poitrine et le ventre, les poils sont d'un blanc grisâtre ou lavé de jaune; mais cette coloration ne s'étend pas à toute la face inférieure du corps, elle ne se remarque que sur une bande assez étroite et longitudinale qui se prolonge transversalement en dedans des bras et des cuisses à peu près comme chez le *Sciurus lokrioides* (1), bien qu'elle soit beaucoup plus claire et n'offre pas la teinte jaune qui s'observe chez cette dernière espèce. La queue est presque de la longueur du corps; elle est formée de poils allongés légèrement distiques en dessous. Leur base est teintée de gris plus ou moins fauve; leur portion moyenne est brune ou noire, et leur extrémité de la même couleur que leur base. Les moustaches sont longues et noires. Les ongles sont robustes, mais peu aigus.

Longueur du corps	0,23
Longueur de la queue	0,20

(1) Hodgson, *Journal of the Asiatic Society of Bengal*, 1836, t. V, p. 232.

Le genre *Sciurus*, comme on le sait, est répandu en Afrique et en Amérique aussi bien que dans la région européo-asiatique, et les espèces appartenant à ces trois grandes divisions géographiques sont presque toujours reconnaissables par la qualité de leur poil, de sorte qu'avec un peu d'habitude on parvient souvent à les distinguer au toucher.

Les Écureuils américains sont en général remarquables par la mollesse et la douceur de leur pelage ; les Écureuils africains, au contraire, ont d'ordinaire le poil court et sec ; enfin les espèces asiatiques sont, sous ce rapport, intermédiaires aux deux autres groupes, et le *S. Davidianus* ne fait pas exception à cette règle.

Les espèces d'Asie inscrites sur les catalogues zoologiques sont très-nombreuses, et pour montrer en quoi le *S. Davidianus* en diffère il me paraît utile d'indiquer une série de caractères peu importants, il est vrai, mais d'un emploi facile, à l'aide desquels on peut arriver rapidement aux déterminations spécifiques dans ce groupe dont l'étude présente des difficultés considérables.

La forme de la tête suffit pour écarter de tous les autres Écureuils asiatiques le *Sciurus laticaudatus* (1) ; en effet, chez cet animal, la face est extrêmement allongée, tandis que chez le *S. Davidianus* elle est plus courte. Le mode de coloration du pelage permet d'établir ensuite deux grands groupes, car chez beaucoup d'espèces il existe, soit sur le dos, soit sur les flancs, des bandes longitudinales dont la couleur diffère de celle des parties adjacentes, tandis que chez un nombre considérable d'autres espèces de la même région on n'aperçoit aucune raie semblable. Les Écureuils asiatiques, à bandes dorsales ou latérales, sont le *S. Rodolphi* (2), le *S. M'Clellandii* (3), le *S. ma-*

(1) S. Müller et Schlegel, *Over de tot Heden Bekende Eekhorens (Sciurus) van den Indischen archipel (Verhandelingen over de Natuurlijke Geschiedenis der Nederlandsche overgeesche bezittingen*, 1839-1844, p. 100, pl. 15, fig. 1-2).

(2) Alph. Milne Edwards, *Revue et Mag. de zoologie*, 1867, t. XIX, p. 227.

(3) Horsfield, *Proceed. Zool. Soc.*, 1839, p. 152.—Swinhoe, *Proc. Zool. Soc.*, 1862, p. 357.

crotis (1), le *S. palmarum* (2), le *S. Dussumieri* (3), le *S. striatus* (4), le *S. bilineatus* (5), le *S. insignis* (6), le *S. pyrrhocephalus* (7), le *S. Prevostii* (8), le *S. griseiventer* (9), le *S. Schlegelii* (10), le *S. atricapillus* (11), le *S. vittatus* (12), et le *S. Plantani* (13). Nous avons vu que chez le *S. Davidianus*, ni le dos, ni les flancs, n'offrent de marques de ce genre, et par conséquent nous pouvons nous dispenser de poursuivre davantage la comparaison entre cette espèce et celle dont l'étendue nous occupe spécialement ici. La plupart des Écureuils asiatiques, à face courte et à pelage non rayé longitudinalement, ont les oreilles garnies seulement de poils ras, et ne portent pas de pinceau terminal comme celui dont ces organes sont ornés chez le *Sciurus maximus* (14).

Or, les espèces à oreilles non pénicillées peuvent être réparties en deux sections d'après les dimensions de leur queue. Chez le

(1) Gray, *Proceed. Zool. Soc.*, 1856, p. 341, pl. 46.

(2) Ecureuil palmiste, Brisson, *Règne animal*, p. 158, n° 10. — *Sciurus palmarum*, Gmelin (Linné, *Syst. nat.*, éd. 13, t. I, p. 149). — Wagner, *op. cit.*, t. III, p. 204, pl. 220.

(3) Alph. Milne Edwards, *op. cit.*, p. 226.

(4) Linné, *Syst. nat.*, éd. 12 (1766), t. I, p. 87. — Middendorff, *Sib. Reise*, t. II, p. 83. — Schrenck, *Reise in Amur-Land*, 1858, t. I, p. 124. — Radde, *Ost. Sibirien*, 1862, t. I, p. 146.

(5) Temminck, *Esquisse zoologique sur la côte de Guinée*, 1858, MAMMIF., p. 251.

(6) Le *Lary*, F. Cuvier, MAMMIFÈRES, 34e livr. — *S. insignis*, Desmarest, *Mammalogie*, p. 544. — Horsfield, *Zool. Research. in Java*, n° 5.

(7) Alph. Milne Edwards, *op. cit.* (*Revue et Mag. de zoologie*, 1867, t. XIX, p. 225).

(8) Desmarest, *Mammalogie*, 1820, p. 335. — Schlegel, *Notice sur les Ecureuils à ventre rouge et à flancs rayés de l'archipel indien*, pl. 1, fig. 1, 2 et 3.

(9) Geoffroy Saint-Hilaire, *Voyage de Bélanger*, 1834, p. 147.

(10) *S. erythrogenys*, Schlegel, *op. cit.*, p. 6, pl. 2, fig. 3. — *S. Schlegelii*, Nob., *Cat. du Muséum*. Le nom d'*erythrogenys* étant déjà employé pour un Écureuil.

(11) *S. atricapillus*, Schlegel, *op. cit.*, p. 4, pl. 2, fig. 1.

(12) Raffles, *Catalogue of a collection made in Sumatra* (*Trans. Linn. Soc.*, t. XIII, p. 259, 1821). — Schlegel, *op. cit.*, p. 7, pl. 2, fig. 4.

(13) *S. Plantanii*, Ljungh (*Kongl. vetensk Acad. nya Handl*, 1804, XXII, p. 99). — Horsfield, *Zool. Research.*, avec figure. — *S. bilineatus*, Geoffr., Desmarest, *Mammalogie*, p. 336.

(14) *S. maximus*, Desmarest, *op. cit.*, p. 334.

S. giganteus (1), le *S. bicolor* (2), le *S. albiceps* (3), le *S. Leschenaulti* (4), le *S. auriventer* (5), le *S. hypoleucos* (6), et le *S. ephippium* (7), elle est beaucoup plus longue que le corps; tandis que chez les autres espèces, y compris le *S. Davidianus*, la queue est à peu près de la longueur du corps ou notablement plus courte. Parmi les Écureuils qui présentent ce dernier mode de conformation, le *S. Finlaysoni* (8) offre cela de particulier, que son pelage, au lieu d'être comme d'ordinaire foncé en dessus, y est blanc ou d'un gris pâle, et les autres espèces diffèrent entre elles par le mode de coloration des pieds. Chez le *S. siamensis* (9), le *S. flavimanus* (10), le *S. caucasicus* (11) et le *S. pygerythrus* (12), les pieds sont fauves ou d'un brun clair; chez le *S. griseimanus* (13), ils sont grisâtres; enfin, chez le *S. Germanii* (14), le *S. ferrugineus* (15), le *S. Hippurus* (16), le *S. erythrogaster* (17), le *S. modestus* (18), le *S. Lo-*

(1) M' Clelland, voy. Horsfield, *Proceed. Zool. Soc.*, p. 151, 1839, p. 151.

(2) Sparrmann, *Götheborgska Handlingar Wetenskap st.* I, p. 70 (1778). — *S. Madagascariensis*, Shaw, *Gen. zool.*, t. II, p. 128, pl. 1.

(3) Geoffroy Saint-Hilaire, *Coll. du Muséum.*

(4) Desmarest, *Dict. d'hist. nat.*, 2e éd., t. X, p. 105.

(5) Isid. Geoffroy Saint-Hilaire (*Voyage aux Indes orientales* de Bélanger., Zool., p. 150, 1834.

(6) Horsfield, *Zool. Research. in Java*, 1824.

(7) S. Müller, *Over einige Neuwe zoogdieren Van Borneo* (*Tidjschrift*, 1838, t. V, p. 147). — Schlegel et S. Müller, *op. cit*, pl. 13.

(8) Horsfield, *Cat. of the Mammals of the East India Company*, p. 154.

(9) Gray, *Proceed. Zool. Soc.*, 1859, p. 478.

(10) Geoffroy Saint-Hilaire, *Études zoologiques.*

(11) Pallas, *Zoographia*, t. I, p. 186.

(12) Is. Geoffroy Saint-Hilaire, *Voyage de Bélanger*, p. 145, pl. 7, 1834.

(13) Alph. Milne Edwards (*Revue et Mag. de zoologie*, 1867, p. 195.

(14) Alph. Milne Edwards (*Revue et Mag. de zoologie*, 1867, p. 193).

(15) Fréd. Cuvier, *Mammifères.* — *T. Keraudreni*, Reynaud (*Centurie zool.* de Lesson, livr. I, pl. 1).

(16) Isid. Geoffroy Saint-Hilaire (*Mag. de zoologie* de Guérin, p. 6).

(17) Blyth, *Journal of the Asiatic Soc. of Bengal*, t. XII, p. 972; t. XXIV, p. 473.

(18) S. Müller et Schlegel, *loc. cit.*, p. 96, pl. 14, fig. 1-3.

kriah (1), le *S. lokrioides* (2), le *S. leucogaster* (3), le *S. Pernyi* (
le *S. Bocourtii* (5), les pieds sont noirs ou très-foncés. Ainsi q
l'ai déjà dit, chez le *S. Davidianus*, ils présentent ce dernier
de coloration.

Chez le *S. Germanii*, le *S. ferrugineus*, le *S. hypoleucus* et le *S*
threus, le ventre est d'un roux intense ou même noir, ainsi que le
Mais chez toutes les espèces que je viens de citer en dernier li
ventre est d'une teinte fauve pâle ou blanchâtre. L'existence d'une
claire à la base des oreilles et la coloration jaune de la région
distinguent le *S. Pernyi* du *S. Davidianus*, chez lequel aucune tac
ce genre ne se montre. Chez le *S. Bocourti*, les flancs sont blancs,
que chez le *S. Davidianus*, ainsi que chez le *S. modestus*, le *S. lo*
le *S. lokrioides*, le *S. leucogaster*, les flancs sont de la même couleu
le dos. Chez le *S. modestus*, le pelage du dos est tiqueté de roux,
que chez les autres espèces dont je viens de parler, il est tique
gris. Nous voyons donc, par voie d'exclusion, que c'est avec le
kriah, le *S. lokrioides* et le *S. leucogaster*, que le *S. Davidianus* a l
de ressemblance ; pour le distinguer des deux premières espèc
suffit de noter que chez celles-ci, le ventre est jaunâtre, tandis
ventre est blanchâtre chez le *S. Davidianus* et chez le *S. leucog*
Enfin le *S. leucogaster* a la queue tiquetée de roux, tandis que c
S. Davidianus, elle est tiquetée de gris.

L'Écureuil dont je viens d'indiquer les caractères distinctifs
trouvé par M. l'abbé A. David dans les montagnes qui avoisin
ville de Pékin.

La tête, osseuse, fournit d'excellents caractères pour la disti
des différents groupes qui composent le grand genre *Sciurus*, c

(1) Hodgson, *Journ. of. the Asiatic. Soc. of Bengal*, 1836, t. V, p. 232.
(2) Hodgson, *Journ. of the Asiatic. Soc. of Bengal*, 1836, t. V, p. 232.
(3) Alph. Milne Edwards, *Revue et Mag. de zoologie* de Guérin, 1867, p. 196.
(4) Idem, *ibid.*, p. 230, pl. 19.
(5) Idem, *ibid.*, p. 193.

dire les Écureuils ordinaires, les *Tamias*, les Palmistes, les *Macroxus* et les *Xerus*. Si l'on examine les caractères que présente cette partie du squelette chez l'espèce des environs de Pékin (1), on est frappé des différences qui la séparent des Écureuils proprement dits : en effet, la face est longue; les os nasaux se rétrécissent à peine en arrière, ils sont peu busqués et aplatis; les fosses temporales sont très-étendues longitudinalement et l'apophyse postorbitaire est située vers leur portion médiane; la boîte crânienne est longue, mais peu élevée ; elle se continue avec la face par une ligne continue régulière et faiblement arquée. Au contraire, chez les vrais Écureuils, la face est remarquablement courte; les os nasaux, très-rétrécis en arrière, sont fortement busqués ; les maxillaires semblent pincés en avant de la racine antérieure des arcades zygomatiques. Celles-ci sont courtes et arquées ; l'apophyse postorbitaire est grande et rejetée fort en arrière ; enfin la boîte crânienne est large, haute et plus élevée que la portion interorbitaire.

Les *Tamias*, par la conformation de leur tête osseuse, se rapprochent beaucoup de l'écureuil de David ; on retrouve chez eux les mêmes caractères essentiels, mais la face est plus courte et la boîte crânienne moins élargie. Les molaires du *Sciurus Davidianus* sont garnies de collines transversales très-élevées (2), ce qui les rapproche encore du *Tamias striatus* et du *Sciurus palmarum*. Mais la première fausse molaire supérieure est beaucoup moins développée que chez ces deux espèces. La tête osseuse d'une espèce du Gabon, que Fr. Cuvier nous a fait connaître sous le nom de *Sciurus pyrrhopus*, ressemble, par sa forme générale, à celle de notre Écureuil ; mais les molaires offrent une apparence toute particulière, due à l'existence de replis d'émail qui s'enfoncent profondément dans la dentine, constituant ainsi de véritables rubans. Je ne connais que cette espèce sur laquelle on observe ces particularités ; cependant, chez certains *Xerus*, on en voit des indications.

(1) Voyez pl. XVIII, fig. 2 et 2 *a*.
(2) Voyez pl. XVIII, fig. 2 *b* et 2 *c*.

Les conclusions auxquelles on est amené, par l'examen de la tête osseuse du *Sciurus Davidianus*, sont en parfait accord avec celles qu'on pouvait tirer des caractères extérieurs. Cette espèce ne peut prendre place parmi les Écureuils proprement dits; elle se rapproche davantage des *Tamias* et doit se ranger à côté des *Sciurus striatus* (Pallas), *palmarum*, Gmelin, *tristriatus* et *sublineatus*, Waterhouse, bien que par sa coloration et son aspect extérieur elle se rapproche du *Sciurus Lokriah* et du *lokrioides*.

§ 10. — GENRE PTEROMYS.

Le genre Pteromys réduit aux limites que Frédéric Cuvier assigne à ce groupe (1) comprend toutes les grandes espèces d'Écureuils volants et appartient exclusivement à la partie orientale de la région asiatique; mais sa distribution géographique est moins restreinte qu'on ne le supposait jusqu'ici. En effet, ce n'est pas seulement dans l'Hindoustan, la péninsule malaise et les grandes îles de l'archipel indien, qu'on rencontre ces singuliers rongeurs; les recherches de M. l'abbé Armand David nous apprennent que les *Pteromys* habitent aussi le versant septentrional du Thibet, et le Muséum d'histoire naturelle a reçu récemment de Pékin, par les soins de M. Fontanier, deux espèces du même genre, qui sont indiquées comme provenant des montagnes du Tchéli.

Le nombre des espèces signalées jusqu'ici par les zoologistes est peu considérable; mais les collections formées par les deux voyageurs que je viens de citer, m'ont permis d'y ajouter trois espèces nouvelles, dont deux seront décrites dans ce travail, et dont l'autre prendra place

(1) G. Cuvier, en établissant le genre Polatouche ou *Pteromys*, y comprit tous les Écureuils volants (*Tabl. élément.*, 1797, p. 135; — *Anat. comp.*, 1799, t. I, tab. 1). Son frère Frédéric Cuvier en sépara, sous le nom de *Sciuropterus*, les espèces qui ressemblent aux Écureuils ordinaires par la conformation de leurs dents, et restreignit le groupe des *Pteromys* aux espèces dont les molaires présentent des replis de l'émail très-complexes. (*Des dents des Mammifères*, 1825, p. 165.)

dans le mémoire que je me propose de publier prochainement sur les Mammifères du Thibet chinois.

PTEROMYS MELANOPTERUS.

(Voyez planche XV et planche XV[A], fig. 2, 2 *a*, 2 *b*.)

(Alph. Milne Edwards, *Annales des sciences naturelles*, Zool., 5e série, 1867, t. VIII, p. 375.)

La grande espèce d'Écureuil volant que j'ai désignée sous le nom de Ptéromys à ailes noires se rapproche plus du Pétauriste (1) par son mode général de coloration que de toutes les autres espèces du même genre. Le pelage est très-doux, très-fourni, beaucoup plus épais que chez les espèces indiennes. Le dos et le dessus de la tête sont couverts de poils qui, d'un gris plombé à leur base, prennent une teinte d'un jaune lavé de brun vers leur partie subterminale, puis deviennent d'un blond gris très-clair et brillant, et enfin se terminent souvent par une petite pointe noire ou d'un brun foncé. Il en résulte que, lorsque ces poils sont couchés, la teinte ardoisée est entièrement cachée, et l'on n'aperçoit qu'un fond d'un gris jaune clair, presque argenté par plaques, sur lequel se détachent une multitude de petites touches d'un brun noirâtre. Chez le Pétauriste, la portion basilaire des poils est d'un brun teinté de gris devenant beaucoup plus roux dans la portion subterminale, et l'extrémité des plus longs poils est d'un gris argenté.

La face supérieure des parachutes de notre *Pteromys melanopterus* est revêtue, dans la plus grande partie de son étendue, de poils presque complétement noirs. Quelques-uns d'entre eux, mais en petit nombre, se terminent par une pointe d'un beau jaune brillant ; enfin cette palmure latérale est garnie d'une bordure d'un gris blanchâtre nettement dessinée ; en dessous, elle est partout d'un fauve très-clair. Les para-

(1) *Sciurus Petaurista*, Pallas, *Miscellan.*, p. 54, pl. 6. — Le *Taguan* de Buffon, Suppl. III, p. 150, pl. 21, *a*, *b*.

chutes du Pétauriste sont au contraire d'un brun roux plus ou moins brillant en dessus et grisâtre en dessous.

Les pattes ont à peu près la même couleur que le dos, et les pieds sont noirs. Le ventre est d'un gris cendré clair, moins teinté de jaune que chez le Pétauriste. La face est aussi beaucoup plus claire que dans cette dernière espèce ; elle est d'un gris tiqueté de brun, et l'on voit au-dessous des yeux une petite bordure d'un brun jaune. La queue est très-touffue, à peu près de la même teinte que le dos, mais moins brillante, tandis que chez le *Pteromys Petaurista* elle est beaucoup plus foncée que le dos et d'une couleur brune tirant sur le noir.

Le *Pteromys Momoga*, du Japon, offre une certaine ressemblance avec l'espèce que je décris ici, mais le pelage est beaucoup plus sombre et d'une teinte plus uniforme ; les parachutes ne sont guère plus foncés en dessus que le dos, ils sont dépourvus de bande marginale grise ; le dessous du corps est fortement teinté de jaune ; la tête est presque partout d'un noir de suie, enfin les oreilles sont beaucoup plus poilues. Le *P. leucogenys*, Temm., se reconnaît aisément à la coloration blanche des joues.

Le *Pteromys inornatus*, trouvé par Jacquemont dans les hautes vallées de l'Himalaya, se distingue par la teinte rousse qui constitue le fond de son pelage, et qui devient très-intense sur les épaules, les hanches et la face externe des membres, ainsi que par l'absence complète de gris à la base des poils du ventre.

Il est inutile d'examiner comparativement les caractères des autres espèces indiennes connues jusqu'ici, car leur coloration rousse les distingue nettement du *Pteromys melanopterus*.

Longueur du corps depuis le bout du museau jusqu'à la base de la queue.	0,50
Longueur de la queue..	0,44
Longueur du pied postérieur..................................	0,07

La tête osseuse du *Pteromys melanopterus* est très-aplatie en dessus

22

et même profondément déprimée dans la région interorbitaire (1). La boîte crânienne est relativement grande, mais très-resserrée en arrière des apophyses postorbitaires. La face est courte et étroite ; les os nasaux s'amincissent beaucoup en arrière. La voûte palatine est peu élargie (2). La première molaire supérieure atteint le niveau de la couronne des autres dents, et elle est bien développée ; la deuxième molaire est très-grosse, tandis que la cinquième est relativement petite. A la mâchoire inférieure, l'apophyse montante s'élève beaucoup, et la tête articulaire est portée sur un col long et grêle ; enfin l'angle postérieur est large et coupé carrément. Je ne connais aucune autre espèce de Pteromys chez laquelle le crâne soit aussi profondément déprimé dans la portion frontale. On trouve des traces de cette disposition chez le *P. momoga*, du Japon, et chez le *P. melanotis*, de Java. La face est aussi très-petite chez le *Pteromys grandis*, découvert à Formose par M. Swinhoe, et les os nasaux se rétrécissent beaucoup vers leur base, mais la dépression dont je viens de parler ne s'y observe pas ; enfin la voûte palatine est notablement plus large et se prolonge en arrière, sur la ligne médiane, par une saillie triangulaire.

J'ajouterai que chez le *Pteromys magnificus*, décrit par Hodgson, la tête osseuse est beaucoup plus développée comparativement au reste du corps, et la face est plus élargie.

Longueur totale de la tête osseuse	0,065
Longueur de l'extrémité du museau au bord antérieur du trou auditif	0,053
Longueur du bord antérieur du trou occipital au bord antérieur des os intermaxillaires	0,055
Longueur du bord antérieur des intermaxillaires à l'ouverture des arrière-narines	0,033
Longueur de la série des molaires supérieures	0,025
Largeur du crâne en arrière des apophyses postorbitaires	0,0145
Largeur du crâne au niveau des trous auditifs (mesurée en dessous)	0,0275
Largeur maximum du crâne, au niveau des arcades zygomatiques	0,043

(1) Voyez p. 15^A, fig. 2 et 2*a*
(2) Voyez pl. 15^A, fig. 2 *b*.

PTEROMYS XANTHIPES.

(Voyez planche XIV et planche XV^A, fig. 3, 3 *a*, 3 *b*.)

Alph. Milne Edwards, *Annales des sciences naturelles*, Zool., 5e série, 1867, t. VIII, p. 375.

Parmi les Mammifères rapportés de Chine par M. Fontanier, se trouvaient deux autres Écureuils volants, près de moitié plus petits que le *Pteromys melanopterus*, et que j'aurais été tenté de considérer comme des jeunes de ce dernier, si la tête osseuse ne m'avait indiqué que j'avais affaire à des individus adultes et même très-avancés en âge. Le pelage ne diffère en effet que peu de celui de l'espèce précédente ; il est cependant beaucoup plus fortement teinté de jaune. Les poils du dos et de l'occiput sont, en majeure partie, terminés par une pointe de cette couleur qui se détache sur un fond gris ardoise. Le tour des yeux et le museau sont bruns, les moustaches très-longues et noires. La face externe des pattes antérieures est garnie de poils d'un jaune fauve brillant qui existent également sur les pieds. La queue est très-touffue et grise lavée de fauve. La face inférieure des parachutes est d'un jaune ferrugineux, et l'on retrouve des traces de cette coloration se mélangeant avec la teinte grise de l'abdomen et de la gorge.

Longueur du corps depuis l'extrémité du museau jusqu'à la naissance de la queue	0,30
Longueur de la queue	0,27
Longueur du pied postérieur	0,06

Ainsi que je viens de le dire, la tête osseuse que j'ai pu examiner provient d'un très-vieil individu (1) ; les sutures y sont presque complétement effacées, les crêtes et les apophyses sont bien développées, et enfin les molaires y sont usées jusqu'à leur racine ; les deux premières de la mâchoire supérieure ont complétement disparu et leurs alvéoles

(1) Voyez pl. 15 A, fig. 3 à 3 *b*.

sont en partie oblitérés. La tête est beaucoup plus arquée en dessus que cela ne s'observe d'ordinaire dans le groupe qui nous occupe, et cette configuration est principalement due à la déclivité de la portion postorbitaire. La face est longue, et l'espace interorbitaire relativement étroit et aplati. La boîte crânienne, très-étendue d'avant en arrière, l'est très-peu transversalement. Les crêtes temporales, peu écartées l'une de l'autre à leur naissance, se rapprochent et finissent par se confondre un peu en avant de la ligne courbe occipitale, qui elle-même est très-proéminente.

A la face inférieure du crâne, les trous incisifs sont étroits et allongés, et la voûte palatine se prolonge beaucoup en arrière pour servir de plancher aux arrière-narines. Je ne puis rien dire des molaires, dont le degré d'usure empêche d'étudier les détails ; mais les incisives sont petites, et leur émail est à peine teinté de jaune, tandis que, chez le *Pteromys melanopterus* et chez la plupart des autres représentants du même genre, l'émail de ces dents est coloré en jaune intense et souvent même en brun. La mâchoire inférieure se distingue nettement de celle de l'espèce précédente par la brièveté du col sur lequel est portée la tête articulaire.

Cette description montre nettement que, si le *Pteromys xanthipes* se rapproche du *P. melanopterus* par quelques-uns de ses caractères extérieurs, il s'en éloigne, non-seulement par sa taille beaucoup moindre, mais aussi par les particularités anatomiques que présente la tête osseuse.

Longueur totale de la tête osseuse	0,057
Longueur de l'extrémité du museau au bord antérieur du trou auditif	0,046
Longueur du bord antérieur du trou occipital au bord antérieur des intermaxillaires	0,049
Longueur du bord antérieur des incisives à l'ouverture des arrière-narines	0,032
Longueur de la série des molaires supérieures	0,016
Largeur du crâne en arrière des apophyses postorbitaires	0,012
Largeur du crâne au niveau des trous auditifs (mesuré en dessous)	0,023
Largeur maximum du crâne au niveau des arcades zygomatiques	0,036

§ 11. — GENRE SCAPTOCHIRUS.

SCAPTOCHIRUS MOSCHATUS, nov. gen. et sp.

(Voyez pl. XVII, fig. 4, et pl. XVII^A, fig. 1.)

TALPA EUROPÆA, A. David, *Journal d'un voyage en Mongolie* (*Nouv. Arch. du Muséum*, t. III, *Bulletin*, p. 26).

SCAPTOCHIRUS MOSCHATUS, Alph. Milne Edwards, *Ann. des sciences nat.*, 5ᵉ série, 1867, t. VII, p. 375.

L'animal pour lequel j'ai établi le genre *Scaptochirus* appartient à la famille naturelle des Taupes, et ressemble tant à la Taupe d'Europe, par sa conformation extérieure ainsi que par son pelage, qu'à première vue on le confondrait facilement avec elle; mais, lorsqu'on examine son système dentaire, on y remarque des particularités dont l'importance est assez grande pour motiver son exclusion du genre *Talpa*. En effet, si l'on détermine la canine inférieure d'après sa forme et non d'après sa position par rapport à la canine supérieure, ce système a pour formule :

$$\text{I.} = \frac{3}{4};\ \text{C.}\ \frac{1}{1};\ p.m.\ \frac{2}{2};\ \text{M.}\ \frac{4}{4}.$$

Si, au contraire, faisant abstraction de la forme, on donne le nom de canine inférieure à la dent qui se trouve en avant de la canine supérieure, la formule dentaire devient :

$$\text{I.} = \frac{3}{3};\ \text{C.}\ \frac{1}{1};\ p.m.\ \frac{2}{3};\ \text{M.}\ \frac{4}{4}.$$

Il y a donc, à chaque mâchoire, une paire de prémolaires de moins que chez les Taupes proprement dites, et d'ailleurs la forme des dents, considérées isolément, est également différente dans ces deux types.

A la mâchoire supérieure (1), les incisives n'offrent rien de remarquable. Les canines sont un peu plus grandes que chez notre Taupe. La première prémolaire est de taille ordinaire, mais la seconde est beaucoup plus petite. La première vraie molaire est beaucoup moins pointue et plus forte en arrière que chez la Taupe; mais ce sont surtout les molaires de la deuxième et de la troisième paire dont la forme est caractéristique : le bord externe de leur couronne est presque horizontal et cache les pointes dépendant des éminences placées plus en dedans; tandis que chez les Taupes ce bord est distinctement tricuspide et laisse apercevoir la grosse pointe moyenne de la couronne, lorsqu'on regarde la mâchoire de profil; la couronne est aussi beaucoup plus large transversalement et plus triangulaire; enfin, son bord interne est distinctement bilobulé. La dernière vraie molaire, quoique plus simple et moins grande que la pénultième, est à peu près de même forme, tandis que chez la Taupe elle est plus arrondie. A la mâchoire inférieure (2), il y a comme d'ordinaire quatre paires de dents sur le devant de la bouche, puis un petit hiatus où vient se loger la canine supérieure. La paire externe de ces dents pourrait donc, ainsi que chez les Taupes, être considérée comme représentant les canines inférieures des carnassiers, et elles sont notablement plus fortes que les incisives des trois autres paires. La dent suivante est très-grosse et en forme de croc; sous le rapport fonctionnel, elle représente donc la canine inférieure, bien qu'elle se place derrière la canine supérieure. La fausse molaire suivante est très-petite. Les molaires sont toutes grandes et hautes; leur face externe est creusée d'une dépression verticale qui est très-marquée sur celles de la deuxième et de la troisième paire. La couronne de celles-ci est presque quadrilatère, mais divisée incomplétement en deux portions par deux replis rentrants des bords latéraux qui se rapprochent beaucoup

(1) Voyez pl. XVII^A, fig. 1, 1^a et 1^c.
(2) Voyez pl. XVII^A, fig. 1 et 1^b.

vers le milieu de la dent ; leur bord externe est à peu près horizon et ne s'élève en pointe que sur le lobe antérieur des molaires de seconde paire, qui, sous ce rapport, ressemblent aux prémolaires ant rieures. Enfin, les arrière-molaires sont moins grandes que les den des deux paires précédentes et leurs bords latéraux sont moi échancrés.

On voit donc que, par l'ensemble de ses particularités, cet appar dentaire est moins caractéristique d'un régime essentiellement ins tivore que celui de la Taupe commune.

L'espèce unique dont ce genre se compose a reçu le nom *Scaptochirus moschatus*, à raison de la forte odeur de musc que l'anin répand. Ainsi que je l'ai déjà dit, sa forme générale est tout à fait ce de notre Taupe commune ; son pelage présente les mêmes caractè que chez celle-ci ; il est encore plus doux et non moins serré. La co leur générale est à peu près la même que chez le *Talpa Moogura*, Te minck, du Japon ; elle est d'un gris-brun clair tirant sur le fauve ja nâtre et offrant des reflets brillants. Le museau est moins allongé q chez les Taupes, et de même que chez celles-ci on n'aperçoit à l'extérie aucune trace ni d'yeux ni d'oreilles. La queue, grêle et presque nue, tellement courte, que sa pointe dépasse à peine les poils de l'extrém postérieure du corps. Les pattes antérieures sont de même forme q chez les Taupes, mais les mains sont plus élargies et les ongles so plus égaux entre eux, plus robustes et plus arrondis au bout. Les pat postérieures, très-faibles, ne présentent rien de particulier.

La taille du *Scaptochirus moschatus* est celle de notre Taupe co mune ; sa longueur, mesurée de l'extrémité du museau à l'origine de queue, en suivant la courbure du dos, est d'environ 14 centimètres, sa queue a moins d'un centimètre.

M. l'abbé A. David a trouvé cet insectivore fouisseur dans la Mo golie chinoise ; il le considère comme y étant très-rare. Le Musé n'en possède qu'un seul individu, tué au mois de septembre.

§ 12. — GENRE MOSCHUS.

MOSCHUS MOSCHIFERUS, Linné.

(Voyez pl. XIX et XX.)

J'ai exposé dans un autre travail les raisons qui me portent à considérer les divers représentants du genre *Moschus* comme appartenant à une même espèce, et à attribuer à des variations individuelles ou à des différences de race les particularités qui se remarquent parmi ces animaux, particularités qui ont cependant servi de base à plusieurs distinctions spécifiques admises par des auteurs récents (1). Les observations que j'ai eu l'occasion de faire sur les Mammifères de la Chine me confirment dans cette opinion. En effet, j'ai vu ces modifications se multiplier et établir parfois des passages entre des variétés qui, au au premier abord, m'avaient paru les mieux caractérisées. Malheureusement les Porte-musc conservés, soit au Muséum de Paris, soit au Musée Britannique, ne forment pas des séries assez nombreuses pour nous permettre de discuter d'une manière approfondie la valeur zoologique des modifications offertes par ces animaux, et nous ne savons si elles sont dues à l'âge, au sexe, au climat ou à l'existence de races locales bien caractérisées. Je me bornerai donc à signaler ici les particularités que j'ai observées chez les individus provenant de diverses parties de l'empire chinois, et à les comparer aux individus originaires des pays adjacents.

Le premier Porte-musc dont je parlerai provient des montagnes qui avoisinent Pékin (2). Il a été envoyé au Muséum par les soins de M. Fontanier, et il appartient à la variété maculée, que Pallas a décrite

(1) *Recherches anat., zool. et paléontol. sur la famille des Chevrotains* (*Ann. des sc. nat.*, 5e série, 1864, t. II, p. 18).

(2) Voyez pl. XIX.

sous le nom de *Moschus sibiricus* (1), et que M. Gray considère comme distincte spécifiquement du *Moschus moschiferus* du Népaul et du Tibet (2). Il présente à peu près le même mode de coloration que l'individu de Sibérie figuré par Pallas et qu'un autre exemplaire de même provenance, qui fait partie des collections du Muséum. Mais la teinte de son pelage est plus claire, et ses maculatures sont, la plupart, moins bien marquées. De même que chez cet animal, il porte, sur le devant du cou et de la poitrine, deux larges bandes verticales d'un blanc jaunâtre, qui sont séparées entre elles, sur la ligne médiane, par une bande brune et qui sont bordées extérieurement par du brun dont la teinte est plus foncée que sur les parties adjacentes du cou et des épaules. Le dos est zébré transversalement de brun et de grisâtre. Cette dernière couleur prédomine sur les flancs, et les maculatures brunes y sont irrégulières, mal définies et peu distinctes. Sur les hanches et la face externe des cuisses, le fond de la robe est brun, et les taches qui l'ornent sont circulaires, assez nettes et d'un gris jaunâtre. Le dessous du corps est jaunâtre entre les pattes antérieures et d'un gris blanchâtre dans la région abdominale ; la même teinte s'étend sur la face interne des membres, mais vers le bas les pattes antérieures sont partout d'un brun foncé.

Toutes ces particularités sont plus fortement prononcées chez un Porte-musc de Sibérie appartenant au Muséum ; mais, au contraire, elles s'atténuent beaucoup chez un autre animal de la même espèce provenant, comme la variété précédente, des environs de Pékin, et un peu plus avancé en âge. Les bandes blanches et brunes du cou sont disposées de la même manière, mais le dos et les flancs sont à peine maculés ; enfin, les taches grisâtres de la face externe des cuisses sont plus grandes et plus effacées. Cet individu établit donc un passage entre la variété mouchetée et les Porte-musc concolores.

(1) *Spicilegia zoologica*, fasc. XIII, p. 29, pl. 4.

(2) Gray, *Catal. Mamm. of the British Museum*, part. 3, 1852, p. 243.

Il me paraît impossible d'admettre une distinction spécifique entre les Porte-musc tachetés de la Sibérie et les Porte-musc des environs de Pékin ; cependant il y a quelques légères différences dans la conformation de leur tête osseuse. Chez les représentants chinois de cette variété, le museau est moins allongé, la barre est plus courte et le front moins concave. Il est aussi à noter que les incisives de la deuxième et de la troisième paire sont un peu plus étroites. Mais ce sont là des particularités de détail dont il faut bien se garder d'exagérer la valeur, et l'on ne pourrait leur accorder quelque importance que si l'on avait constaté leur fixité chez un grand nombre d'exemplaires.

J'ajouterai que la variété tachetée du *M. moschiferus* n'appartient pas exclusivement à la Sibérie et au nord de la Chine. Le Muséum possède un Musc qui présente sur le dos et les flancs la même coloration que le *M. sibiricus* de Pallas, et cependant il est originaire du nord de l'Inde et a été envoyé au Muséum par Duvaucel. Sous d'autres rapports, cet animal diffère de tous ceux dont je viens de parler : en effet, la teinte blanche disparaît presque complétement; elle n'existe ni sur le cou, ni sur le devant de la poitrine. Si, à l'exemple de Hodgson et de M. Gray, on considérait des différences de cette nature comme constituant des caractères spécifiques, il faudrait donc distinguer au moins trois espèces pour les Porte-musc dont je viens de parler; on devrait aussi former une quatrième espèce pour une autre variété qui provient de la Russie asiatique et qui a été donnée au Muséum par la grande-duchesse Hélène. En effet, chez cet individu, la robe est d'une teinte marron et ne présente de taches que sur les hanches ; les bandes du cou sont blanchâtres, étroites et incomplètes ; enfin, la bande brune qui les sépare, au lieu de se terminer en pointe sur le devant de la poitrine, s'élargit en descendant, et se prolonge entre les pattes jusque vers la région abdominale.

Hodgson a donné le nom de *Moschus leucogaster* (1) et de *Moschus*

(1) Hodgson, *Journ. of the Asiat. Soc. of Bengal*, t. VIII, p. 203 ; t. X, p. 914 ; t. XI, p. 285.

chrysogaster à deux Porte-musc du Népaul, qu'à l'exemple de Sundevall (1), je considère comme n'étant aussi que des variétés du *Moschus moschiferus*, mais que M. Gray regarde comme étant des espèces distinctes (2). Ces animaux ont le pelage plus clair et plus gris que la variété maculée qui habite les mêmes montagnes et s'étend au nord en Sibérie. Sur le devant de la poitrine et du cou, la teinte claire, au lieu d'être assez bien délimitée en bandes verticales, comme chez cette dernière, est diffuse et n'est pas séparée par une bande médiane brunâtre; enfin, chez les uns, le dessous du corps et la face interne des cuisses sont d'un gris blanchâtre, tandis que chez les autres ces parties sont d'une teinte gris jaunâtre peu différente de celle qui occupe les mêmes régions chez les Porte-musc tachetés de Sibérie. Cette variété *concolor* à ventre jaune ne se trouve pas seulement dans le Népaul; le Muséum en possède plusieurs exemplaires dont les uns ont été tués dans le Tibet chinois, et dont les autres, provenant du Sé-tchouan, ont été envoyés à cet établissement scientifique par les soins de M. Drouyn de Lhuys. Je donne ici la figure d'un de ces animaux (3). J'ajouterai qu'il existe dans les montagnes de l'Himalaya d'autres Porte-musc à robe uniformément teintée qui nous ont été rapportés de Simla par M. Janssen, et qui n'appartiennent ni à la variété dont je viens de parler, ni à celle que Hodgson et M. Gray ont décrite sous le nom de *M. leucogaster*. Les deux individus que le Muséum possède sont de grande taille; leur pelage est d'une teinte grisâtre uniforme, sans zébrures, ni taches, soit sur le dos, soit sur les côtés; mais le cou est orné d'un hausse-col blanchâtre transversal surmontant deux bandes verticales et de la même teinte. La partie inférieure des pattes est d'un gris clair. Je ferai aussi remarquer que chez ces Porte-musc, ainsi que chez ceux du Tibet et

(1) Sundevall, *Pecora*, p. 118. — Alph. Milne Edwards, *Recherches sur les Chevrotains*, 1864 (*Ann. des sc. nat.*, t. II, p. 64).

(2) Gray, *Cat. of the Mamm. of the Brit. Mus.*, part. 5, 1852, p. 245.

(3) Voyez pl. XX.

du Sé-tchouan, les sabots sont plus grêles et plus allongés que dans la race du nord de la Chine et de la Sibérie. La tête osseuse offre les mêmes caractères que chez la variété des environs de Pékin, et, sous ce rapport, elle s'éloigne davantage du Porte-musc de Sibérie; cependant les incisives sont beaucoup plus élargies que dans l'une et l'autre de ces variétés.

Nous voyons donc que dans chacune des régions de l'Asie habitées par les Porte-musc, on trouve une ou plusieurs variétés de ces animaux; il me paraît probable que quelques-unes d'entre elles constituent des races locales, mais aucune ne présente une réunion de particularités distinctives assez importantes pour nous autoriser à la séparer spécifiquement du *M. moschiferus* de Sibérie.

§ 13. — GENRE CERVUS.

Dans un travail précédent, j'ai fait connaître une des espèces chinoises des plus remarquables du grand genre Cerf (1); je l'ai désignée sous le nom de *Cervus (Elaphurus) Davidianus*, la prenant comme type d'un sous-genre particulier remarquable par la longueur de sa queue (2) ainsi que par la forme de ses bois. Le Sseu-pou-siang, ou Elaphure, ne se trouve que dans le grand parc impérial des environs de Pékin. D'autres espèces habitent aussi la Chine : le Chevreuil de Tartarie (*Cervus pygargus*, Pallas) (3), dont l'existence avait déjà été constatée

(1) *Note sur l'*Elaphurus Davidianus, *espèce nouvelle de la famille des Cerfs* (*Nouv. Arch. du Muséum*, t. II, *Bulletin*, p. 27, pl. IV-VI).

(2) Depuis la publication du travail que je viens de citer, la ménagerie de la Société zoologique de Londres a reçu une paire de ces animaux vivants, et M. Sclater en a fait l'objet d'observations nouvelles (*Trans. of Zool. Soc.*, 1871, t. V, p. 333). Ce naturaliste distingué ajoute que, dans son opinion, j'aurais exagéré les dimensions de la queue de ces Cerfs. Je ne doute pas que dans les jeunes individus élevés en captivité au Jardin zoologique les proportions de cette partie ne soient conformes à la description que M. Sclater en donne; mais il suffit de jeter les yeux sur le jeune mâle exposé dans la galerie zoologique du Muséum, pour voir que la touffe de poils dont l'extrémité de la queue est garnie peut, ainsi que je l'avais dit, descendre au-dessous du jarret.

(3) *Cervus Capreolus*, Pallas (*Zoogr. rosso-asiat.*, t. I, p. 219). — Radde, *Reisen im süden von Ost-Sibirien*, 1862, Bd. I, p. 277.

dans le bassin du fleuve Amour, se rencontre assez communément dans les montagnes boisées des environs de Si-wan, au nord de Pékin (1). D'après les renseignements recueillis par M. l'abbé A. David, le *Cervus Alces* se trouverait aussi dans la partie septentrionale de la Chine et il y aurait encore dans les bois de Jéhol et de l'Ourato une grande espèce inconnue jusqu'ici des zoologistes, mais que les Chinois appellent le *Mâ-lou* ou Cerf cheval (2). M. Swinhoe a signalé dans la même région la présence d'un autre Cerf décrit par M. Gray sous le nom de *Cervus mantchuricus*, et il faut encore ajouter à cette liste deux espèces nouvelles dont je vais parler ici sous les noms de *C. xanthopygus* et de *C. mandarinus*.

CERVUS XANTHOPYGUS.

(Voyez pl. XXI.)

Alph. Milne Edwards, *op. cit.* (*Ann. des sc. nat.*, série 5, 1867, t. VIII, p. 376).
Sclater, *On certain Species of Deer* (*Trans. of Zool. Soc.*, 1871, t. VII, p. 342).

Ce Cerf ressemble beaucoup au *Cervus Elaphus* d'Europe; sa robe est aussi de couleur uniforme, mais la teinte générale en est plus claire et comme glacée de gris, particularité qui dépend de ce que la plupart des poils, surtout ceux du dos et des flancs, ont la pointe blanchâtre. L'écusson ischiatique est d'un jaune tirant sur le roux, et remonte très-haut sur la croupe, mais il ne descend que fort peu sur la face postérieure des cuisses; il est entouré en dessus, aussi bien qu'inférieurement, d'une bordure brune foncée, et ses dimensions sont considérables. Les oreilles sont plus blanches, surtout dans leur portion inféro-postérieure. Enfin le poil est plus long, moins gros et moins rude au toucher.

A ces particularités tirées du mode de coloration viennent s'ajou-

(1) A. David, *Journal d'un voyage en Mongolie* (*Nouv. Archiv. du Muséum*, 1867, t. III, *Bulletin*, p. 28).
(2) *Op. cit.*, p. 28.

ter des caractères ostéologiques fournis par les proportions de divers parties de la tête et faciles à constater lorsque l'on compare des individ dont la taille est à peu près la même. Ainsi la fosse du larmier e notablement moins grande chez le *C. xanthopygus* que chez le *C. Elaphu* Sur la tête osseuse du premier de ces deux Cerfs, longue de 0^m,38 cette dépression, mesurée d'avant en arrière, n'a que 0^m,045, tand que sur la tête d'un Cerf de France, longue de 0^m,375, et par cons quent notablement moins grande, cette même fosse a, d'arrière e avant, 0^m,058. La portion sous-jacente de la région maxillaire est pl renflée et moins haute chez notre Cerf de Chine que chez le Ce d'Europe, de sorte que la face paraît plus allongée. Enfin les os nasa sont plus longs et plus aplatis; au niveau du point de rencontre des maxillaires et des os intermaxillaires, leur diamètre transversal e de 32^{mm} chez le *C. xanthopygus*, et seulement de 25^{mm} chez le *C. El phus;* leur longueur maximum au niveau de la région lacrymale est 51^{mm} chez la première de ces deux espèces, et de 37^{mm} chez seconde. Il est aussi à noter que les côtes verticales de la face exter des molaires supérieures sont moins saillantes que chez le Cerf con mun. Les bois ne présentent rien de remarquable dans leur form mais ils sont de petite dimension relativement à la taille de l'anima qui, au garrot, mesure 1^m,05.

Pour être bien fixé sur la valeur zoologique de ces différences, faudrait étudier un nombre considérable d'individus, et malheureus ment je n'ai eu qu'un seul *Cervus xanthopygus* à ma disposition; p conséquent je n'oserais affirmer que ce Cerf constitue une espè particulière, et non une variété locale seulement. Les différences o fertes par le pelage seul seraient insuffisantes pour motiver l'empl d'une désignation spécifique nouvelle pour ce Cerf élaphien de la Chin mais les caractères ostéologiques indiqués ci-dessus m'ont fait pens qu'il y aurait utilité à ne pas confondre cet animal avec l'espèce con mune d'Europe.

Je suis porté à croire que le Cerf de la vallée du fleuve Amour, décrit par M. Schrenck sous le nom de *Cervus Elaphus* (1), appartient à la même espèce ou race que l'animal dont je viens de donner la description. Il a aussi beaucoup de ressemblance avec le Cerf du versant sud de l'Himalaya, appelé *Cervus Wallichii* par Cuvier, ainsi qu'avec le *Maral* ou Cerf de Perse, et avec le *C. Cachemyrianus* ou *Cervus Wallichii* de M. Blyth; mais il me paraît différer spécifiquement de tous ces animaux.

En effet, le *C. cachemyrianus*, dont M. Sclater a donné récemment de bonnes figures (2), se distingue du *C. xanthopygus* par les caractères suivants : 1° sa robe est d'une teinte brune beaucoup plus foncée ; 2° l'écusson ischiatique est beaucoup plus étroit et plus allongé inférieurement ; 3° le ventre et la partie postéro-inférieure des jambes de devant sont blancs, tandis que chez le *C. xanthopygus* ces parties sont d'un jaune grisâtre comme le reste du corps. La forme des bois me paraît différer aussi très-notablement, mais les individus dont j'ai comparé les figures n'étant pas de même âge, je n'ose rien préciser à cet égard.

Chez le *Cervus Maral* d'Ogilby (3), que M. Gray ne distingue pas du *C. Wallichii* (4), l'écusson ischiatique est aussi beaucoup plus étroit que celui du *C. xanthopygus* et descend notablement plus bas sur les membres postérieurs. Chez le *C. Wallichii* de la région tibétaine (5), espèce qui paraît ne pas différer du *C. affinis* de Hodgson (6), cette tache circumanale est au contraire plus longue que chez le *C. xanthopygus*,

(1) Schrenck, *Reisen und Forschungen im Amur-Lande*, Bd. I, p. 170.

(2) Sclater, *On certain Species of Deer now or lately living in the Society's Menagerie* (*Trans. of the Zool. Soc.*, 1871, t. VII, p. 339, pl. XXX).

(3) Voy. Sclater, *op. cit.*, p. 336, pl. XXIX.

(4) Cette question de synonymie a été discutée avec beaucoup de soin par M. Sclater (*loc cit.*, p. 336).

(5) Cuvier, *Ossem. foss.* — Fréd. Cuvier, *Mammif.*, pl. lith.

(6) Voy. Sclater, *loc. cit.*, p. 343.

et elle est blanche au lieu d'être jaune. Il est également à noter que les bois du *C. Wallichii* de Cuvier sont de dimension très-considérable, tandis que ceux du *C. xanthopygus* sont petits. Hodgson nous apprend aussi que, chez son *C. affinis*, les oreilles sont remarquablement grandes (1), particularité qui ne se rencontre pas dans l'espèce dont nous nous occupons ici. Du reste, tous ces Cerfs asiatiques sont si imparfaitement connus, et nos musées ne nous offrent que si peu de matériaux pour en faire l'étude, que, dans l'état actuel de la science, il serait prématuré de vouloir en préciser les caractères spécifiques.

CERVUS MANDARINUS.

(Voyez pl. XXII et XXIIA.)

Pendant le séjour de M. l'abbé David à Pékin, quelques Chinois avaient signalé à l'attention de ce savant l'existence d'un grand Cerf tacheté qu'ils disaient être fort rare, et qu'ils assuraient différent du Cerf tacheté ordinaire, auquel ils donnent le nom de *Yan-lou*. Le zélé correspondant du Muséum d'histoire naturelle ne négligea rien pour se procurer un de ces animaux, et ses efforts allaient être couronnés de succès, lorsque, par haine des étrangers, un mandarin vint tout arrêter. Effectivement, en 1867, les chasseurs de M. David étaient parvenus à s'emparer d'un magnifique individu mâle et s'occupaient à en préparer la dépouille, lorsqu'un des lettrés chinois apprenant à qui cette peau était destinée, s'en empara, la coupa dans tous les sens et en emporta même des parties. Les débris furent cependant recueillis avec soin et envoyés en France, ainsi que les bois et quelques parties du squelette de l'animal. Mais ces fragments échappés au vandalisme du mandarin n'étaient pas suffisants pour la détermination de l'espèce, et la perte aurait été irréparable, au moins pour le moment présent,

(1) *Journ. of Asiat. Soc. of Bengal*, 1850, t. XIX, p. 518.

si une circonstance imprévue ne nous avait fourni l'occasion de réparer ce malheur.

Vers la même époque, M. Simon, chargé par le gouvernement d'une mission dans l'intérieur de la Chine, apporta en Europe quelques animaux vivants. Je reconnus parmi eux un exemplaire de l'espèce dont je viens de parler, et que je désigne sous le nom de Cerf du mandarin. Cet animal, que posséda quelque temps le Jardin d'acclimatation, existe aujourd'hui à la ménagerie du Muséum, où j'ai pu depuis plusieurs années étudier à loisir ses caractères zoologiques.

Au premier abord, je le considérais comme appartenant à l'espèce décrite depuis peu par M. Swinhoe sous le nom de *Cervus mantchuricus*, et dont un représentant est conservé à l'état vivant dans le jardin zoologique de Londres (1). Mais une comparaison attentive de ces deux individus m'a fait changer d'avis, et m'a déterminé à conserver, au moins provisoirement, le nom de *Cervus mandarinus* à l'animal mentionné par les lettres de M. l'abbé David. Pour résoudre complétement la question, il m'aurait fallu examiner comparativement les particularités ostéologiques aussi bien que les caractères extérieurs de ces Cerfs, chose qui n'était pas possible sur des animaux vivants; mais les différences que j'ai pu constater me paraissent suffisantes pour motiver la distinction que je propose. En effet, les taches blanches qui ornent le dos, les épaules, les flancs et les hanches de l'un et de l'autre de ces Cerfs dans leur pelage d'été sont beaucoup plus grandes et moins nombreuses chez le *C. mandarinus* que chez le *C. mantchuricus;* pour s'en convaincre, il suffit de comparer la figure de cette dernière espèce, publiée récemment par M. Sclater (2), et

(1) *Cervus Wallichii*, Swinhoe, *Proceed. Zool. Soc.*, 1861, p. 134. — *C. Pseudaxis*, Gray; *Proceed. Zool. Soc.*, 1861, p. 236, pl. XXVII. — *C. mantchuricus* et *C. hortulorum*, Swinhoe, *Proceed. Zool. Soc. of London*, 1864, p. 169, 1865, p. 1. — *Cervus mantchuricus*, Sclater, *Proceed. Zool. Soc.*, 1864, p. 721; 1865, p. 1; — *Zool. Sketches*, t. II, pl. XIII. — *On certain species of Deer* (*Trans. Zool. Soc.*, 1871, t. VII, p. 344, pl. XXXI et XXXII).

(2) *Trans. Zool. Soc.*, t. VII, pl. XXXI.

celle du *C. mandarinus* donnée ici (1). La teinte générale est aussi plus pâle, il y a moins de blanc autour de l'anus, et le dessous du ventre est de la même couleur que les flancs, au lieu d'être blanc. Lorsque ces animaux revêtent leur robe d'hiver, les différences sont non moins marquées. Chez le *C. mantchuricus*, les taches sont devenues si peu apparentes, qu'on n'en aperçoit aucune trace dans la figure donnée par M. Sclater, et le poil du cou ne paraît être ni beaucoup plus abondant ni notablement plus long que pendant la saison chaude (2). Chez le *C. mandarinus* au contraire, malgré la teinte foncée que prend la totalité du pelage, les taches restent bien visibles sur toute la longueur du dos, depuis la base du cou jusqu'à la région anale, et elles ne s'effacent que sur la moitié inférieure des côtés du corps. Enfin, les poils du cou deviennent si longs et si touffus, que l'animal semble avoir une sorte de crinière. A ces particularités viennent s'ajouter des différences frappantes dans la forme des bois. Lorsqu'on les regarde de face, on remarque que chez le *C. mantchuricus* ils s'élèvent sans s'écarter beaucoup entre eux (3), tandis que chez le *C. mandarinus* ils sont extrêmement divergents (4).

§ 14. — GENRE ANTILOPE.

ANTILOPE CAUDATA.

(Voyez pl. XXIII, XXIIIA et XXIIIB.)

ANTILOPE CRISPA, Schrenck, *Reisen und Forschungen im Amur-Lande*, Bd. I, p. 198. — Radde, *Reisen im Süden von Ost-Sibirien*, 1862, Bd. I, p. 212, pl. XII, fig. 1

ANTILOPE CAUDATA, Alph. Milne Edwards, *Ann. des sc. nat.*, 5e série, 1867, t. VII, p. 277.

Cet animal, connu des Chinois sous le nom de *Chan-iang*, ou Chèvre des montagnes, appartient au groupe naturel des Antilopes à formes

(1) Voyez pl. XXII.
(2) Sclater, *loc. cit.*, pl. XXXII.
(3) Sclater, *loc. cit.*
(4) Voyez pl. XXIIA.

caprines qu'Hamilton Smith signala le premier à l'attention des zoologistes, et qu'il appela d'abord la division des Antilopes némorhédiennes (1). Par la suite, cet auteur précisa davantage sa classification, et il donna à la section dont je viens de parler le nom de sous-genre *Nœmorhedus* (2). Mais, peu d'années après, un autre zoologiste anglais, Ogilby, sans avoir égard au travail de son prédécesseur, remania la classification des Antilopes, et remplaça le sous-genre *Nœmorhedus* de Hamilton Smith par deux genres nouveaux nommés, l'un le genre *Kemas*, l'autre le genre *Capricornis*, et se distinguant entre eux par la présence ou l'absence de larmiers (3). Enfin, M. Gray, laissant de côté les caractères fournis par les larmiers, reprit de nom de *Nœmorhedus* pour l'appliquer à un groupe composé des Antilopes némorhédiennes, dont le nez est poilu au bout, et il adopta le genre *Capricornis* pour y placer les espèces dont le museau est en partie nu, de façon à constituer une sorte de mufle (4). Van der Hoeven augmenta encore la confusion qui régnait dans cette partie de la nomenclature zoologique en élevant au rang de genre le sous-genre *Nœmorhedus* d'Hamilton Smith, auquel il imposa le nom d'*Hemitragus* (5), désignation qui, dans la méthode de M. Gray, appartenait déjà à un autre groupe (6). Si l'on adoptait l'un ou l'autre de ces systèmes de classification, le Chan-iang devrait être désigné, soit sous le nom générique de *Hemitragus*, soit sous celui de *Kemas* ou de *Capricornis*, car, de même que le Goral, il est dépourvu de larmiers et l'extrémité de son museau est en grande partie nue. Mais

(1) Hamilton Smith, *Supplement to the order Ruminantia* (in Griffith's *Animal Kingdom*, vol. IV, p. 227).

(2) Hamilton Smith, *Synopsis* (*loc. cit.*, vol. V, p. 352).

(3) Ogilby, *On the generic Characters of Ruminants* (*Proceed. Zoolog. Soc. of London*, 1836, p. 138).

(4) Gray, *On the Arrangment of the hollow horned Ruminants* (*Ann. of nat. Hist.*, 1846, t. XVIII, p. 282). — *Catal. of the Mammalia of the Bristish Museum*, 1852, part. III, p. 110 et 112.

(5) Van der Hoeven, *Handboek der Dierkunde*, 1855, II, p. 945.

(6) Gray, *Catalogue*, p. 144 (où le genre *Hemitragus* contient le *Capra Jemlaïca* de Ham. Smith et prend place dans la division des Chèvres).

ces caractères ne me paraissent avoir que peu d'importance, et toutes les Antilopes à formes caprines se ressemblent tant, soit par leurs formes extérieures, soit par leur organisation intérieure, que je crois préférable de les réunir en un seul groupe qui, à son tour, resterait dans le genre Antilope. Pour cette partie de la classification des Ruminants, je proposerai de reprendre le système d'Hamilton Smith, et, conformément à cette manière de voir, j'ai appelé le Chan-iang *Antilope* (*Næmorhedus*) *caudata*.

Cet animal n'est pas nouveau pour les zoologistes; les voyageurs russes en ont parlé, mais ils se sont accordés pour le considérer comme ne différant pas spécifiquement de l'*Antilope crispa* du Japon, dont nous devons la connaissance à Temminck. Or, en examinant comparativement l'individu type de cette dernière espèce qui se trouve dans le Musée de Leyde et les peaux de l'Antilope à formes caprines de la Chine septentrionale envoyées au Muséum de Paris par M. l'abbé David, j'ai pu me convaincre de l'inexactitude de cette détermination. En effet, chez ceux-ci, la queue est si longue, que les poils dont son extrémité est garnie descendent jusqu'au talon, tandis que chez l'*Antilope crispa* elle est au contraire extrêmement courte. Le nez est nu tout autour des narines, ainsi que sur la ligne médiane de la lèvre supérieure, mais l'espèce de mufle ainsi constitué ne s'élève que peu. Les cornes sont rondes, coniques, arquées en arrière et dirigées un peu en dehors; elles sont de couleur noire, et dans leur moitié inférieure elles sont garnies de stries longitudinales, ainsi que de bourrelets annulaires : les premières sont très-fines et fort serrées; les seconds sont gros et assez saillants. La longueur des oreilles égale la distance comprise entre les yeux et l'extrémité du museau.

La couleur de cet animal est d'un gris un peu fauve, légèrement tiqueté par l'extrémité des poils, qui est brune; la ligne dorsale est d'un brun foncé; une teinte semblable s'étend également sur les épaules, ainsi que sur la partie postérieure des cuisses, et devient de plus en plus intense inférieurement, jusque sur les poignets et les jarrets. Les pieds sont jaunes. Les oreilles sont grandes, blanches en dedans et grises sur leur face postérieure. Il y a sur le devant de la partie supérieure du cou une grande tache d'un blanc jaunâtre bordé de jaune ; le ventre est d'un gris brun. Enfin, la queue est terminée par un grand flocon de poils noirs qui descend notablement au-dessous du talon.

La tête osseuse de l'*Antilope caudata* (1) diffère beaucoup de celle de l'*Antilope crispa* figurée par Temminck (2). Le museau est plus développé en longueur et en hauteur ; il est moins rétréci vers le haut, et la région jugale est sensiblement plus grande et plus renflée ; la suture de l'os maxillaire avec le bord antérieur des os lacrymaux et malaires est presque verticale, au lieu d'être très-oblique. Les chevilles des cornes ne divergent que très-peu, et il est à noter que, dans plus de la moitié de leur longueur, elles sont creusées d'une grande cavité qui communique librement avec les cellules du sinus frontal. La boîte crânienne est plus large en arrière ; enfin, la surface basilaire, au lieu d'être presque horizontale, remonte très-obliquement en s'avançant vers le palais, et se trouve, au niveau de l'articulation de la mâchoire inférieure, presque sur le même plan horizontal que le col du condyle.

L'*Antilope* (*Nœmorhedus*) *caudata* est commun sur les grandes montagnes rocheuses au nord de Pékin. Sa longueur, depuis l'extrémité du museau jusqu'à la racine de la queue, en suivant les courbures du dos, est de 1^{m},12 ; sa hauteur au garrot de 0^{m},57.

(1) Voyez pl. XXIII^{A} et XXIII^{B}, fig. 1.
(2) *Fauna Japonica*, Mamm., pl. XIX, fig. 1 et 2.

§ 15. — GENRE MELES.

MELES LEPTORHYNCHUS.

(Voyez pl. XXV; pl. XXVI, fig. 3 et 4; pl. XXVII, fig. 3 et 4; pl. XXVIII, fig. 3 et 4.)

MELES LEPTORHYNCHUS, Alph. Milne Edwards, *Ann. des sc. nat.*, 5e série, 1867, t. VIII, p. 374.

MELES CHINENSIS, Gray, *Proceed. of the Zool. Soc.*, 1868, p. 207 (tête osseuse, fig. 1 et 2).

MELES LEPTORHYNCHUS, Swinhoe, *Chinese Mammals* (*Proceed. Zool. Soc.*, 1870, p. 622).

Ce Blaireau nous fournit un nouvel exemple de l'insuffisance des caractères extérieurs pour l'établissement de certaines distinctions spécifiques. En effet, par son aspect général, les proportions de son corps et son mode de coloration, il diffère si peu du *Meles Taxus*, que je n'aurais pas songé à l'en séparer si je n'avais examiné comparativement la conformation de la tête osseuse de ces deux animaux; mais les caractères ostéologiques mis en évidence de la sorte sont faciles à saisir.

La région fronto-nasale est beaucoup plus étroite chez le *Meles leptorhynchus* (1) que chez le *Meles Taxus* (2), et sa forme n'est pas la même. Chez la première de ces deux espèces, sa longueur mesurée entre les orbites est presque égale à la longueur de la portion du bord alvéolaire de la mâchoire supérieure occupé par la totalité des dents molaires; chez la seconde espèce, son diamètre transversal ne dépasse que de très-peu la longueur de l'espace alvéolaire occupé par la carnassière et la tuberculeuse (3). Chez le Blaireau d'Europe, le museau est arqué transversalement et se confond de chaque côté avec la région

(1) Voyez pl. XXVIII, fig. 3.

(2) Voyez pl. XXVIII, fig. 5.

(3) Si l'on prend comme terme de comparaison la longueur totale de la face, mesurée de l'extrémité antérieure de l'os incisif, au bord antérieur du trou auditif, et si l'on représente cette longueur par 100, on trouve que la largeur minimum du front mesuré entre les orbites est d'environ 25 chez le *M. Taxus*, et de 23 seulement chez le *M. leptorhynchus*.

jugale; chez le Blaireau à nez mince, il est aplati en dessus et nettement séparé des joues par un bord obtus qui s'étend de la saillie sourcilière à l'angle latéro-supérieur du trou nasal. Il en résulte que cette partie de la face, au lieu d'être renflée, est un peu pincée. Dans l'espèce dont je fais connaître ici les caractères, le bord alvéolaire des intermaxillaires est très-arqué, de façon que les dents incisives supérieures, au lieu d'être rangées sur une ligne transversale presque droite, comme chez le *Meles Taxus*, occupent un arc de cercle bien prononcé (1). Le trou sous-orbitaire n'est pas aussi régulièrement arqué en arrière, et la saillie du bord supérieur de l'arcade zygomatique correspondante à l'angle postéro-inférieure de l'orbite est plus marquée (2). Le rétrécissement qui existe vers l'extrémité antérieure de la cavité crânienne est plus rapproché des angles postorbitaires du coronal et la partie adjacente des fosses temporales est plus renflée (3). La crête lambdoïde qui, de chaque côté, sépare ces fosses de la région occipitale, est moins sinueuse, et, au lieu de se recourber en bas vers son extrémité inférieure, ne change pas de direction en allant gagner l'apophyse mastoïde (4). Cette dernière protubérance se porte obliquement en avant, et ne descend que peu au-dessous du niveau du bord inférieur du trou

(1) Voyez pl. XXVII, fig. 3 et 4.

(2) Voyez pl. XXVI, fig. 3.

(3) Voyez pl. XXVIII, fig. 3 et 5. Afin de préciser davantage ces différences de proportion, j'ajouterai qu'en représentant, comme je l'ai fait précédemment, la longueur de la face par 100, on trouve :

Pour la longueur totale de la tête osseuse, chez le *M. Taxus*, 137, et chez le *M. leptorhynchus*, 147.

Longueur de la face depuis l'extrémité du museau jusqu'à l'angle postorbitaire : chez le *M. Taxus*, 61 ; chez le *M. leptorhynchus*, 64.

Pour la largeur minimum du crâne, mesurée derrière les orbites : 18,9 chez le *M. Taxus*, et 19,1 chez le *M. leptorhynchus*.

Pour la largeur maximum de la tête mesurée au bord supérieur des trous auditifs : 57 chez le *M. Taxus*, 55 chez le *M. leptorhynchus*.

Diamètre maximum entre les deux arcades zygomatiques : chez le *M. Taxus*, 70 ; chez le *M. leptorhynchus*, 75.

(4) Voyez pl. XXVI, fig. 3.

auditif, tandis que chez le Blaireau commun elle est dirigée presque verticalement et se prolonge beaucoup au-dessous de l'oreille (1).

La dépression en forme de gouttière qui descend obliquement de la région occipitale sur la face postérieure de l'apophyse mastoïde est plus large et son bord inférieur est plus droit. Les condyles de l'occiput sont moins forts. Le bord interne de la caisse est plus renflé et son angle antéro-interne est plus obtus (2). Le bord inférieur des arrière-narines s'avance davantage vers la région basilaire du crâne, bien que les apophyses ptérygoïdiennes se prolongent moins (3) ; enfin, les bords latéraux de la portion adjacente du palais sont plus saillants, de telle sorte que la région ptérygoïdienne située au-dessus est plus verticale. La mâchoire inférieure (4) présente aussi des particularités caractéristiques. Le crochet formé par son angle postérieur est plus saillant et se recourbe davantage vers le haut ; la crête qui s'en détache et que limite inférieurement la dépression massétérienne est beaucoup plus forte ; enfin, le bord inférieur de la branche horizontale est plus arqué.

On remarque aussi quelques différences dans le système dentaire du *Meles leptorhynchus* comparé à celui du *Meles Taxus :* le rebord externe de la carnassière supérieure est moins marqué ; la tuberculeuse située derrière cette dent a l'angle postéro-interne plus développé (5) ; la carnassière inférieure est plus allongée d'avant en arrière, car son diamètre antéro-postérieur est égal à la longueur de la rangée formée par les trois fausses molaires adjacentes (6), tandis que la mesure correspondante prise chez le Blaireau d'Europe est notablement moindre

(1) Voyez pl. XXVII, fig. 3 et 5.

(2) Voyez pl. XXVII, fig. 3 et 5.

(3) La longueur de la région palatine mesurée jusqu'à l'extrémité de ces apophyses est, comparativement à la longueur totale de la face : de 87 chez le *M. Taxus*, et de 84 chez le *M. leptorhynchus*.

(4) Voyez pl. XXVI, fig. 3.

(5) Voyez pl. XXVII, fig. 3 et 5.

(6) Voyez pl. XXVI, fig. 3 et 4.

que celle de la rangée dentaire dont je viens de parler ; enfin, je n'ai jamais aperçu aucune trace des petites avant-molaires caduques que l'on observe quelquefois derrière les canines supérieures (1).

Les différences spécifiques si nettement accusées par la conformation de la tête osseuse chez ces deux Blaireaux ne se traduisent au dehors que par une seule particularité dans la disposition des couleurs sur les côtés de la tête, qui m'aurait paru insignifiante si je ne l'avais vue correspondre toujours aux caractères organiques dont je viens de parler. En effet, on peut distinguer le *Meles leptorhynchus* du *Meles Taxus* par la forme de la tache brune de la région jugale. Chez ce dernier, la tache brune de la joue s'étend en arrière de façon à entourer complétement l'oreille, tandis que chez l'espèce dont l'étude nous occupe ici, elle s'arrête derrière la pommette et se trouve séparée de l'oreille par une partie blanche qui s'étend au-dessous et en arrière de ce dernier organe (2). Dans le reste du pelage je n'ai observé aucune différence constante ; il est cependant à noter que le *Meles leptorhynchus* a les flancs plus pâles que chez la plupart des individus de l'espèce européenne.

Le Blaireau à nez étroit habite les environs de Pékin, d'où le Muséum en a reçu plusieurs exemplaires par les soins de M. Fontanier. Grâce à l'obligeance de M. Swinhoe, j'ai obtenu aussi plusieurs crânes de ce Mammifère, provenant d'individus trouvés à Amoy, et cette circonstance m'a permis de déterminer avec certitude l'identité spécifique de mon *Meles leptorhynchus* et du *Meles chinensis* de M. Gray, identité qui avait été déjà soupçonnée par ce dernier naturaliste au moment où il publia la description de la tête osseuse de l'animal en question. M. Gray crut devoir néanmoins donner à cette espèce un nom nouveau, mais cette désignation ne pouvait servir qu'à grossir la liste

(1) Voyez pl. XXVII, fig. 1.
(2) Voyez pl. XXV.

des synonymes dont la zoologie est déjà surchargée. En effet, la note de M. Gray sur le Blaireau de la Chine ne parut qu'en 1868, tandis que l'année précédente j'avais publié une description courte, mais suffisante, du *Meles leptorhynchus*. Il est à noter que les Blaireaux à nez mince d'Amoy ont les poils beaucoup plus courts que chez les individus de Pékin.

Ainsi que l'a fait remarquer avec raison M. Gray, le Blaireau de la région du fleuve Amour, décrit et figuré par M. Schrenck sous le nom de *Meles Taxus* (1), paraît appartenir à l'espèce chinoise que j'ai appelée *Meles leptorhynchus*. On n'en connaît pas le crâne; mais la disposition de la partie brune des côtés de la tête est la même que chez ce dernier animal, seulement la teinte jaune qui remplace le blanc chez la variété provenant d'Amoy est encore plus marquée que sur celle-ci.

Le *Meles Anakuma* (2) du Japon se rapproche du *Meles Taxus* par a forme de la région fronto-nasale de sa tête osseuse, mais il ressemble davantage au *M. leptorhynchus* par le mode de coloration des joues. Du reste, il se distingue nettement de l'une et de l'autre de ces espèces par ses oreilles entièrement blanches et par sa teinte générale d'un brun roux. Chez l'individu figuré par Temminck, tout le dessous du museau et de la gorge, ainsi que le devant de la poitrine, sont d'un blanc légèrement teinté de jaune; mais chez un individu fourni au Muséum d'histoire naturelle de Paris par ce zoologiste et étiqueté de sa main, toute cette partie du corps, depuis la symphyse du menton, est d'un brun noirâtre très-foncé. Il y aurait donc là deux espèces ou seulement des différences dépendant, soit de l'âge, soit du sexe. C'est ce que l'on ne pourra décider que par l'examen d'un nombre plus considérable d'individus

Le *Tumpha* des Tibétains, ou Blaireau des environs de Lassa, décrit

(1) *Meles Taxus* var. *amurensis*, Schrenck, *op. cit.*, pl. I, fig. 1 et 4.

(2) Temminck, *Aperçu général et spécifique sur les Mammifères qui habitent le Japon*, p. XXX, pl. VI, fig. 1-6. — Siebold, *Fauna Japonica*, 1842.

par Hodgson sous le nom de *Taxidea leucurus* (1), appartient, comme les espèces précédentes, au genre *Meles*, mais en diffère par la longueur plus grande de sa queue, par la disposition de la plante des pattes postérieures, qui, au lieu d'être nue jusque dans le voisinage du talon, est complétement couverte de poils dans le tiers postérieur de sa longueur, et par quelques autres particularités de moindre importance. Enfin, le carnassier du Tibet décrit par M. Blyth sous le nom de *Meles albogularis*, quoique trop incomplétement connu pour être caractérisé d'une manière précise, ne saurait être confondu avec l'espèce dont je viens de faire l'étude. En effet, la bande brune des joues est marquée d'une tache blanche, sous les yeux, et le cou est entièrement blanc (2).

MELES (ARCTONYX) LEUCOLÆMUS.

(Voyez pl. XXIV; pl. XXVI, fig. 1 et 2; pl. XXVII, fig. 1 et 2; pl. XXVIII, fig. 1 et 2.)

Meles leucolæmus, Alph. Milne Edwards, *Ann. des sciences nat.*, 5e série, 1867, t. VIII, p. 374.

Le Blaireau que j'ai appelé *Meles leucolœmus* aurait reçu un autre nom générique, si, à l'exemple de beaucoup de naturalistes de l'époque actuelle, j'avais cru devoir pousser jusqu'à ses dernières limites la subdivision des groupes naturels en genres distincts ; mais, ainsi que j'ai déjà eu l'occasion de le dire en parlant des classifications ornithologiques (3), la diversité extrême des désignations résultant de cette marche me paraît avoir de sérieux inconvénients : elle nous fait perdre presque tous les bénéfices de la nomenclature binaire, si utile pour l'expression des idées générales, et elle empêche de saisir, au premier abord, les affinités étroites que le zoologiste a intérêt à mettre en

(1) Hodgson, *On the Tibetan Badger, Taxidea leucurus* (*Journal of the Asiatic Society of Bengal*, 1847, t. XVI, p. 763, pl. 29, 30 et 31, fig. 4 et fig. 13).

(2) Blyth, *Report of the zoological Curator* (*Journal of the Asiatic Society of Bengal*, 1853, t. XXII, p. 589).

(3) *Recherches pour servir à l'hist. des Oiseaux fossiles*, t. I, p. 14-16.

évidence. Il me paraît donc préférable de conserver un nom commun à toutes les espèces dérivées d'un même type et n'offrant entre elles que des différences dans les détails ; sauf à subdiviser les genres ainsi constitués en sections ou sous-genres dont les noms particuliers ne sont pas d'un usage ordinaire, et ne sont employés que dans les cas où le naturaliste trouve intérêt à fixer l'attention sur des caractères zoologiques d'un ordre peu élevé.

Je ne proposerai donc pas de séparer génériquement des Blaireaux l'animal dont je vais donner ici la description ; car son aspect, sa forme générale, son mode de coloration et la conformation de sa charpente osseuse sont, à peu de chose près, les mêmes que chez le *Meles Taxus* d'Europe, et les particularités ostéologiques à raison desquelles il s'en distingue, quoique nettement prononcées, n'ont pas. à mon avis, un degré d'importance assez grand pour motiver une distinction générique.

Les caractères zoologiques du Blaireau commun sont si bien connus et la ressemblance entre cet animal et le *Meles leucolæmus* est si grande, qu'il me paraît inutile de donner ici une description complète de ce dernier, et je me bornerai à signaler les particularités qu'il présente, ainsi qu'on pourra s'en convaincre en jetant les yeux sur la planche XXIV. La conformation générale et l'aspect du *Meles leucolæmus*. sont essentiellement les mêmes que chez le *Meles Taxus* et le *Meles leptorhynchus;* seulement le museau est plus pincé que chez ce dernier, la teinte du dos plus foncée et les pattes plus courtes. Les poils sont de même nature et ont le même mode de coloration ; ils sont en général blancs vers la base, ainsi que dans leur portion moyenne, puis d'un brun foncé sur une longueur plus ou moins grande, et terminés par une pointe blanche ; de sorte que l'aspect de la région qu'ils recouvrent varie un peu, suivant qu'ils sont couchés de façon à cacher le fond blanc avoisinant la peau, ou qu'ils sont relevés de manière à la laisser voir. Dans quelques parties ils sont entièrement blancs, et dans d'autres la pointe blanche est assez étendue pour voiler l'anneau brun subterminal; enfin, sur certaines parties telles que les côtés de la tête et de la poitrine, ainsi que sur les pattes, le blanc fait défaut tant à la base qu'à la pointe des poils, qui sont d'un brun noirâtre uniforme. Quant à la distribution générale des teintes, je ne parlerai que de la partie du pelage visible extérieurement. De même que chez le Blaireau d'Europe, le dessus de la tête est blanc au milieu et d'un brun foncé sur les côtés ; mais la bande blanche de la région frontale est notablement plus étroite et se perd presque complétement sur le sinciput, au lieu de conserver toute sa largeur jusque sur le dessus du cou, ainsi que cela se voit chez le *Meles Taxus* et le *Meles leptorhynchus*. Chez ces derniers, la bouche est complétement entourée de blanc et la bande brune des joues est ininterrompue. Chez le *Meles leucolæmus*, au contraire, la couleur brune des joues descend jusque sur le bord de la mâchoire supérieure, contourne la commissure des lèvres et se prolonge en dedans, sous la portion profonde de la mâchoire inférieure; enfin, elle descend très-bas sur les joues, mais elle est interrompue au milieu de la pommette par une tache blanche de forme allongée, et elle ne gagne les oreilles qu'en dessus. Le menton, tout le dessous du cou et le bord antérieur de la poitrine, sont d'un blanc pur qui remonte au devant des oreilles et se prolonge en arrière, sur les épaules ainsi que sur la portion postéro-supérieure du cou, en manière de collier. Les oreilles sont plus petites que chez les Blaireaux ordinaires et bordées en dessus de poils blancs. Le dos est d'un brun argenté par les pointes blanches des poils ; au contraire, sur les côtés, la teinte blanchâtre, due à la portion basilaire de ces appendices, se prononce beaucoup plus. La poitrine et les pattes sont, comme d'ordinaire, d'un brun noirâtre. Enfin la queue, très-touffue, comme chez le Blaireau d'Europe, se fait remarquer par sa blancheur parfaite. Les ongles sont blanchâtres, mais n'offrent dans leur forme rien de particulier.

Par ses caractères extérieurs, le *Meles leucolæmus* ne diffère donc que très-peu, soit du Blaireau d'Europe, soit du Blaireau à nez mince de la Chine; mais par la conformation de sa tête osseuse, ainsi que par certaines particularités de son système dentaire, il s'en éloigne davantage, et ressemble excessivement au *Balisaur* (ou *Baloo-soor*), carnassier du nord de l'Hindoustan, dont Frédéric Cuvier a formé le genre *Arctonyx*, mais qu'il ne connaissait que par un dessin fort médiocre envoyé de l'Inde par le voyageur Duvaucel (1). Frédéric Cuvier ne saisit pas les rapports naturels qui existent entre ce carnassier et les Blaireaux. Peu de temps après, M. Gray publia des figures représentant la tête osseuse du Balisaur, qu'il crut devoir ranger dans le genre *Mydaus* (2). Ogilby, guidé probablement par les faits mis ainsi en évidence, en parla comme étant un *Meles* (3). Mais la plupart des auteurs les plus récents, tout en le rangeant dans la tribu des Méléides, adoptèrent cependant le genre *Arctonyx* de Frédéric Cuvier (4), et le dernier qui en ait parlé, M. Gray (5), lui assigne pour principaux caractères distinctifs les particularités suivantes : « Palais s'étendant beaucoup en arrière ; narines postérieures placées sur la même ligne que » les condyles de la mâchoire inférieure ; portion nasale de la tête » osseuse un peu prolongée. » Il ajoute les détails suivants : « Les » incisives supérieures sont inégales, les médianes sont plus petites.

(1) Fréd. Cuvier et Geoffroy St-Hilaire, *Hist. nat. des Mammifères*, pl. CCXX, livr. 51, 1825. Cette figure est accompagnée d'une courte description extraite probablement de la note adressée par Duvaucel à la Société asiatique de Calcutta en 1821, et publiée seulement en 1838 par les soins de M. G. Evans (*Journal of the Asiatic Soc. of Bengal*, t. VII, partie 2, p. 734).

(2) Gray, *Illustr. of Indian Zoology*, 1830-1852, t. I, pl. VII, fig. 1-3.

(3) Ogilby, *Penny Cyclopædia*, t. III, p. 264 (voy. *Proceed. Zool. Soc.*, 1865, p. 138). — *Mem. on the Mammalogy of the Himalayas*, in *Royle Illustr. on Botany and other Branches of nat. Hist. of the Himalayan mountains*, 1839, t. I, p. 57.

(4) Giebel, cependant, continue à placer le Balisaur dans le genre *Mydaus* (*Saugethiere*, p. 76).

Enfin, M. Gervais, sans s'expliquer clairement sur ce sujet, paraît penser que les *Arctonyx* ne sont pas plus voisins du Blaireau que celui-ci n'est voisin des *Taxidea* (*Hist. nat. des Mammifères*, t. II, p. 164).

(5) Gray, *Revision of the genera and species of Mustelidæ* (*Proceed. of the Zool. Soc.*, 1865, p. 137).

» et les externes, beaucoup plus grosses que les mitoyennes, sont » placées très-obliquement. Enfin, la première fausse molaire, en » haut comme en bas, est séparée de la seconde par un hiatus consi- » dérable ; la carnassière supérieure est médiocre, triangulaire et » presque aussi large en avant que du côté externe, et la tuberculeuse » suivante est un peu plus longue (d'avant en arrière) que large. »

Tous ces caractères (1), qui n'existent pas chez les Blaireaux ordinaires, se trouvent réunis chez le *Meles leucolæmus* (2). Il y a entre cet animal et le Balisaur, ou *Arctonyx collaris*, d'autres traits de ressemblance ; la seule différence frappante qui paraisse exister entre ces deux Méléides réside dans la conformation de la queue, qui est courte et très-touffue chez le premier, tandis qu'elle est grêle, allongée et médiocrement poilue chez le second. Or, aucun zoologiste ne baserait une distinction générique sur un caractère de si faible valeur, par conséquent le *Meles leucolæmus* et le Balisaur doivent prendre place dans un seul et même groupe. Mais ce groupe doit-il être séparé du genre *Meles*, ou être considéré comme en étant seulement une section ? Tant qu'on ne connaissait que l'*Arctonyx collaris*, on pouvait hésiter devant cette question; mais les liens plus intimes qui existent entre les Blaireaux ordinaires et l'animal dont je viens de donner la description me semblent devoir faire cesser toute incertitude : les particularités ostéologiques qu'il présente n'ont pas assez d'importance pour en faire autre chose qu'un Blaireau ; elles sont loin d'avoir une valeur comparable à celles qui distinguent le genre *Taxidea* du genre *Meles*, et il en résulte que, dans mon opinion, la division des *Arctonyx* doit cesser de former un genre spécial; elle mérite d'être considérée à titre de

(1) Le peu que nous savons sur les caractères ostéologiques du Balisaur sont dus aux figures de M. Gray citées ci-dessus (*Illustr. Ind. Zool.*, t. I, pl. VII, fig. 1-3); à une courte note de M. Gervais insérée dans le journal *l'Institut* (t. X, p. 116), et aux diagnoses génériques publiées par M. Gray dans sa révision des Mustélides de la collection du Musée Britannique (*Proceed. Zool. Soc.*, 1865, p. 137).

(2) Voyez pl. XXVI, fig. 1, et pl. XXVII, fig. 1.

section du genre *Meles*, et, par conséquent, son nom, sans être rayé complétement, ne doit figurer que d'une manière accessoire dans la nomenclature mammalogique. Le Balisaur serait donc appelé *Meles collaris*, et prendrait place à côté du *Meles leucolæmus*, dans le sous-genre des Blaireaux arctonyxiens.

Tout en maintenant la distinction générique établie par M. Waterhouse entre les Méléides du nouveau monde, appelés *Taxidea*, et les Meléides de l'ancien continent, je proposerai donc de classer ces derniers de la manière suivante :

Genre MELES.

Molaires supérieures permanentes au nombre de 4 paires, celles de la dernière paire très-grandes ; 5 paires de molaires à la mâchoire inférieure ; crâne un peu rétréci en arrière.

Sous-genre Meles (typus).

Incisives supérieures de la 3e paire médiocres et presque verticales ; voûte palatine ne dépassant que peu le niveau des trous optiques.

Sous-genre Arctonyx.

Incisives supérieures de la 3e paire fort grandes et très-proclives ; voûte palatine se prolongeant en arrière au delà du niveau des fosses glénoïdales.

Dans l'état actuel de nos connaissances, le sous-genre des Blaireaux arctonyxiens comprend : 1° le Balisaur ou *Meles* (*Arctonyx*) *collaris* ; 2° le *Meles* (*Arctonyx*) *isonyx*, et 3° le *Meles* (*Arctonyx*) *leucolæmus*. Mais, ainsi que je le montrerai dans un travail ultérieur, il faudra aussi y ranger une espèce nouvelle qui habite le Thibet chinois, et que je désignerai sous le nom de *Meles* (*Arctonyx*) *obscurus*.

Pour bien caractériser le *Meles leucolæmus*, il faut donc le comparer successivement à chacune des autres espèces de Blaireaux arctonyxiens.

Le Balisaur, que les zoologistes européens ne connaissent guère que par des figures dues à des dessinateurs indiens et par une tête osseuse que possède le Musée Britannique, paraît avoir été vu pour la première fois vers la fin du siècle dernier, dans la ménagerie de la Tour de Londres, par Bewick, qui en donna une figure grossière sous les noms d'*Ours des sables* ou de *Blaireau cochon* (1). Ainsi que je l'ai déjà dit, Frédéric Cuvier n'en parle que d'après un dessin envoyé au Muséum d'histoire naturelle par des voyageurs de cet établissement scientifique, et qu'il reproduisit dans les planches sur les Mammifères (2). Vers 1830, M. Gray en publia une autre figure, moins bonne, puisée dans le portefeuille du major général Hardwicke (3). Enfin, en 1830, Evans en fit paraître à Calcutta une nouvelle figure, qui semble avoir été faite d'après le vivant (4).

Ces planches et les courtes descriptions qui les accompagnent, sont les seuls documents d'après lesquels nous pouvons juger de la conformation générale et de l'aspect du Balisaur; car, à ma connaissance, aucun musée d'Europe ne possède la dépouille de cet animal (5). Or, elles s'accordent toutes à nous montrer le Balisaur comme ayant la queue non-seulement beaucoup plus longue qu'aucun Blaireau connu, mais garnie seulement de poils courts, au lieu d'être très-touffue, ainsi que l'est celle du *Meles* (*Arctonyx*) *leucolœmus*. Cette différence suffit pour établir, à première vue, une distinction entre ces deux espèces, dont le mode de coloration est très-analogue.

Le *Meles isonyx*, ou *Arctonyx isonyx* de Hodgson, dont Horsfield a

(1) Bewick, *A general History of Quadrupeds*, 4e édition in-8°. Newcastle upon Tyne, 1800, p. 284 (avec fig. dans le texte).

(2) F. Cuvier et Geoffroy Saint-Hilaire, *op. cit.*, pl. CCXX, nov. 1825.

(3) Gray, *Illustrations of Indian Zoology, chiefly selected from the collections of Major general Hardwicke*, t. I, pl. VI et VII, 1832.

(4) G. Evans, *Note on a Species of Arctonyx from Arracan* (*Journal of the Asiatic Soc. of Bengal*, 1838, t. VII, 2e partie, p. 732, pl. XLIII).

(5) Je ne parle pas ici d'une figure de l'*Arctonyx collaris*, insérée dans l'*Hist. nat. des Mammifères* par M. Gervais (t. II, p. 105), parce qu'elle n'est évidemment que la reproduction de celle publiée précédemment par F. Cuvier d'après le dessin de Duvaucel, quoique l'artiste en ait changé la pose.

publié une figure (1), a la queue moins longue et plus poilue que le Balisaur, mais elle diffère cependant beaucoup de celle, très-courte et très-touffue, du *Meles leucolæmus*. Il est aussi à noter que le *Meles isonyx* paraît être presque entièrement blanc en dessus. Quant aux particularités par lesquelles le *Meles leucolæmus* se distingue du *Meles* (*Arctonyx*) *obscurus*, je les ferai connaître en détail dans une autre occasion, et pour le moment il me suffira de dire que, chez ce dernier, les taches brunes du menton, au lieu d'être séparées par une partie blanche comme dans l'espèce précédente, se rejoignent complétement en dessous.

Les détails dans lesquels je suis entré relativement au *Meles leucolæmus* me paraissent devoir suffire amplement pour motiver l'établissement de cette espèce nouvelle et pour en faire apprécier les affinités zoologiques ; mais afin d'en compléter l'histoire anatomique autant que me le permettent les matériaux dont je dispose, il me semble utile d'indiquer quelques autres particularités dans la conformation de la tête osseuse. De même que chez le Balisaur (2), quoique à un moindre degré, le dos du nez est retroussé vers le bout (3) ; le front est large (4), mais le museau est étroit comparativement, et l'orifice des fosses nasales est petit, ovalaire et très-oblique (5), de sorte que le bord alvéolaire des os intermaxillaires est très-proclive. Le trou sous-orbitaire est notablement plus grand que chez les Blaireaux typiques, et la branche antéro-inférieure de l'arcade zygomatique, au lieu de se diriger presque horizontalement en arrière, comme chez ceux-ci,

(1) T. Horsfield, *Catalogue of a collection of Mammalia from Nepal, Sikkim and Tibet, presented to the East-India Company by Hodgson in* 1853 (*Proceed. of the Zool. Soc.*, 1856, p. 398, pl. L).

(2) Voyez Gray, *Illustr. Indian Zool.*, t. I, pl. VII, fig. 1.

(3) Voyez pl. XXVI, fig. 1.

(4) Si l'on représente par 100 la longueur de la face, mesurée de l'extrémité antérieure du museau au bord antérieur du trou auditif, la largeur minimum du front est représentée par 23 chez le *Meles leptorhynchus*, 25 chez le *Meles Taxus*, et 29 chez le *Meles leucolæmus*.

(5) Voyez pl. XXVIII, fig. 1.

remonte brusquement vers la pommette (1). Cette arcade est très-arquée en dehors, surtout postérieurement, et la large gouttière longitudinale qui en occupe en dessus la racine postérieure se prolonge au-dessus de l'oreille jusque vers l'occiput, de sorte que le bord supérieur est très-saillant et dépasse de beaucoup la partie adjacente de la boîte crânienne (2). Le bord inférieur de l'arcade zygomatique, au lieu d'être, comme d'ordinaire, mince et obtus, est creusé d'une gouttière longitudinale dont les bords sont tranchants. On remarque aussi à la partie inféro-postérieure une fossette ovalaire (3) qui est située près de la cavité articulaire, et qui n'existe pas chez les Blaireaux typiques. L'apophyse mastoïde, loin d'être dirigée presque verticalement et de descendre beaucoup au-dessous de l'oreille, est dirigée très-obliquement en avant et ne dépasse que peu le niveau du bord inférieur du trou auditif. La région occipitale, au lieu d'être très-oblique, est presque verticale, et la crête lambdoïde qui la sépare des régions temporales, décrit une courbe assez régulière en allant se terminer à l'extrémité de l'apophyse mastoïde. La région occipitale (4) offre aussi plus de largeur vers sa partie supérieure, et sa portion inférieure est plus plate latéralement. La base du crâne (5), dont la conformation fournit des caractères si variés et si utiles à consulter pour la classification naturelle des Carnassiers, présente les mêmes traits généraux que chez les Blaireaux typiques ; mais les apophyses préoccipitales sont plus saillantes ; les caisses sont moins proéminentes vers leur bord interne ; leur angle antéro-interne n'est pas renflé, et le plancher du conduit auditif, qui est en continuité avec leur partie externe, est beaucoup plus développé et se prolonge davantage en dehors et en avant ; au lieu

(1) Voyez pl. XXVI, fig. 1.
(2) Voyez pl. XXVIII, fig. 1.
(3) Voyez pl. XXVI, fig. 1.
(4) Voyez pl. XXVIII, fig. 2.
(5) Voyez pl. XXVII, fig. 1.

d'être dépassé de beaucoup antérieurement par la caisse, il la déborde notablement et va s'appuyer contre le bord postérieur de la cavité glénoïde. Le trou glénoïdal est très-grand, tandis que chez les Blaireaux typiques il est à peine visible. La branche osseuse qui passe sous le trou ovale pour aller gagner l'apophyse ptérygoïde est très-large, et cette apophyse se prolonge en arrière jusqu'au niveau d'une ligne transversale qui passerait sur le bord postérieur des trous auditifs. La portion inférieure des fosses sphéno-palatines, au lieu d'être aplatie, est très-renflée. Enfin, la voûte palatine est plus creuse que d'ordinaire, et ainsi que je l'ai déjà dit, elle est remarquablement longue. La forme de la mâchoire inférieure (1) est également caractéristique dans le sous-genre des Blaireaux arctonyxiens. Le menton est très-oblique, et le bord inférieur de la région massétérienne, au lieu de former avec le bord de la branche alvéolaire une courbe régulière et peu prononcée, se relève très-brusquement et présente une largeur considérable. Enfin, le condyle, au lieu d'être placé à peu de chose près sur la même ligne horizontale que les dents molaires, est situé beaucoup plus haut.

Je n'ajouterai rien à ce que j'ai déjà dit du système dentaire du *Meles leucolæmus*, si ce n'est que la carnassière inférieure est très-étroite et que les incisives de la même mâchoire sont extrêmement proclives. Les figures que je donne des dents de cette espèce de Blaireau, comparées à celles du Blaireau à nez mince, suffiront pour combler les petites lacunes que je laisse dans leur description (2). Mais pour bien préciser les différences de proportion de la tête osseuse chez ces deux espèces, j'indiquerai les mesures de quelques parties comparées, comme je l'ai déjà fait précédemment, à la longueur de la face, mesurée depuis le bord antérieur du trou auditif jusqu'au point le plus

(1) Voyez pl. XXVI, fig. 1.
(2) Voyez pl. XXVI, fig. 1, 2, 3 et 4 ; pl. XXVII, fig. 1, 2, 3 et 4.

saillant du bord alvéolaire de la mâchoire supérieure, et en représentant cette mesure de part et d'autre par 100.

Longueur de la face jusqu'à l'angle postorbitaire : chez le *Meles leptorhynchus*, 64 ; chez le *Meles leucolæmus*, 75.

Largeur minimum du crâne derrière les orbites : chez le *Meles leptorhynchus*, 19 ; chez le *Meles leucolæmus*, 31. Largeur de la tête, y compris les arcades zygomatiques : chez le *Meles leptorhynchus*, 71 ; chez le *Meles leucolæmus*, 81. Longueur maximum de la tête entre les oreilles : chez le *Meles leptorhynchus*, 55 ; chez le *Meles leucolæmus*, 64. Largeur de la boîte crânienne, mesurée au même niveau, mais sans y comprendre la saillie auriculaire : chez le *Meles leptorhynchus*, 52 ; chez le *Meles leucolæmus*, 41. Longueur du palais, du bord alvéolaire antérieur jusqu'à l'extrémité des apophyses ptérygoïdes : chez le *Meles leptorhynchus*, 84 ; chez le *Meles leucolæmus*, 97.

Le *Meles* (*Arctonyx*) *leucolæmus* a été envoyé au Muséum, des environs de Pékin, par M. l'abbé David. Sa longueur, mesurée de l'extrémité du museau à la base de la queue, en suivant la courbure du dos, est d'environ 0m,72.

§ 16. — GENRE PUTORIUS.

PUTORIUS FONTANIERII.

(Voyez pl. LXI, fig. 1.)

Cette espèce, par la teinte de son pelage, rappelle le *Mustela altaica*, décrit par Pallas dans sa Zoographie russo-asiatique (1); mais il est facile de l'en distinguer par ses dimensions plus considérables et sa queue plus longue. La couleur générale du corps est d'un fauve jaunâtre pâle, blanchissant un peu sur les flancs et devenant plus blanc encore sur la partie inférieure de la tête, le dessous du cou et même le devant

(1) Pallas, *Zoographia rosso-asiatica*, t. I, p. 98.

de la poitrine. La bouche est entourée d'une bordure labiale peu indiquée, et sur les joues les poils tirent un peu sur le blanc. Le dessus du museau et le front sont d'un brun plus foncé que le reste du corps, mais sans mélange de noir. Les pattes ont à peu près la même teinte que les épaules. Enfin, la queue, dont les poils sont assez longs, sans être touffus, est notablement plus rousse que les autres parties et sa teinte ne change pas vers l'extrémité. Sa longueur est au moins égale à trois fois celle de la tête, tandis que chez le Putois de l'Altaï (*Mustela altaica*, Pallas) elle n'a que deux fois la longueur de la tête.

Longueur du corps depuis l'extrémité du museau jusqu'à la base de la queue en suivant les courbures du dos	0,28
Longueur de la queue	0,16

La dépouille de ce petit Putois nous a été envoyée de Pékin par les soins de M. Fontanier. Malheureusement la tête osseuse avait été retirée de la peau.

§ 17. — GENRE FELIS.

Les recherches faites par M. l'abbé A. David, ainsi que les collections envoyées au Muséum par M. Fontanier, attaché au consulat de France à Pékin, jettent de nouvelles lumières sur quelques-uns des points de l'histoire des *Felis* de la Chine.

Depuis fort longtemps l'existence du Tigre royal dans cette partie de l'Asie avait été signalée par quelques auteurs (1), et nous savons aujourd'hui, par les observations de MM. Ehrenberg, Brandt, Schrenck et Radde, que ce grand carnassier, si commun dans les régions tropicales de l'Asie (à l'exception de Bornéo et de Ceylan), s'étend au nord, depuis le Caucase jusque sur les bords du fleuve Amour, et se montre même dans l'île Sakhalien, située au nord de l'archipel japonais.

(1) Bewick, *Hist. of Quadrupeds*, 1806, p. 206.

M. l'abbé David a constaté que le Tigre n'est pas seulement un hôte passager dans les montagnes du nord de la Chine, mais qu'il se propage dans les forêts de la Mandchourie, et qu'il se fait redouter des habitants du voisinage de Pékin (1).

En 1854, le Muséum d'histoire naturelle obtint, par les soins de M. de Montigny, la dépouille d'un de ces beaux Chats gigantesques provenant du nord de la Chine. Ce Tigre se fait remarquer par son pelage plus long et plus fourni que celui des Tigres de l'Inde, de Java et de la Cochinchine, avec lesquels j'ai pu le comparer; on remarque aussi que la couleur fauve du dos est plus brune. Mais ces différences sont trop légères pour que l'on puisse douter de l'identité spécifique de ces animaux; et, d'ailleurs, M. l'abbé David nous apprend que dans la Mandchourie leur teinte varie beaucoup : il y a des individus qui sont d'un brun noir, tandis que d'autres sont d'un blanc parfait (2). Je n'ai pas eu la possibilité d'examiner la tête osseuse d'un Tigre de Chine, mais j'ai pu suppléer jusqu'à un certain point à l'absence de ce terme de comparaison, grâce à l'obligeance de M. Brandt, qui a bien voulu envoyer à mon regretté maître et ami M. Lartet le moulage de la tête d'un Tigre de la Sibérie. M. Brandt, comme on le sait, a étudié comparativement les caractères ostéologiques de cette partie du squelette chez le Tigre de Sibérie, le Tigre du Caucase et un Tigre venant probablement de l'Inde, et il n'a pu y constater que des variations insignifiantes. C'est aussi le résultat auquel je suis arrivé. Les seules différences de forme qui m'aient frappé entre cette tête moulée et une tête de même dimension appartenant à un Tigre de Siam, consistent dans les particularités suivantes : chez le premier, le museau est un peu moins gros relativement à la boîte crânienne ; celle-ci

(1) A. David, *Journal d'un voyage en Mongolie* (*Nouv. Arch. du Muséum*, t. III, *Bulletin*, p. 26, 1867).

(2) Griffith a figuré un Tigre, variété albine, mais sans connaître la patrie de cet animal. (*The Animal Kingdom*, by Cuvier, t. III, Suppl., p. 444.)

offre plus de longueur et envahit davantage latéralement les dilatations du temporal qui s'étendent en forme de gouttières jusqu'aux apophyses mastoïdes. La portion de ces apophyses qui se voit à la base du crâne du côté extérieur des caisses est aussi un peu moins développée ; mais ces différences sont trop minimes pour que l'on puisse les considérer comme caractéristiques d'une espèce.

Indépendamment du grand *Felis* à robe tachetée, qu'au premier abord on prendrait certainement pour une Panthère ordinaire, que j'ai désigné sous le nom de *F. Fontanierii*, et que j'étudierai d'une manière plus complète, il y a encore, dans le nord de la Chine, un carnassier de moindre taille dont les chasseurs ont souvent parlé à M. l'abbé David, mais sans pouvoir lui en procurer la dépouille. Ils appellent cet animal le *Thou-pao*, et le dépeignent comme étant bas sur jambes, de couleur obscure et sans taches orbiculaires. C'est peut-être le *Felis macroscelis* de Temminck ou *Felis nebulosa* de Griffith, animal que M. Swinhoe a trouvé à Formose, et a nommé *Leopardus brachyurus* (1).

J'appellerai aussi l'attention des zoologistes sur le *Felis irbis* de la Chine, et sur quatre petites espèces du genre Chat, dont l'une, quoique déjà décrite, n'est qu'imparfaitement connue, et dont les autres me paraissent être nouvelles.

FELIS FONTANIERII.

(Voyez pl. XXIX, XXX et XXXI.)

Ann. des sc. nat., Zool., 5e série, 1867, t. VIII, p. 375. — Felis pardus? Swinhoe, *Mammals of China* (*Proceed. of the Zool. Soc. of London*, 1870, p. 628).

Les grands Chats à robe tachetée que l'on désigne communément sous le nom de Panthères présentent, dans leur mode de coloration, si

(1) Swinhoe, *Proceed. Zool. Soc.*, 1863, p. 352, pl. XLIII. — *F. macroscelis*, Swinhoe, *Chinese Mammals* (*Proceed. Zool. Soc.*, 1870, p. 628).

peu de fixité, que j'aurais hésité à considérer comme appartenant à une espèce nouvelle un des animaux de ce groupe qui ne se serait distingué que par ses caractères extérieurs; mais les particularités ostéologiques que m'a présentés le *Felis Fontanierii* sont si frappantes, que je crois ne pas trop m'avancer en le séparant spécifiquement des Panthères de l'Inde et de l'Afrique, auxquelles il ressemble d'ailleurs beaucoup par son aspect général. En effet, ce *Felis* est caractérisé de la manière la plus nette par la brièveté de son museau (1). Chez les nombreuses variétés du *Felis Pardus*, dont j'ai pu examiner la tête osseuse, la longueur de cette partie de la face comprise entre le bord antérieur de l'alvéole de la canine et le sommet de la branche montante de l'os maxillaire supérieur excède de beaucoup la largeur de l'espace compris entre le bord externe des trous sous-orbitaires, tandis que chez le *Felis Fontanierii* ces deux longueurs sont égales entre elles. Ce caractère peut aussi bien s'observer dans les très-jeunes individus que dans les adultes. Les os nasaux ne se relèvent pas vers leur extrémité antérieure, ils forment avec la région fronto-pariétale une courbe régulière. Le front est étroit: sa plus grande largeur, mesurée entre les angles orbitaires externes, est égale à la distance comprise entre le sommet de la suture médiane du nez et le bord inférieur des trous sous-orbitaires. La voûte palatine est très-courte; le bord inférieur des arrière-narines ne dépasse que de très-peu la ligne transversale qui réunirait le bord postérieur des derniers alvéoles. La portion basilaire du crâne est très-développée: la distance comprise entre le bord postérieur des condyles occipitaux et les trous sphéno-orbitaires étant égale à la longueur totale du bord alvéolaire du maxillaire supérieur, tandis que chez les Panthères proprement dites la première de ces mesures est notablement inférieure à la seconde.

Par quelques-uns de ces caractères, la tête osseuse du *Felis Fonta-*

(1) Voyez pl. XXXI.

nierii paraît ressembler à celle d'une Panthère figurée récemment par M. Gray sous le nom de *Leopardus chinensis* (1), désignation que le même zoologiste avait appliquée jadis à un Chat de petite taille et ne rentrant pas dans la division des Panthériens (2); mais les différences qui existent entre les têtes de ces deux Félins sont si tranchées, que l'on ne saurait les considérer comme appartenant à des animaux de même espèce. Ainsi, chez le *Felis Fontanierii*, la boîte crânienne est beaucoup plus élevée. Sa hauteur, mesurée du bord supérieur du trou auditif au niveau du plan horizontal passant sur le sinciput, est égale à la hauteur de l'os maxillaire supérieur, mesurée au niveau du canal sous-orbitaire, tandis que sur le crâne figuré par M. Gray, elle est de beaucoup inférieure à cette dernière longueur. Chez le *Leopardus chinensis*, la bulle auditive paraît être aussi beaucoup moins saillante que chez le *Felis Fontanierii*. J'ajouterai que M. E. Gray paraît disposé à croire que le crâne dont il parle pourrait appartenir au *F. brachyurus* décrit par M. Swinhoe, espèce très-différente de celle qui nous occupe ici (3).

Le *Felis Fontanierii* se distingue aussi des Panthères ordinaires par la nature de son pelage et par la disposition des taches dont il est orné. Le poil est long, doux et très-fourni. La plupart des taches noires qui constituent les rosaces, au lieu d'être séparées entre elles comme chez les Panthères, sont, sur l'animal adulte, complétement confluentes, et forment ainsi de larges anneaux complets comme chez le Jaguar, bien que le champ fauve ainsi encadré ne présente pas, comme dans ce dernier, de tache noire centrale. Ces rosaces sont bien dessinées sur la

(1) Gray, *Notes on the skulls of Cats* (*Proceed. of the Zoolog. Soc. of London*, 1867, p. 264, fig. 2).

(2) *Felis chinensis*, Gray, *Description of some new or little known Mammalia* (*Charlesworth's Mag. of nat. Hist.*, 1837, t. I, p. 577). — *Leopardus chinensis*, Gray, *List of the specimens of Mammalia in the collection of the British Museum*, 1843, p. 43.

(3) M. Swinhoe a reconnu récemment que son *F. brachyurus* (*Proceed. of the Zool. Soc. of London*, 1862, p. 352, pl. XLIII) n'est qu'une variété locale du *F. macroscelis* de Temminck (Swinhoe, *Mammals of China*, in *Proceed. of the Zool. Soc.*, 1870, p. 628).

région scapulaire, aussi bien que sur le dos et la partie supérieure des flancs. Elles sont plus grandes et moins nombreuses que chez les Panthères : on n'en compte que six ou sept rangées longitudinales ; celles de la moitié inférieure des flancs deviennent pour la plupart pleines, le jaune du centre disparaissant presque complétement. Les taches noires cessent aussi d'être annulaires sur les cuisses ; sur le dos, le fond fauve du pelage forme entre les rosaces un dessin assez régulier imitant des quadrilatères, à peu près comme chez le Jaguar. Enfin la queue, longue et très-touffue depuis sa base, est marquée de grandes taches noires qui, dans sa moitié postérieure, constituent de larges anneaux presque complets ; vers l'extrémité de cet appendice, le fond jaune pâlit beaucoup et prend une teinte blanchâtre.

Chez un individu plus jeune, dont je donne également ici une figure (1), les rosaces annulaires sont moins distinctes et se trouvent mêlées à un plus grand nombre de taches noires irrégulières ; mais le caractère général du pelage est déjà très-bien marqué, et suffit pour distinguer cette espèce de toutes les Panthères, soit de l'Inde ou de l'Asie Mineure, soit de l'Afrique. Je serai moins affirmatif au sujet des différences qui peuvent exister entre le *Felis Fontanierii* et le *Leopardus japonensis* de M. Gray (2). Malheureusement ce dernier n'est connu que par une fourrure envoyée du Japon, par la voie du commerce, comme objet de pelleterie, et il n'a pu être caractérisé d'une manière suffisante. Le dos et les flancs de cette Panthère sont ornés, comme chez le *F. Fontanierii*, de grandes rosaces noires et la queue est très-touffue ; mais cette espèce se distingue par l'absence presque complète de ces rosaces à centre fauve sur les épaules, et par la disposition moins annulaire des taches de la queue. D'ailleurs pour bien apprécier la valeur de ces particularités de coloration, il faudrait savoir si elles coïncident ou non

(1) Voyez pl. XXIX.

(2) *Descript. of some new Species of Mammalia* (*Proceed. of the Zoolog. Soc. of London*, 1863, p. 262, pl. XXXIII).

avec des caractères ostéologiques distinctifs, et jusqu'ici aucun zoologiste n'a eu l'occasion d'étudier la tête osseuse de cet animal. Il me paraît donc difficile, avec les renseignements que nous avons entre les mains, d'établir d'une manière certaine si la Panthère du Japon est identique avec celle de la Chine, ou si cette dernière appartient, ainsi que je suis tenté de le supposer, à un type spécifique distinct.

Le *Felis Fontanierii* a été rapporté de Chine par le voyageur dont il porte le nom et dont nous déplorons la mort prématurée (1).

D'après les notes qui accompagnaient l'envoi de M. Fontanier, ce grand carnassier serait loin d'être rare, et M. l'abbé A. David nous apprend que l'on rencontre des Panthères dans toutes les montagnes du nord de la Chine, et qu'à une petite distance de Pékin (environ sept lieues à l'ouest), un de ses chasseurs chrétiens en tue plusieurs chaque hiver. Cet animal ne s'attaque que rarement à l'homme, à moins d'être inquiété par lui. Les Chinois le désignent sous le nom de *Kin-tsien-pao* (2). C'est probablement ce *Felis* dont les anciens missionnaires en Chine ont signalé la présence dans la province de Pékin en lui donnant le nom de *Hinen-pao* (3).

La plus grande des Panthères de Chine mesure, de l'extrémité du museau à la base de la queue (en suivant les courbures du dos)	1,17
Longueur de la queue	0,75
Hauteur au niveau des épaules	0,50
Longueur de la tête osseuse	0,18
Largeur maximum au niveau des arcades zygomatiques	0,119
Longueur du bord antérieur du trou occipital au bord incisif	0,153
Longueur de la voûte palatine	0,080
Largeur du crâne en arrière des apophyses sus-orbitaires	0,039
Largeur maximum de la boîte crânienne	0,073

(1) M. Fontanier, agent consulaire de France, fut assassiné par les Chinois en 1870, lors du massacre de Tien-tsin.

(2) A. David, *Journal d'un voyage en Mongolie* (*Nouv. Archiv. du Muséum d'hist. nat.*, t. III, *Bulletin*, p. 7).

(3) Michel Baym, *Relations de la Chine*, 1852, p. 29 (dans Thévenot, *Relations de divers voyages curieux*, t. I, édit. de 1696).

Largeur de la face au niveau des canines	0,051
Largeur du front au niveau de la suture fronto-maxillaire	0,032
Écartement des tuberculeuses	0,060
Longueur de la série des molaires supérieures	0,047
Longueur du maxillaire inférieur	0,120
Hauteur mesurée de l'angle postér. à l'extrémité de la branche montante.	0,55
De l'angle postérieur au condyle articulaire	0,023
Longueur de la série des molaires inférieures	0,045

FELIS IRBIS, Ehrenberg.

L'Once de Buffon, ou *Felis Irbis* de M. Ehrenberg (1), a été si bien étudiée par ce dernier naturaliste, que je n'aurais pas eu à parler ici de cet animal, si son histoire, si confuse autrefois, n'avait été obscurcie de nouveau par un rapprochement qui me semble inexact et que j'ai pu rectifier à l'aide des belles collections faites en Chine par M. Fontanier. En effet, M. Blyth et M. Gray (2) considèrent le *Felis Irbis* comme étant spécifiquement identique avec le *Felis Tulliana* décrit par M. Valenciennes (3).

(1) L'*Once* de Buffon, *Hist. nat.*, t. IX (1709), p. 151. Daubenton, *Descript. du cabinet*, dans Buffon, *op. cit.* — *Irbis*, Müller, *Coll. des historiens russes*, t. III, p. 607. — *Felis Pardus*, Pallas, *Zoogr. rosso-asiatica*, t. I, p. 17. — *Felis Uncia*, H. Smith, dans *Griffith's animal Kingdom*, t. III (1827), planche en regard de la page 468. — *Felis Irbis*, Ehrenberg, *Observations et données nouvelles sur le Tigre et la Panthère du Nord*, recueillies dans le voyage de Sibérie fait par M. de Humboldt en 1829 (*Ann. des sc. nat.* (1830), t. XXI, p. 394). — Middendorff, *Sibiriche Reise*, Bd. II, p. 73. — *Felis Uncia*, P. Gervais, *Hist. nat. des Mammifères*, 1855, t. II, p. 85, pl. XXI. — *Felis Irbis*, Schrenck, *Reisen und Forschungen im Amur-Lande*, 1858, Bd. I, p. 96. — Radde, *Reisen im Süden von Ost-Sibirien*, 1862, Bd. I, p. 164. — *Unca Irbis*, Gray, *Notes on the skulls of the Cats*, in *Proceed. of the Zool. Soc. of London*, 1867, p. 262, fig. 1 (tête osseuse).

Le nom de *Onca* n'a pu être conservé à ce grand *Felis* asiatique, parce que Linné l'avait déjà appliqué au Jaguar de Margrave, espèce propre à l'Amérique (*Systema naturæ*, édit. 10, 1758, p. 42). Il est aussi à noter que Buffon confondait sous le nom d'*Once* le *F. Irbis* et le *Guépard*.

(2) Blyth, *Synoptical List of the Species of Felis inhabiting the Indian region* (*Proceed. Zool. Soc.*, 1863, p. 183; — Gray, *op. cit.*, 1867, p. 262).

(3) Valenciennes, *Note sur une nouvelle espèce de Panthère tuée par M. Tchihatcheff à Ninfi, près de Smyrne* (*Comptes rendus de l'Acad. des sc.*, 1856, t. XLII, p. 1035). On trouve une très-bonne figure de cet animal dans l'ouvrage de M. Tchihatcheff sur l'Asie Mineure (t. II, 1856, *Zool.*, pl. I).

Ces animaux se trouvent placés à côté l'un de l'autre dans les galeries du Muséum, et il suffit de jeter les yeux sur eux pour saisir les différences qui les séparent.

Le *Felis Irbis* est beaucoup plus trapu et plus bas sur pattes que ne l'est le *F. Tulliana*. Sa tête est plus courte, plus large et plus arrondie. Le poil est beaucoup plus long, plus fourni et plus doux ; il s'allonge même d'une manière remarquable sur le devant de la poitrine : disposition qui n'existe pas dans l'espèce que M. Gray y rapporte. Le fond de sa robe est d'un gris très-clair tirant un peu sur le jaune ; au contraire le *F. Tulliana* est d'un fauve pâle. Les taches annulaires du dos et des flancs sont beaucoup plus grandes et moins nombreuses ; celles de la première rangée dorsale comprise entre les épaules et les hanches ne sont qu'au nombre de cinq ou six : elles surpassent par leurs dimensions celles des flancs ; elles sont très-allongées et même ovalaires, et offrent souvent vers le milieu de leur champ central une ou plusieurs petites taches noires ; la teinte de ce champ intérieur n'est pas plus fauve que celle du fond général. Or, aucune de ces particularités ne s'observe chez le *Felis Tulliana*, dont les taches orbiculaires de la partie supérieure du dos sont moins grandes que celles des flancs ; elles sont à peu près circulaires ; on en compte entre l'épaule et la hanche environ dix, rangées en ligne, et leur champ central, de même que celui des rosaces des flancs, est d'une couleur fauve plus intense et plus pure que la teinte générale ; enfin il n'y a aucune trace des points noirs intérieurs. Des taches de cette couleur occupent le devant de la poitrine et le dessous du cou. Chez le *Felis Irbis*, ces taches sont en petit nombre, et elles disparaissent presque entièrement sur le devant de la poitrine, entre les épaules et entre les pattes. La queue est aussi beaucoup plus fournie et cerclée de taches annulaires plus grandes, plus régulières et plus rares que chez les Panthères de l'Asie Mineure ; vers le bout, elles s'allongent du haut en bas, au point de simuler des bandes transversales, mais en conservant toujours leurs caractères général, et sur presque toutes on distingue encore le champ central. La queue est aussi plus longue, relativement au corps. Ainsi, chez le *F. Irbis*, le corps mesure 1^{m},30 et la queue 1^{m},15; tandis que chez le *F. Tulliana*, ces rapports sont comme 150 à 205.

Les particularités dont je viens de signaler l'existence chez le *Felis Irbis* rapporté de Chine par M. Fontanier existent aussi chez un autre individu de la même espèce et d'une teinte un peu plus claire. que le Muséum avait reçu précédemment de la région Persique par les soins de M. Luillier (1).

La distribution géographique de l'Once dans l'Asie centrale paraît être très-étendue, bien que cette espèce soit partout très-rare.

L'individu figuré dans l'ouvrage de Griffith avait été embarqué pour l'Angleterre dans un des ports du golfe Persique, et provenait probablement des montagnes neigeuses au nord de Téhéran; celui qui a été étudié par M. Ehrenberg avait été tué dans les monts Altaï. M. Schrenck a constaté la présence de ce grand carnassier dans le bassin du fleuve Amour et jusque dans l'île Sakhalien. C'est aussi en Sibérie que MM. Meynier et L. d'Eichthal ont pu se procurer un de ces animaux. Enfin, d'après les renseignements que je dois à M. Fontanier, la peau dont il a fait l'acquisition à Pékin provenait de la partie occidentale de l'empire chinois; mais cette espèce ne paraît pas exister dans les montagnes du Tibet indépendant, visitées récemment par M. l'abbé David.

(1) M. Isid. Geoffroy Saint-Hilaire a donné quelques détails sur cette Once dans les *Comptes rendus de l'Académie des sciences*, 1847, t. XXIV, p. 575.

FELIS CHINENSIS.

(Voyez pl. XXXI[B], fig. 2.)

FELIS CHINENSIS, Gray, *Descript. of some new or little known Mammalia* (*Charlesworth's Mag. of nat. Hist.*, 1837, t. I, p. 577).
LEOPARDUS CHINENSIS, Gray, *List. of Mammalia in the Brit. Mus.*, 1843, p. 43.
LEOPARDUS REEVESII, Gray, *op. cit.*, p. 44.
FELIS JAVENSIS, Sclater, *List. of vertebrated Animals in the Garden of the Zool. Soc.*, 1866, p. 22.
FELIS CHINENSIS, Gray, *On the skulls of the Cats* (*Proceed. Zool. Soc.*, 1867, p. 274).
FELIS CHINENSIS, Swinhoe, *Catal. of the Mammals of China* (*Proceed. of the Zool. Soc.*, 1870, p. 629).

Le genre *Felis*, ainsi que je me propose de le démontrer dans un travail spécial que je prépare sur ce sujet, se divise en trois groupes naturels qui, bien que n'ayant pas la valeur zoologique de sous-genres, sont caractérisés par des détails ostéologiques et sont susceptibles d'être distingués même par des particularités visibles à l'extérieur. L'une de ces sections, que j'appellerai la division des *Felis léoniformes*, comprend toutes les grandes espèces de l'un et de l'autre continent, telles que le Lion, le Tigre, les Panthères, le Jaguar et le Couguar ; un autre groupe est formé par les Lynx, et le troisième comprend les petites espèces que je désigne sous le nom de *Felis chatiformes*, parce que le *Catus* ou Chat domestique en est le représentant le plus généralement connu.

Ces derniers sont caractérisés essentiellement : 1° par la disposition de la portion antérieure du bord orbitaire inférieur, qui, en partant de la région naso-lacrymale, se porte brusquement en dehors et surplombe la partie sous-jacente de la région jugale située entre l'arcade zygomatique et le bord postéro-inférieur du trou sous-orbitaire ; 2° par la forme pincée du museau vers son point de rencontre avec les orbites ; 3° par la largeur considérable de la face, mesurée entre les bords orbitaires externes et comparée à la longueur mesurée sur la ligne médiane, depuis le bord alvéolaire jusqu'au sommet des os nasaux ; 4° par le grand développement et la direction proclive du plancher des orbites ; 5° par la brièveté des os intermaxillaires.

Afin de faciliter la distinction des espèces dans le groupe naturel des *Felis chatiformes*, il me semble utile de les répartir en groupes d'un rang inférieur, d'après des particularités de coloration qui sont, il est vrai, sans importance zoologique, mais qui frappent les yeux et qui influent beaucoup sur l'aspect de ces animaux.

Chez les uns, que j'appellerai les Chats à robe modeste, le corps ne présente ni taches ni rayures bien distinctes.

Exemples : le *F. caligata*, le *F. Jacquemontii* et le *F. chaus.*

Dans une seconde subdivision, la robe est, en partie ou en totalité, zébrée par des bandes transversales, mais n'est pas distinctement mouchetée ou marbrée.

Exemple : le *F. cafra.*

Enfin, dans une troisième subdivision, le corps est fortement tacheté, soit par des mouchetures, soit par des vergettures autour de bandes courtes et irrégulières dirigées longitudinalement.

Exemples : le *Felis javanensis*, le *Felis macroscelis.*

C'est dans ce dernier groupe, auquel on pourrait donner le nom de section des *petits Chats panthériens*, que prend place un *Felis* des environs de Canton, dont la dépouille a été envoyée au Muséum en 1861 par M. Fontanier.

A première vue, j'avais considéré cet animal comme étant seulement une variété du *Felis javanensis* de Horsfield ou *Felis minuta* de Temminck ; mais l'étude de sa tête osseuse m'a convaincu du contraire, et un examen plus attentif de ses caractères extérieurs m'a permis de l'en distinguer sans avoir recours aux caractères ostéologiques. Il diffère aussi, à certains égards, du Chat de Formose et des parties adjacentes du continent asiatique, décrit récemment par M. Swinhoe et rapporté par ce naturaliste au *Felis chinensis* de M. Gray, animal dont jusqu'ici aucune figure n'a été publiée ; mais les particularités que j'ai remarquées dans son mode de coloration ne me semblent pas offrir assez d'importance pour motiver une distinction spécifique, et par conséquent c'est sous le nom de *Felis chinensis* que je distinguerai ici cet animal (1).

La tête osseuse du *Felis chinensis* présente à un très-haut degré les caractères propres à la section des *Felis* chatiformes. Vu en dessus, le museau se détache nettement de la portion orbitaire de la face ; ses bords latéraux, correspondants aux saillies dues aux alvéoles des canines, sont presque parallèles et ne se relient pas graduellement aux arcades zygomatiques, ainsi que cela se voit chez les *Felis* léoniformes. Cette particularité est même plus marquée que chez le *F. javanensis*, à cause de la disposition de la lèvre externe du trou sous-orbitaire, qui est constitué par un prolongement lamellaire de la racine nasale de l'arcade zygomatique, et qui s'avance beaucoup, de façon que l'ouverture dont je viens de parler se trouve au fond d'une échancrure étroite et profonde, située au devant de l'angle lacrymal, et très-visible quand on regarde la tête en dessus. Chez le *F. javanensis*, cette échancrure prélacrymale est beaucoup moins profonde et plus évasée antérieurement ; la portion postorbitaire du front est plus élargie ; enfin la région basilaire du crâne est moins rétrécie au niveau des caisses.

La teinte générale du pelage est d'un gris jaunâtre pâle, rehaussé par une multitude de taches couleur de rouille et passant quelquefois au brun foncé ou même au brun marron noirâtre. Sur la tête, les

(1) Dans le Catalogue des Mammifères de la collection du Musée Britannique, publié en 1844, M. Gray fait mention de deux espèces de Chats de la Chine, savoir : le *Leopardus chinensis* et le *Leopardus Reevesii* (*List of Mamm.*, p. 43 et p. 44). La première avait déjà été caractérisée très-sommairement par cet auteur (*Charlesworth's Mag. of nat. Hist.*, 1837, t. I, p. 577) ; mais la seconde n'a jamais été décrite et paraît ne pas devoir être conservée, car, dans ses derniers écrits sur le genre *Felis*, M. Gray n'en parle plus, et M. Swinhoe, sans doute d'après les indications de ce zoologiste, inscrit ce nom comme synonyme du *F. chinensis* (*op. cit.*, p. 629). Je n'ai donc pas à m'en occuper ici.

Je rappellerai également que le *Leopardus chinensis*, dont M. Gray dit quelques mots à la page 264 de son travail (*Proceed. Zool. Soc.*, 1867), n'est pas le même que son *Leopardus chinensis* (du catalogue précité), qui, à la page 274 du mémoire de 1867, est appelé *Felis chinensis*. Il y a là une confusion regrettable.

marques sont très-nettement dessinées. On y distingue : 1° une paire de taches blanches étroites et allongées, qui commencent sur les côtés du nez, remontent sur la partie antérieure des sourcils et s'étendent un peu sur le front ; 2° une tache blanche plus large et très-allongée d'avant en arrière. qui de chaque côté occupe le milieu de la région zygomatique, se prolonge sur le cou derrière l'angle de la mâchoire, et se trouve bordée en dessus aussi bien qu'en dessous par une bande d'un brun roux très-foncé ; 3° une petite tache blanche située sur chaque joue sous l'angle orbitaire interne ; 4° une partie blanche très-étendue, qui occupe tout le dessous de la tête, ainsi que la partie inférieure des joues et le museau, à l'exception d'une portion de la lèvre supérieure et de l'insertion des moustaches, qui est fauve avec une série de petites stries longitudinales d'un brun noirâtre, et se continue supérieurement avec le brun de la région naso-sous-orbitaire ; en arrière, cette partie blanche est limitée par une série transversale de taches brunes plus ou moins confluentes, qui s'unissent supérieurement à la bande jugale inférieure et forment sous le cou une sorte de collier antérieur. Le dessus de la tête, d'une teinte brune plus foncée et mêlée de plus de roux que celle des flancs, est orné de cinq bandes longitudinales noirâtres ; l'une de ces stries, située sur la ligne médiane, commence à la racine du nez et se perd sur le vertex ; les autres se prolongent jusque sur le commencement du dos. La face postérieure des oreilles est noirâtre, et présente vers le haut une large tache pâle d'un jaune grisâtre, qui se confond en arrière et en bas avec une teinte de la même nuance située sur le côté du cou. Plus en avant, ainsi que sur le devant de la poitrine, le fond général devient blanchâtre, et les taches brunes-roussâtres, affectant la forme de bandes, tendent à se réunir au-dessous, de façon à simuler une série de colliers incomplets analogues à ceux dont il a été précédemment question ci-dessus et s'étendant latéralement sur le bas de la région scapulaire.

Les taches brunes qui, sur les épaules et le dos font suite aux bandes noires cervicales de la paire supérieure, se confondent bientôt sur la ligne médiane en une rangée unique.

Les taches, également très-allongées, qui font suite aux bandes cervicales de la seconde paire, forment également des séries longitudinales, mais ne se confondent pas entre elles de façon à constituer des rubans longitudinaux.

Sur les épaules, les taches tendent à former des rangées obliques en continuité avec les rangées transversales dont le devant de la poitrine est orné, mais sur les flancs et sur les membres la distribution sériale des taches est peu accusée.

Il est aussi à noter que sur les côtés du corps beaucoup de ces taches affectent la forme de rosaces, leur portion marginale étant occupée par trois ou quatre mouchetures d'un brun plus foncé que sur le milieu.

Les mouchetures brunes de la face interne des membres sont aussi assez grandes et pleines ; sur les pattes de devant elles deviennent très-petites, surtout vers le bas et sur les pieds. Enfin la queue, peu fournie, présente des taches noirâtres plus ou moins confluentes.

Chez un autre animal de la même espèce et à peu près de même taille, mais provenant du nord de la Chine et tué près de l'embouchure du fleuve Pei-ho, les taches brunes de la poitrine sont moins foncées et à bords moins nettement dessinés ; la teinte générale est plus grisâtre, et les mouchetures des flancs ne forment pas de rosaces bien caractérisées ; il n'y a presque pas de taches à la face interne des pattes postérieures ; la queue est plus fournie, plus courte et presque entièrement dépourvue de taches noires. Enfin, le crâne est plus large en arrière des orbites et les lignes d'insertions musculaires qui occupent le sinciput sont plus écartées entre elles antérieurement. Mais ces différences peuvent dépendre du sexe des individus et de la saison à laquelle ils ont été tués, et ne me paraissent pas être caractéristiques de races locales distinctes.

Le *Felis chinensis* de Canton décrit ci-dessus mesure, du museau à la base de la queue, en suivant les courbures de la tête, du cou et du dos, le long de la ligne médiane, 0m,62 ; sa queue a 0m,30. L'individu du voisinage du Pei-ho a 2 centimètres de plus comme longueur de corps, et 3 centimètres de moins comme longueur de queue.

FELIS MICROTIS, nov. sp.

(Voyez pl. XXXIA et XXXIB, fig. 1.)

Par son mode de coloration ce Chat ressemble beaucoup au *F. chinensis*, mais il s'en distingue par la petitesse de ses oreilles, par sa queue extrêmement touffue et par la conformation de sa tête osseuse (1).

Effectivement, la région basilaire du crâne est étroite, les bulles auditives étant beaucoup plus renflées en dedans et en avant ; la crête médiane sphéno-palatine est plus prononcée ; enfin les trous sous-orbitaires, au lieu d'être simples, comme d'ordinaire dans le genre *Felis*, sont divisés intérieurement et forment deux pertuis, disposition qui rappelle le mode d'organisation propre aux Guépards, où il y a de chaque côté de la face deux trous sous-orbitaires assez éloignés l'un de l'autre.

Le poil est long, doux et très-fourni (2) ; la teinte générale de la robe est à peu près la même que dans l'espèce précédente, mais les taches sont plus rousses et plus confuses ; les bandes jugales sont mal délimitées, et les stries brunes du front, du sinciput et de la nuque sont à peine distinctes. Les oreilles présentent en arrière deux taches blanchâtres séparées entre elles par une bande verticale d'un brun noirâtre, tandis que chez le *Felis chinensis* elles sont noires et ne portent qu'une seule tache blanche située à peu près comme l'est ici la marque brune. Enfin, la queue ne présente pas de taches bien distinctes.

(1) Voyez pl. XXXI B, fig. 1.
(2) Voyez pl. XXXI A.

Par son mode de coloration le *Felis microtis* ressemble un peu au *F. rubiginosa* décrit par Is. Geoffroy Saint-Hilaire ; mais cette dernière espèce se distingue par l'existence de bandes brunes, linéaires et presque continues depuis le dessus de la tête jusqu'à l'origine de la queue, et par son pelage plus court et moins fourni. Notre Chat de Chine a aussi certaines analogies avec celui de Sibérie, décrit par M. Radde (1) sous le nom de *F. undata*, Desmarest, ou *F. minuta*, Temm. Mais chez cette dernière espèce les bandes transversales brunes de la partie antérieure du corps sont beaucoup plus marquées et la forme de la tête osseuse est très-différente ; elle est beaucoup plus large, les côtés du museau sont plus arqués, et les crêtes qui se portent de la base de l'arcade zygomatique à la crête lambdoïde de l'occiput, en passant au-dessus du trou auditif, sont beaucoup plus saillantes (2).

Le *Felis microtis*, quoique de petite taille, paraît presque adulte, comme on peut s'en assurer par l'inspection de la tête osseuse. Sa longueur, mesurée en suivant la ligne médiane, depuis l'extrémité du museau jusqu'à l'origine de la queue, n'excède pas $0^m,47$, et la queue n'a pas $0^m,23$.

Cette espèce habite les montagnes des environs de Pékin et paraît se trouver jusqu'en Mongolie.

Le Muséum d'histoire naturelle a reçu des mêmes régions, par les soins de M. Fontanier, la dépouille incomplète d'un autre Chat très-semblable au précédent par la nature et le mode de coloration de son pelage, mais dont la taille est plus grande. Malheureusement la plus grande partie des oreilles manque et la tête osseuse a été enlevée, de sorte qu'il m'a été impossible de caractériser ce *Felis* d'une manière suffisante. Sa longueur, mesurée de la manière ordinaire, est de $0^m,83$ pour la tête et le tronc, et de $0^m,32$ pour la queue, dont la portion subterminale est obscurément annelée.

(1) Radde, *Reisen in Süden von Ost-Sibirien*, Bd. I, pl. IV, fig. 1.
(2) Radde, *op. cit.*, pl. IV, fig. 2 et 3.

Dans le catalogue manuscrit de la collection mammalogique du Muséum, ce Chat a été inscrit sous le nom provisoire de *Felis decolorata*; mais il est possible que les différences que je viens de signaler ne soient pas spécifiques, et que l'on reconnaisse un jour que cet animal n'est qu'une variété de grande taille du *Felis microtis*, dont je n'aurais eu qu'un petit individu.

FELIS TRISTIS, nov. sp.

(Voyez pl. XXXI D.)

Cette espèce appartient, comme les précédentes, à la subdivision des petits Chats panthériens, mais elle est parfaitement caractérisée par la grandeur relative des taches dont sa robe est ornée, par la teinte générale du pelage, qui est d'un gris blanchâtre, et par sa taille relativement considérable.

Les poils, comme ceux des autres Chats de Chine, sont longs, doux et bien fournis; leur partie basilaire est partout d'un gris ardoise clair, tirant très-légèrement sur le jaune. Mais cette teinte n'est pas visible extérieurement, à cause de la coloration de l'extrémité des poils, qui est, sur une longueur variable, tantôt entièrement blanchâtre, tantôt brune roussâtre ou noirâtre, avec la pointe claire.

La tête est maculée de gris, de brun et de noir, d'une façon confuse et sans offrir ni lignes ou bandes bien dessinées, ni taches claires distinctes, excepté sur la partie postérieure des joues, où le gris jaunâtre domine.

Le dessous du menton et la portion adjacente du milieu du cou sont d'un blanc grisâtre sale. Sur la nuque et le dessus du cou il y a quatre bandes d'un brun roux mélangé de noir, qui, dans la région scapulaire, se continuent presque avec des taches correspondantes très-grandes et irrégulièrement bordées en arrière de brun noirâtre. Sur le milieu du dos, des taches analogues, mais plus foncées, s'allongent davantage, et dans la région sacro-lombaire elles forment des bandes continues.

Plus bas, sur les épaules, les flancs et la face externe des hanches, les taches, d'assez grandes dimensions, sont arrondies et cerclées de brun noirâtre. Cette disposition annulaire des maculatures se retrouve plus ou moins distinctement indiquée jusque sur les membres, et ce n'est que vers l'extrémité des pattes que la couleur devient uniforme. A la base du cou, les taches ne figurent que très-incomplétement l'espèce de collier que l'on retrouve chez la plupart des petits Chats panthériens ; elles sont disséminées irrégulièrement sur le devant de la poitrine et leur teinte est plus rousse que sur le reste du corps. La face inférieure du tronc est également maculée, et l'on remarque, vers le haut et en dedans des pattes antérieures, deux grandes taches brunes disposées comme d'ordinaire en manière de barres. La face interne des membres postérieurs offre un mélange confus de blanc grisâtre et de jaune brunâtre, sans qu'on puisse y distinguer des taches bien délimitées.

Enfin, la queue, de longueur moyenne, est bien fournie, brune en dessus, et d'un gris jaunâtre en dessous dans son tiers antérieur; on remarque dans sa partie supérieure quelques taches plus foncées et assez indistinctes, qui, vers le bout, se confondent presque complétement entre elles.

Longueur de l'animal depuis l'extrémité du museau jusqu'à la base de la queue	0,84
Longueur de la queue	0,40

La dépouille de ce Chat a été achetée à Pékin par M. Fontanier. Elle provenait de l'intérieur de la Chine, mais ce voyageur ne put obtenir aucun renseignement plus précis sur sa provenance ; j'ajouterai que la tête osseuse avait été retirée de la peau.

FELIS MANUL, Pallas.

(Voyez pl. XXXI c.)

Pallas, *Itin.*, III, *App.*, p. 692, n° 2. —*Acta Petropol.*, t. V, p. 1.—*Zoographia rosso-asiatica*, t. I, p. 2, pl. I.

Cette jolie espèce de Chat n'est encore qu'imparfaitement connue, ce qui tient beaucoup moins à sa rareté qu'à la manière peu exacte dont elle a été représentée dans les planches de la *Zoographie russo-asiatique* de Pallas ; aussi j'ai cru utile d'en donner de nouveau la figure et la description.

Ce *Felis*, un peu plus petit que notre Chat ordinaire, se fait remarquer, entre toutes les espèces sauvages, par son mode de coloration, et surtout par la longueur, la douceur et l'abondance de son pelage. Le poil, d'un gris fauve à la base, devient bientôt d'un gris plus franc et se termine par une pointe blanche qui donne à l'ensemble de la robe un aspect argenté. La partie antérieure de la face est d'un brun jaunâtre clair, mais la teinte jaune disparaît presque complétement sur les joues et sur le vertex, où elle est remplacée par du gris mêlé de petits points noirs. Ces derniers se réunissent plus ou moins sur les joues pour constituer une ligne qui descend sous les oreilles, et qui, après s'être ensuite recourbée en bas, va se confondre avec la partie adjacente du plastron pectoral, dont j'aurai à parler plus loin. On remarque aussi une petite tache noire à l'extrémité de la face externe des oreilles; mais sur la nuque, les épaules et la moitié antérieure du tronc, la teinte du pelage s'uniformise. Dans la région lombaire il existe un certain nombre de bandes transversales, noires, étroites et assez écartées ; les plus grandes descendent jusqu'à la partie inférieure des flancs et sur la face externe des cuisses et des jambes, où elles se fondent avec la teinte grise générale.

Ces bandes, très-caractéristiques de l'espèce que nous étudions ici, n'ont pas été représentées sur les figures qui accompagnent l'ouvrage de Pallas.

Le menton et la partie antérieure de la gorge sont d'un blanc sale; les parties latérales et inférieures du cou prennent une couleur d'un gris noirâtre quelquefois teinté de brun, ce qui constitue au devant de la poitrine un plastron plus foncé que le reste du corps. La même teinte s'étend entre la base des pattes de devant et sur presque toute la face ventrale du corps. Les pattes antérieures sont obscurément annelées par des bandes transversales plus ou moins complètes, qui, sur la face externe, existent jusque vers le bas, mais qui en dedans, où elles sont plus foncées, disparaissent à peu de distance de la poitrine. Les pattes et surtout les pieds sont d'un gris plus fauve que les autres parties. La queue est peu allongée et très-touffue; elle se termine par un flocon de poils noirs, et, dans le reste de son étendue, elle est assez régulièrement annelée par des bandes noires qui, au nombre de six, sont très-étroites et séparées entre elles par des espaces d'un gris jaunâtre très-pâle, excepté en dessous et vers l'extrémité, où la teinte noire tend à devenir uniforme.

Le crâne du *Manul* se fait remarquer par sa forme élargie et par la forte saillie que fait la région interorbitaire relativement à la région nasale. Les os du nez, très-étroits dans leurs deux tiers postérieurs, s'élargissent brusquement vers le bout; enfin, les crêtes temporales sont très-écartées l'une de l'autre.

Cette espèce, qui appartient, comme on le voit, à la section des petits *Felis* chatiformes zébrés, ressemble plus à certaines variétés du Chat sauvage qu'à tout autre représentant du même genre, mais elle se distingue facilement par l'absence de toute trace de zébrure transversale sur le train de devant et de la bande dorsale noire qui, chez nos Chats, occupe d'ordinaire la région vertébrale.

L'exemplaire que j'ai eu entre les mains était de petite taille, et ne mesurait, de l'extrémité du museau à la base de la queue, que 0,49;

la queue avait 0,25. Les poils des flancs ont souvent près de 5 centimètres de long.

La répartition géographique du *Felis Manul* paraît très-étendue. Ainsi les individus que Pallas a décrits provenaient de la région sibérienne; l'exemplaire que M. Fontanier a envoyé au Muséum de Paris avait été tué en Mongolie, près de la grande muraille, où il livre une guerre acharnée aux Spermophiles, aux Gerboises et aux Gerbilles. Enfin, dans la collection inédite des dessins faits par le major Hodgson aux Indes, ce Chat se trouve représenté sous le nom de *F. griseipectus*, et il est indiqué comme provenant du Népaul. Un bel exemplaire, originaire de la même région, fait partie des collections du Musée Britannique (1). Il est donc évident que cette espèce se rencontre en Asie depuis la Sibérie septentrionale jusqu'à la chaîne de l'Himalaya.

§ 18. — GENRE MACACUS.

MACACUS TCHELIENSIS.

(Voyez pl. XXXII et XXXIII.)

L'existence d'un Singe dans le nord de la Chine, pays situé à peu près sur la même ligne isothermale que Paris, est un fait très-remarquable, et M. Fontanier, qui a résidé longtemps à Pékin, m'a assuré que l'animal dont je vais donner ici la description habite les montagnes situées à l'est de la province du Tché-li, et je l'ai désigné, pour cette raison, sous le nom de *Macacus tcheliensis*. Cette espèce, par les dimensions de sa queue, doit prendre place entre le *M. erythrœus*, Schrœber, et le *M. Cyclopis*, Swinhoe, d'une part; le *M. nemestrinus*, Linn., et le *M. speciosus*, Temm., d'autre part. En effet, cet appendice égale à peu près la longueur du pied postérieur et est revêtu de poils longs et fournis; la queue du Rhésus et celle du *M. Cyclopis* sont relativement

(1) Voyez Gray, *Proceed. Zool. Soc. of London*, 1867, p. 874.

plus longues et moins touffues. Chez le *M. nemestrinus*, le *M. speciosus*, Temminck, le *M. andamensis*, Bartlett, le *M. maurus*, F. Cuv. (1), le *M. ocreatus*, Ogilby, et le *M. arctoides*, F. Cuv., elle est ou beaucoup plus courte, ou même presque rudimentaire.

Les poils sont doux, presque soyeux, épais et assez longs. La coloration générale du pelage est d'un fauve brillant un peu rougeâtre. Cette teinte est très-nettement marquée sur la moitié postérieure du corps ; elle devient plus grise sur la région scapulaire ainsi que sur les côtés des joues, où le jaune disparaît graduellement ; la partie inférieure des joues, la gorge, la poitrine, le ventre et la face interne des membres sont presque complétement gris. La queue est d'un fauve jaune et brillant ; le dessus des mains est d'un fauve grisâtre. La base des poils est partout entièrement grise ; ce n'est que la partie terminale qui, sur le dos, les épaules, etc., se colore en jaune fauve. Les callosités ischiatiques ne présentent rien de particulier à noter. Enfin, les parties nues de la face sont, chez l'animal vivant, couleur de chair.

Le seul individu de cette espèce que j'ai eu à ma disposition était une femelle pas complétement adulte, sa dernière molaire était encore à l'état de germe ; aussi la boîte crânienne est-elle très-développée relativement à la face, les crêtes sourcilières et occipitale sont à peine marquées et les canines sont très-petites (2). Mais, à en juger par le volume de la tête, ce singe devait atteindre à une taille assez grande, à peu près celle du *M. nemestrinus*, et chez les adultes les caractères crâniens doivent s'accentuer bien davantage.

Longueur du corps mesurée du bout du museau à l'extrémité de la queue (en suivant les courbures du dos)	0,58
Longueur de la queue	0,15
Longueur de la main postérieure	0,145
Longueur de la tête osseuse	0,115
Largeur maximum	0,074

(1) Le *Macacus inornatus* de Gray ne paraît différer en rien du *M. Maurus* de Fr. Cuvier.

(2) Voyez pl. XXXIII.

M. Gray a décrit en 1868, sous le nom de *M. lasiotus* (1), un Singe provenant du Sé-tchouan, qui, par sa coloration et sa forme générale, ressemble beaucoup au *M. tcheliensis*, mais s'en distingue par l'*absence complète de queue*, particularité considérée par ce savant comme étant évidemment normale (*the want of the tail is evidently a natural deficiency*). Je n'ai donc pas hésité à regarder comme nouvelle l'espèce du nord de la Chine, et je l'ai désignée sous le nom de *M. tcheliensis* dans l'explication des planches de la 5e livraison de cet ouvrage publiée en 1870. Mais aujourd'hui je suis disposé au contraire à considérer ces animaux comme appartenant au même type spécifique, car M. Sclater, en examinant l'individu qui avait servi de type à la description de M. Gray et qui venait de mourir au Jardin zoologique de Londres, reconnut que la queue en avait été coupée au niveau de la troisième vertèbre coccygienne. Il est donc fort possible que les dimensions normales de cet organe soient les mêmes que chez le *Macacus tcheliensis*, et, s'il en était ainsi, il n'y aurait aucun motif suffisant pour établir une distinction entre ces animaux.

(1) Gray, *Proceedings of the Zoological Society of London*, 1868, p. 60, pl. VI.

ALPH. MILNE EDWARDS.

MÉMOIRE

SUR LA

FAUNE MAMMALOGIQUE DU TIBET ORIENTAL

ET PRINCIPALEMENT DE LA PRINCIPAUTÉ DE MOUPIN

---

§ 1.

La principauté indépendante de Moupin, dont je me propose d'étudier ici la faune mammalogique, est à peine connue des géographes; elle ne figure même pas sur la plupart de nos cartes de l'Asie orientale; mais, à raison de ses productions naturelles, ce pays mérite de fixer à un haut degré l'attention des zoologistes. Moupin est compris dans la région tibétaine qui touche à la portion méridionale de la frontière occidentale de la Chine et qui est habitée par les peuplades *Mantzes;* il se trouve entre le Kokonoor, le pays de K'ham et le Lhassa. Il est séparé du Népaul, du Boutan et de l'Assam par les pics les plus élevés de l'Himalaya, mais il se rattache à ce dernier massif et il est couvert de hautes montagnes : aussi, quoique sous la même latitude que l'Egypte, Moupin est-il, sur ses sommités, couvert de neiges perpétuelles, et même dans ses parties basses les hivers y sont d'une rigueur extrême. Aucun naturaliste n'avait encore visité cette région, quand M. l'abbé Armand David, après avoir séjourné plusieurs années à Pékin et exploré la Mongolie chinoise, alla s'établir dans la principauté de Moupin, au milieu d'une des grandes vallées, à 2129 mètres au-dessus du niveau de la mer.

Dans le voisinage immédiat de cette station s'élève le *Hong-chan-tin*, montagne de plus de 5000 mètres d'altitude; mais vers le nord et le sud-ouest, il existe d'autres cimes neigeuses à côté desquelles le *Hong-chan-tin* ne semble qu'une colline. C'est dans ce pays inhospitalier que M. A. David passa près d'une année, et forma pour le Muséum d'histoire naturelle de Paris de magnifiques collections. L'ignorance complète où nous étions jusque-là de la faune du Tibet oriental ne nous permettait pas d'espérer y trouver des richesses zoologiques aussi considérables que celles que nous devons aux découvertes de notre hardi et savant missionnaire. Malgré l'état de sa santé, gravement compromise à la suite de plusieurs tentatives d'empoisonnement dont il avait été l'objet, malgré les difficultés de toutes sortes qui entravèrent ses recherches, il a su déployer dans ses explorations tant d'activité, d'intelligence et d'abnégation, que quelques mois lui ont suffi pour rendre aux sciences naturelles des services inappréciables, et je suis heureux de pouvoir être ici l'interprète des sentiments de reconnaissance que les zoologistes ont éprouvés pour lui en voyant réunis dans une des salles des galeries du Muséum les résultats matériels de son voyage (1).

Ce sont les Mammifères recueillis dans le Moupin et dans les parties adjacentes de la Chine méridionale que je me propose d'étudier dans ce travail : plusieurs de ces animaux appartiennent à des types zoologiques très-remarquables et jusqu'ici complétement inconnus; ce n'est qu'après les avoir passés en revue que je résumerai les principaux traits de cette partie de la faune tibétaine, et que j'établirai les rapports qu'elle peut présenter avec celle des contrées voisines.

(1) L'administration du Muséum a fait au mois d'août 1871 une exposition publique des collections formées par M. l'abbé A. David, soit dans le nord de la Chine, soit dans le Sétchouan et le Moupin, et, en la visitant, on ne pouvait s'empêcher de reconnaître qu'aucun voyage d'exploration n'avait jamais fourni autant d'objets intéressants.

§ 2. — GENRE RHINOPITHECUS.

RHINOPITHECUS ROXELLANÆ.

(Voyez pl. XXXVI et XXXVII.)

SEMNOPITHECUS ROXELLANÆ, Alphonse Milne Edwards, *Comptes rendus des séances de l'Académie des sciences*, 1870, t. LXX, p. 341.

De tous les Quadrumanes, cette espèce est sans contredit celle qui résiste le mieux aux froids les plus rigoureux ; elle habite les forêts des hautes montagnes qui couvrent les parties occidentales de la principauté de Moupin, dans le district de Yao-tchy et jusqu'au Kokonoor, là où la neige persiste pendant plus de la moitié de l'année. D'après les renseignements transmis à M. l'abbé A. David par les chasseurs qu'il envoyait à la recherche des animaux sauvages, ces Singes vivraient en bandes nombreuses, toujours perchés sur les plus grands arbres ; ils se nourrissent de fruits, de bourgeons, et au besoin de feuilles et des jeunes pousses du Bambou sauvage. J'avais rapporté cette espèce au genre Semnopithèque à la suite d'un examen rapide de quelques peaux et de crânes que le Muséum reçut en 1870. Mais l'étude que j'ai pu faire depuis d'un squelette entier et de plusieurs individus empaillés m'a montré que les différences de proportions qui existent entre ce Singe et les Semnopithèques sont trop considérables pour permettre de rapporter ces animaux à un seul et même genre, et m'a déterminé à former pour cette espèce une nouvelle division générique que je proposerai d'appeler *Rhinopithecus*, nom qui rappelle une des particularités les plus frappantes de son organisation extérieure.

Les membres du Rhinopithèque, au lieu d'être longs et grêles comme ceux des Semnopithèques, sont courts, gros, trapus et fortement musclés ; enfin le corps est très-massif. Or, on sait que lorsque Frédéric Cuvier proposa l'établissement du genre *Semnopithecus* pour recevoir le Cimepaye (*S. melalophos*), l'Entelle (*S. Entellus*) et le Tchincou (*S. Maurus*), il prit surtout en considération les caractères tirés de la longueur relative des membres, et cet auteur ajoute : « Avec le même nombre et les mêmes espèces de dents que les Guenons, le Cimepaye a sa dernière molaire inférieure terminée par un talon simple, et diffèrent par là du talon double qui termine la dernière molaire inférieure des Macaques et des Cynocéphales. Tous ses membres, c'est-à-dire ses jambes et ses doigts, sont en outre d'une longueur disproportionnée comparativement aux dimensions de son corps, excepté le pouce des mains antérieures, qui est placé fort en arrière et qui est très-court, et la queue participe aux dimensions grêles et allongées des membres. » Plus tard on découvrit que ces Singes se faisaient aussi remarquer par la complication de leur estomac pluriloculaire et par l'absence d'abajoues, de telle sorte qu'il est peu de genre de Quadrumanes qui soit aussi nettement caractérisé. Je ne possède malheureusement aucun renseignement sur la disposition du tube digestif du Rhinopithèque ; mais on peut déduire, de l'absence des abajoues, que son estomac doit ressembler à celui des Semnopithèques. La dernière molaire inférieure, de même que chez ces derniers Singes, est pourvue d'un talon simple, mais nettement indiqué. Les caractères distinctifs de ce nouveau genre reposent donc essentiellement sur les proportions générales du corps et sur la singulière disposition de son appendice nasal, dont l'extrémité se relève vers les yeux.

La portion de la colonne vertébrale comprise entre la tête et le bassin est relativement courte, de telle sorte que les deux ceintures osseuses se trouvent beaucoup plus rapprochées que dans le genre *Semnopithecus*.

Il n'existe pas de disproportion notable entre la longueur des membres postérieurs et celle des membres antérieurs. En effet, si l'on compare leurs dimensions à celle de la colonne vertébrale, mesurée de l'atlas au sacrum et comptée pour 100 parties, on trouve pour le membre thoracique 120, et 149 pour le membre pelvien; tandis que chez l'Entelle ce dernier est notablement plus développé, puisqu'il mesure environ 169, le membre antérieur ayant 123,9. La queue, rapportée à la même unité de longueur, n'est comptée que pour 167; au contraire, dans l'espèce que je viens de citer, elle a 238. Ces chiffres montrent d'une manière très-nette les différences profondes qui existent entre le plan général de la charpente solide du Rhinopithèque et celui que l'on observe d'ordinaire chez les Semnopithèques. A ce point de vue, notre Singe du Thibet se rapprocherait de l'espèce fossile de Pikermi désignée par Wagner sous le nom de *Mesopithecus pentelicus*, et dont M. Gaudry a pu réunir presque tous les os du squelette. Je n'ai cependant pu faire rentrer le *R. Roxellanæ* dans le genre *Mesopithecus*, car dans ce dernier la tête est petite et reproduit presque exactement les mêmes caractères que chez l'Entelle, tandis qu'il ressortira de la suite de cette description que la tête du Rhinopithèque est conformée d'une manière toute particulière; enfin le Singe de l'ancienne Grèce était plus grêle et moins lourd de formes que celui des montagnes du Tibet.

La cage thoracique du Rhinopithèque est courte, mais très-développée dans le sens vertical et dans le sens horizontal. L'omoplate se prolonge beaucoup en arrière, de telle sorte que la fosse sous-épineuse destinée à l'insertion des muscles abaisseurs et rotateurs des bras présente une étendue considérable. L'épine scapulaire est forte et très-saillante; le bord antérieur de l'omoplate se dilate beaucoup dans sa partie supérieure, formant ainsi une expansion dont on aperçoit à peine des traces chez le Douc, l'Entelle et la plupart des autres Semnopithèques; enfin l'acromion est excessivement allongé. La clavicule constitue un solide arc-boutant qui s'étend presque en ligne directe de l'omoplate au sternum.

L'humérus est comparativement très-long, il dépasse l'avant-bras, tandis que chez les Semnopithèques on observe un rapport inverse; la coulisse bicipitale est profonde et la crête deltoïdienne très-prononcée.

Dans sa partie inférieure, cet os est légèrement arqué en dehors et il s'élargit beaucoup dans sa portion articulaire. Le radius présente une forte courbure à convexité antérieure, d'où il résulte que l'espace interosseux acquiert une largeur considérable. La main est large, robuste, mais moins allongée que chez l'Entelle, le Douc, le Cimepaye et les autres représentants du même genre ; le pouce est très-réduit, sa phalange unguéale dépasse à peine l'extrémité du deuxième métacarpien. Les phalanges, surtout la première, sont très-arquées, de façon à pouvoir se mouler plus exactement sur les branches, au milieu desquelles vit ordinairement le Rhinopithèque; les métacarpiens sont courts et presque droits.

Le bassin est grand et s'élargit beaucoup en avant, dans toute la portion occupée par les fosses iliaques. L'échancrure sciatique est plus profonde que chez les Semnopithèques, et les tubérosités ischiatiques s'aplatissent et offrent une surface rugueuse correspondant aux callosités et disposée comme chez ces derniers animaux. Le fémur est remarquablement robuste et dépasse en longueur le tibia; le grand trochanter est très-saillant et présente aux muscles de la région pelvienne une large surface d'insertion. Le tibia est court et trapu; son bord antérieur est très-prononcé, surtout vers l'extrémité supérieure, qui paraît arquée en avant. Le péroné n'offre rien de particulier. La main postérieure est plus longue que la jambe, rapport inverse de celui qui existe chez les Semnopithèques. Les métatarsiens sont très-développés; les phalanges, comparativement à ces derniers, sont assez courtes et arquées, à concavité inférieure. Le pouce est long et atteint l'extrémité de la première phalange de l'index.

Sous le rapport du développement cérébral, le Rhinopithèque de Roxellane est mieux partagé que tous les autres Singes, appartenant, soit au genre Macaque, soit même au genre Semnopithèque. En effet, la face est petite, peu avancée, il n'y a qu'un faible prognathisme, tandis que la boîte crânienne est très-large et s'étend beaucoup d'avant en arrière.

Les crêtes temporales sont plus écartées que chez les *Semnopithecus Nemæus*, *nigripes*, et surtout que chez le *S. Entellus*. L'os frontal, au lieu de n'occuper environ que la moitié du crâne, se prolonge davantage en arrière jusque vers le tiers postérieur de celui-ci, et il s'articule avec les pariétaux par une suture à peine engrenée. La plus grande largeur de la boîte crânienne s'observe au niveau de la région mastoïdienne. L'occipital est aussi très-élargi et peu bombé. Le basi-occipital est presque quadrilatère, et il ne se rétrécit pas, comme chez les Semnopithèques, en se rapprochant du sphénoïde. Les bulles auditives se terminent en dedans par une extrémité pointue; leur surface est aplatie et l'apophyse styloïde est plus longue que dans les genres voisins. Les arcades zygomatiques n'offrent rien de particulier à noter. L'aile externe de l'apophyse ptérygoïde est peu développée, et c'est à peine si elle s'appuie sur les caisses auditives, ce qui se fait toujours largement chez le Douc. l'Entelle, le Maure.

La face est profondément déprimée dans sa portion nasale, ce qui lui donne un aspect très-particulier. Effectivement, chez le Douc, l'Entelle le Semnopithèque aux pieds noirs, le Mitré et le Maure, cette partie de la tête s'étend, suivant une ligne presque directe, du front au bord incisif de l'os intermaxillaire, sans présenter l'enfoncement si remarquable du Rhinopithèque; les orbites sont presque rondes, à bords très-épais, sans traces d'échancrures en haut et en dedans. Les pommettes sont très-saillantes, et au-dessous la région maxillaire offre une forte dépression. Les os du nez sont extrêmement réduits et tendent même à complétement disparaître ; tantôt ils apparaissent comme de très-petites lamelles médianes, tantôt les apophyses montantes des maxillaires supérieurs s'engrènent directement l'une à l'autre. Chez les jeunes individus, les os intermaxillaires remontent de façon à entourer complétement l'ouverture des fosses nasales et, s'unissent, soit aux os nasaux, quand ils existent, soit entre eux ; mais généralement, chez les Rhinopithèques arrivés à leur entier développement, ces os restent appliqués sur les maxillaires et ne remontent même pas jusqu'à la ligne médiane. L'ouverture des fosses nasales est beaucoup plus grande que chez aucun Semnopithèque. La portion alvéolaire de l'os incisif est épaisse et forte.

Les dents sont, comparativement à la grosseur de la tête, très-développées. Les canines des mâles sont aiguës, longues et tranchantes en arrière; chez les femelles elles sont très-courtes et dépassent à peine les autres dents. Les molaires sont plus larges et plus mamelonnées que celles des Semnopithèques. La dernière de la mâchoire inférieure porte en arrière un talon bien développé et semblable à celui qui caractérise la dentition de ces derniers. Le maxillaire inférieur est remarquablement élevé et épais, surtout dans sa portion symphysaire; il est dans ce point plus haut qu'au niveau des dernières molaires, tandis que le contraire a lieu chez les Semnopithèques; il est d'ailleurs à remarquer que cette force de la mâchoire augmente beaucoup avec l'âge. L'angle postérieur de l'os est très-fuyant et placé sur une ligne bien antérieure au condyle.

Les caractères extérieurs de cette espèce sont d'autant plus accusés que ces animaux sont plus avancés en âge. La fourrure devient alors plus longue et plus épaisse; les teintes en sont plus vives, les membres sont plus vigoureux et le nez plus saillant et plus retroussé. Sur un mâle arrivé à son complet développement, et ayant $1^{m},40$ du bout du museau à l'extrémité de la queue, les poils des épaules et de toute la portion dorsale du tronc sont très-longs et mesurent quelquefois plus de 10 centimètres. Sur le dessus de la tête et sur les membres, le pelage est plus ras. Il est à remarquer qu'il n'y a pas de duvet; mais les poils, très-doux, très-soyeux et très-abondants, constituent une fourrure épaisse qui suffit parfaitement pour protéger ces animaux contre un froid très-rigoureux.

La face est courte et colorée en vert de turquoise, au milieu duquel se détachent les yeux, qui sont assez grands et à iris châtain. Le nez est très-relevé, se termine par une petite pointe et figure comme deux sortes de follicules. D'après les renseignements qui m'ont été fournis par M. l'abbé David, il paraîtrait que, chez les vieux individus, cet appendice se développe beaucoup en se relevant vers le front, qu'il touche presque. La peau verdâtre qui entoure les yeux, le nez et le museau est presque nue, mais elle est encadrée par une bordure épaisse de poils qui occupent les joues, les pommettes, les arcades surcilières; et vont se rejoindre sur la ligne médiane au-dessus de la racine du nez; une petite bande de poils se détache même au-dessous des pommettes et s'avance vers le nez, séparant ainsi du museau l'espace circumorbitaire. Ces poils sont d'un jaune ferrugineux brillant, sur lequel se détachent quelques poils sourciliers plus longs et noirâtres; cette teinte jaune se prolonge latéralement jusqu'au devant des épaules, en encadrant les oreilles, dont la couleur est un peu plus claire, puis elle se prolonge sous le menton, la gorge, la face interne des membres antérieurs. Elle se mélange sur le front de poils plus foncés, à extrémité noirâtre, qui deviennent beaucoup plus abondants sur le dessus et en arrière de la tête, et constituent une sorte de calotte d'un noir tirant sur le gris et mélangé de reflets ferrugineux. Sur ce point les poils sont dirigés d'avant en arrière, et suivent par conséquent le sens de ceux du reste du corps, sans se relever d'une façon appréciable. Sur la nuque et la portion supérieure des épaules, on remarque la même coloration; mais bientôt, sur le dessus du corps, à partir de la région scapulaire, l'extrémité des poils devient d'un gris jaunâtre clair très-brillant, produisant des reflets argentés; cette teinte s'accentue davantage à mesure qu'on s'approche de la partie postérieure du tronc. Sur la partie latérale des épaules, on retrouve encore des poils de même nature, mais ils sont plus foncés; ils garnissent aussi la face externe des membres antérieurs. Sur le devant des cuisses et des jambes, on remarque une bande d'un gris jaunâtre. Les fesses et la partie postéro-externe des cuisses sont au contraire d'un jaune très-clair; en dedans des cuisses et des jambes, la teinte ferrugineuse s'accentue davantage et s'étend sur le dessus du pied, où elle acquiert une intensité plus grande et comparable à celle des côtés du cou. Les poils qui garnissent en dessus les mains antérieures sont d'un jaune plus gris et moins ardent. Le pouce y est extrêmement court, comme chez les Semnopithèques.

La face inférieure du corps est d'un gris très-clair légèrement nuancé de jaune, à peu près de la couleur des régions ischiatiques. Les callosités sont peu saillantes. La queue est forte, touffue et d'un gris foncé à la base, et d'autant plus mélangé de jaune grisâtre, qu'on s'approche davantage de l'extrémité, qui est entièrement de cette dernière couleur et constituée par des poils assez longs.

Sur une femelle adulte que possède aussi le Muséum, on retrouve à peu près exactement les mêmes caractères, mais la teinte d'un jaune ocreux des parties latérales du cou se trouve ici mélangée d'un grand nombre de poils grisâtres ; sur le dos, les poils atteignent jusqu'à près de 15 centimètres de long ; enfin la queue est presque aussi foncée à son extrémité qu'à sa base.

Sur une autre femelle plus jeune, la calotte noirâtre est beaucoup plus étroite, beaucoup moins bien dessinée ; la coloration gris jaunâtre des parties latérales de la tête et du cou s'étend notablement au dessus et en avant des oreilles. Il existe aussi de chaque côté de la face des poils noirâtres qui forment des favoris et dont on n'aperçoit aucune trace chez le vieux mâle. La teinte ocreuse y est généralement très-peu intense et partout tirant sur le gris ; chez d'autres individus plus jeunes encore, la calotte foncée tend à disparaître de plus en plus complétement, et l'on ne voit plus sur ce point que quelques poils à extrémité foncée et plus longs que chez les adultes. Les teintes tendent d'ailleurs à s'uniformiser, et l'on ne retrouve plus cette coloration d'un jaune ocreux si brillant dont j'ai signalé l'existence chez le vieux mâle, et qui est remplacée par un gris jaunâtre se mariant insensiblement avec la teinte plus foncée des parties supérieures du corps. J'ajouterai aussi que, dans le jeune âge, la face et le dessus des mains sont plus poilus.

Les habitants du Tibet désignent cette espèce sous le nom de *Kin-tsin-heou :* ce qui veut dire Singe brun doré. Ils en emploient la fourrure pour traiter les rhumatismes, de façon qu'il est assez difficile de s'en procurer.

DIMENSIONS DES DIVERSES PARTIES DU SQUELETTE D'UN MALE TRÈS-ADULTE

Longueur depuis le bout du museau jusqu'à la naissance de la queue...	0m,71
Longueur de la queue	0,61
Longueur de la tête	0,133
Longueur des arcades sourcilières à l'occiput	0,103
Longueur des arcades sourcilières au bord incisif	0,045
Largeur maximum du crâne en dehors des arcades zygomatiques	0,098
Largeur maximum de la boîte crânienne	0,078
Largeur de la canine	0,022
Hauteur de la symphyse du menton	0,040
Hauteur de la mâchoire inférieure au niveau de la première vraie molaire.	0,033
Écartement des canines supérieures mesuré en dehors à leur base	0,037
Écartement minimum des crêtes temporales	0,043
Écartement maximum	0,049
Largeur de la face mesurée en dehors des orbites	0,085
Longueur de la clavicule	0,087
Longueur maximum de l'omoplate	0,013
Largeur maximum	0,103
Longueur de l'épine scapulaire jusqu'à l'extrémité de l'acromion	0,088
Longueur de l'humérus	0,199
Largeur de l'extrémité articulaire inférieure	0,036
Longueur du radius	0,188
Longueur du cubitus	0,222
Longueur du pouce	0,053
Longueur du deuxième doigt	0,104
Longueur du troisième doigt	0,122
Longueur du quatrième doigt	0,119
Longueur du cinquième doigt	0,105
Longueur de la phalange unguéale du troisième doigt	0,013
Longueur de la deuxième phalange	0,026
Longueur de la troisième phalange	0,039
Longueur du troisième métacarpien	0,044
Longueur du bassin	0,168

Largeur maximum du bassin	0,137
Largeur au niveau des échancrures sciatiques	0,088
Largeur au niveau des tubérosités ischiatiques	0,086
Largeur maximum de l'os iliaque au niveau des fosses iliaques	0,058
Largeur au niveau des échancrures sciatiques	0,043
Longueur de la symphyse pubienne	0,059
Longueur du fémur	0,234
Largeur de l'extrémité articulaire supérieure	0,048
Largeur de l'extrémité inférieure	0,043
Longueur du tibia	0,20
Longueur du péroné	0,194
Longueur du calcanéum	0,045
Longueur du pouce	0,076
Longueur du deuxième orteil	0,121
Longueur du troisième orteil	0,142
Longueur du quatrième orteil	0,140
Longueur du cinquième orteil	0,123
Longueur de la troisième phalange du troisième doigt	0,015
Longueur de la deuxième phalange	0,028
Longueur de la troisième phalange	0,037
Longueur du troisième métatarsien	0,062

DIMENSIONS COMPARATIVES DES DIFFÉRENTES PARTIES DU SQUELETTE CHEZ LE RHINOPITHÈQUE ET CHEZ LES SEMNOPITHÈQUES.

	Rhinopithecus Roxellanæ.		Semnopithecus Entellus.		Semnopithecus Nemæus.	
	Dimensions réelles.	Dimensions relatives.	Dimensions réelles.	Dimensions relatives.	Dimensions réelles.	Dimensions relatives.
Longueur de la colonne vertébrale mesurée de l'atlas au sacrum	0,43	100	0,31	100	0,36	100
Longueur de la queue mesurée depuis la première vertèbre sacrée	0,72	167	0,74	238,7	0,76	211
Longueur du fémur	0,224	54	0,183	59,0	0,217	60,2
Longueur du tibia	0,20	46,5	0,187	60,3	0,19	52,6
Longueur du pied	0,208	48	0,155	50	0,167	49
Longueur de l'humérus	0,199	46,27	0,133	42,9	0,164	45,5
Longueur du radius	0,188	43,6	0,145	46,7	0,191	53
Longueur du cubitus	0,222	51,6	0,156	50,3	0,206	57,3
Longueur de la main	0,130	30,2	0,106	34,1	0,130	36,1
Longueur totale du membre postérieur	0,642	149,3	0,525	169,3	0,574	159,4
Longueur totale du membre antérieur	0,517	120	0,384	123,9	0,485	134,7
Longueur du bassin	0,168	39	0,128	41,3	0,14	38,9
Largeur maximum de la tête	0,098	22,7	0,076	24,5	0,074	20,5
Longueur maximum de la tête	0,133	30,9	0,107	34,2	0,112	31,1

DIMENSIONS DE LA TÊTE OSSEUSE DU RHINOPITHÈQUE.

	CRANE D'UN MALE PRESQUE ADULTE.	CRANE D'UNE FEMELLE TRÈS-ADULTE.	CRANE D'UN JEUNE (1).	CRANE D'UN TRÈS-JEUNE (2).
Longueur de la tête osseuse mesurée du bord antérieur du trou occipital au bord incisif	0,082	0,081	0,069	0,055
Longueur totale de la tête	0,119	0,116	0,106	0,090
Longueur de la voûte palatine	0,045	0,045	0,040	0,030
Longueur du bord du trou auditif au bord incisif	0,087	0,085	0,072	0,057
Longueur de la boîte crânienne	0,090	0,090	0,085	0,078
Largeur du crâne à la racine des arcades zygomatiques	0,076	0,073	0,069	0,061
Largeur minimum du crâne en arrière des orbites	0,051	0,051	0,050	0,047
Écartement minimum des crêtes temporales	0,039	0,036	0,040	0,044
Largeur de la face mesurée en dehors des orbites	0,076	0,076	0,071	0,057
Grand diamètre de l'ouverture antérieure des fosses nasales	0,023	0,020	0,017	0,015
Petit diamètre	0,015	0,015	0,012	0,009
Largeur de la série des incisives supérieures	0,020	0,019	0,020	0,015
Largeur de la mâchoire mesurée en dehors de la base des canines	0,033	0,030	0,027	0,019
Longueur de la canine hors de l'alvéole	0,020	0,007	0,009	0,005
Longueur de la série des molaires	0,033	0,033	»	»
Écartement des dernières molaires, mesuré en dedans	0,019	0,021	»	»
Écartement des premières molaires	0,022	0,020	0,018	0,014
Longueur totale de la mâchoire inférieure	0,080	0,079	0,069	0,057
Hauteur de la branche horizontale au niveau de la dernière molaire	0,023	0,023	»	»
Hauteur au niveau de la première molaire	0,028	0,026	0,021	0,016
Longueur de la symphyse	9,035	0,031	0,026	0,021
Hauteur de la branche montante	0,054	0,051	0,049	0,034
Ecartement des condyles mesuré en dehors	0,075	0,074	0,069	0,057
Largeur de la série des incisives inférieures	0,016	0,015	0,015	0,011
Longueur de la canine	0,015	0,009	0,009	0,005
Longueur de la série des molaires	0,040	0,039	0,039	»

(1) Chez ce Rhinopithèque, les cinquièmes molaires ne sont pas encore complétement sorties.

(2) Chez cet individu, les deux dernières molaires sont encore cachées.

§ 3. — GENRE MACACUS.

MACACUS TIBETANUS.

(Voyez pl. XXXIV et XXXV.)

Alph. Milne Edwards, *Comptes rendus de l'Académie des sciences*, 14 février 1870, t. LXX, p. 341.

Cette grande espèce de Macaque se rencontre dans les montagnes de la principauté de Moupin, où l'on ne la trouve que sur les côtes boisées les plus inaccessibles et couvertes de neige pendant près de la moitié de l'année. Ces Singes vivent par petites bandes qui parcourent avec la plus grande agilité les rochers escarpés et se retirent dans des cavernes, comme les Magots le font en Algérie. Autrefois ils étaient beaucoup plus communs, et un vieux chasseur se vantait. auprès de M. l'abbé David, d'en avoir tué pour sa part de sept à huit cents; mais comme les Chinois leur font une guerre active, ils deviennent de plus en plus rares. Par la brièveté de sa queue et la longueur de ses poils, cette espèce ressemble à l'*Inuus Pithecus*, mais elle s'en éloigne par ses formes plus massives et par le développement de la portion faciale de sa tête.

Ce Singe est peut-être, de tous les Macaques, celui qui atteint la taille la plus élevée. Un mâle adulte (1), tué par M. l'abbé David, mesure de l'extrémité du museau à la base de la queue, en suivant les courbures du dos, $0^m,80$. Ses membres robustes et l'allongement de sa face lui donnent quelque ressemblance avec certains Cynocéphaliens, et particulièrement avec les Mandrills. La tête est excessivement forte, comparée aux autres parties du corps. La face est presque nue; elle est couleur de chair et marbrée de rose

(1) Voyez pl. XXXIV.

foncé dans sa région circumorbitaire ; elle devient brunâtre au voisinage du nez et de la bouche. Les yeux sont petits et l'iris en est d'un brun jaunâtre. Les poils des côtés de la tête sont extrêmement longs, et forment des favoris touffus d'un blanc grisâtre brillant, l'extrémité seule de quelques-uns des poils présentant une teinte d'un brun foncé; sur le front et le dessus de la tête ils sont au contraire courts et prennent une couleur d'un brun fauve terne. Sur la nuque, le dessus des épaules et la partie supérieure du tronc, cette couleur devient plus foncée, les poils y sont très-longs et mesurent de 0^{m},08 à 0^{m},09. Les membres sont un peu plus clairs; leur face interne est poilue, ainsi que la face inférieure du corps, dont la teinte est d'ailleurs d'un gris blanchâtre. Les mains antérieures sont petites ; les mains postérieures, relativement plus grandes, sont très-velues, leur face inférieure est couleur de chair et irrégulièrement marquée de brun. La queue est excessivement courte, elle mesure (avec les poils) seulement 0^{m},10, c'est-à-dire un huitième de la longueur du corps ; elle a une forme conique, est plus foncée en dessus qu'en dessous, et l'animal la tient d'ordinaire relevée. Les callosités ischiatiques sont grandes et nettement limitées.

La femelle, bien qu'adulte, est notablement plus petite ; elle mesure 0^{m},60 du museau à l'extrémité de la queue, celle-ci ayant à peine 0^{m},06. Les favoris, si développés chez le mâle, sont ici beaucoup moins longs. Le pelage est d'une teinte générale un peu plus brune, il est plus doux et plus fourni ; sur la face inférieure du corps et le dedans des membres, le pelage, au lieu d'être gris, est jaunâtre.

La tête osseuse indique une très-grande force et un naturel brutal (1). Chez le mâle, les crêtes musculaires prennent un tel accroissement, que la portion crânienne revêt une grande ressemblance avec celle du Gorille. Les crêtes sourcilières sont en effet

(1) Voyez pl. XXXV.

très-épaisses et très-élevées. La crête sagittale constitue comme une sorte de cimier qui, par places, atteint près de 0^{m},01 de hauteur; la crête occipitale est encore plus développée, et forme une véritable corniche autour de la partie postérieure de la boîte crânienne : il en résulte que les fosses temporales sont très-profondes et très-nettement circonscrites. Chez la femelle, les arcades sourcilières sont aussi très-hautes et épaisses, mais, bien que les crêtes sagittale et occipitale soient bien dessinées, elles ne s'élèvent pas au-dessus du crâne.

La tête osseuse de l'espèce découverte en Cochinchine par Diard, et décrite par Is. Geoffroy sous le nom de *Macacus arctoides* (1), présente avec celle du *M. tibetanus* certaines analogies, mais la portion orbitaire de la face est presque verticale, tandis que chez le Singe du Moupin elle est régulièrement oblique. Les caisses auditives sont arrondies, et le basi-occipital est assez resserré entre elles ; au contraire, chez le *M. tibetanus*, les caisses sont aplaties et peu développées, aussi l'os basi-occipital est-il beaucoup plus large. Je n'insisterai pas davantage sur les particularités de détail qu'on peut observer sur la tête osseuse de ce Singe, car, dans le groupe des Macaques, les caractères de cette partie du squelette se modifient tellement suivant l'âge et le sexe, qu'il est presque impossible d'établir quelles sont les limites que ces variations peuvent atteindre chez une même espèce. Le tableau suivant permettra de bien saisir l'étendue des différences de proportions de la tête qui existent entre l'espèce du Moupin, le Magot, le Maimon, l'Ursin, le Bonnet chinois et le Macaque ordinaire.

(1) *Le Macaque ursin*, Isidore Geoffroy Saint-Hilaire, *Zoologie du voyage de Belanger*, 1830, et *Catalogue de la collection des Mammifères du Muséum d'histoire naturelle de Paris*, 1851, page 31.

	MACACUS TIBETANUS ♂.	MACACUS TIBETANUS ♀.	INUUS PITHECUS ♂.	MACACUS NEMESTRINUS.	MACACUS ARCTOIDES.	MACACUS SINICUS.	MACACUS CYNOMOLGUS.
Longueur de la tête osseuse mesurée du bord antérieur du trou occipital au bord incisif.	0,121	0,098	0,113	0,110	0,102	0,096	0,081
Longueur totale de la tête.	0,164	0,140	0,147	0,150	0,139	0,130	0,110
Longueur totale de la voûte palatine.	0,074	0,057	0,072	0,070	0,059	0,058	0,050
Longueur du bord du trou auditif au bord incisif.	0,120	0,099	0,0112	0,111	0,103	0,095	0,080
Longueur de la boîte crânienne mesurée en avant des arcades sourcilières.	0,101	0,096	0,10	0,093	0,092	0,088	0,074
Largeur du crâne à la racine des arcades zygomatiques.	0,070	0,066	0,068	0,068	0,067	0,066	0,056
Largeur maximum du crâne en dehors des arcades zygomatiques.	0,107	0,094	0,104	0,095	0,090	0,084	0,078
Largeur minimum du crâne en dehors des orbites.	0,045	0,047	0,049	0,050	0,044	0,043	0,038
Largeur de la face mesurée en dehors des orbites.	0,079	0,071	0,090	0,079	0,075	0,064	0,056
Largeur de la série des incisives supérieures.	0,021	0,021	0,021	0,025	0,021	0,020	0,018
Largeur du museau mesurée en dehors des canines.	0,033	0,033	0,038	0,043	0,033	0,033	0,003
Longueur de la canine hors de l'alvéole.	0,025	0,012	0,026	0,015	0,019	0,024	0,019
Longueur de la série des molaires.	0,039	0,039	0,038	0,038	0,034	0,034	0,028
Écartement des dernières molaires mesuré en dedans.	0,028	0,023	0,024	0,026	0,024	0,021	0,019
Écartement des premières molaires.	0,025	0,023	0,024	0,031	0,023	0,022	0,021
Longueur totale de la mâchoire inférieure.	0,114	0,093	0,116	0,110	0,100	0,088	0,078
Hauteur de la branche horizontale au niveau de la dernière molaire.	0,027	0,022	0,027	0,018	0,022	0,018	5,016
Hauteur au niveau de la troisième molaire.	0,029	0,025	0,027	0,023	0,0225	0,020	0,017
Longueur de la symphyse du menton.	0.041	0,028	0,037	0,036	0,031	0,023	0,024
Hauteur de la branche montante.	0,053	0,057	0,061	0,049	0,054	0,045	0,039
Écartement des condyles, mesuré en dehors.	0,090	0,082	0,087	0,079	0,074	0,070	0,006
Largeur de la série des incisives inférieures.	0,014	0,014	0,015	0,018	0,014	0,014	0,013
Longueur de la canine.	0,016	0,012	0,018	0,019	0,015	0,017	0,015
Longueur de la série des molaires.	0,050	0,047	0,045	0,048	0,041	0,040	0,035

Il paraît que ce Macaque et le Rhinopithèque ne sont pas les seuls Singes qui habitent les montagnes du Tibet oriental. M. l'abbé A. David a entendu parler d'une autre espèce qui se rencontre au milieu des rochers bornant à l'est cette région ; mais il n'est malheureusement pas parvenu à se la procurer. Il paraîtrait que ce Singe est d'un jaune tirant sur le vert, est pourvu d'une queue assez allongée, et atteint une taille considérable. Quelques voyageurs chinois assurent aussi qu'au sud du Yang-tsé-kiang, il existe de gros Singes noirs à très-longue queue, qui habitent le pays des Miaotze.

§ 4. — GENRE RHINOLOPHUS.

RHINOLOPHUS LARVATUS, nov. sp.

(Voyez pl. XXXVII[A], fig. 1, et pl. XXXVII[C], fig. 1.)

Ce Rhinolophe paraît fort rare à Moupin ; le seul individu que nous possédions a été pris au mois de juin par M. l'abbé David. Il est à peu près de la même taille que notre grand Fer-à-cheval, mais il s'en distingue facilement par la disposition de ses dents, dont la première petite molaire supérieure est placée régulièrement en série (1), tandis que chez l'espèce européenne elle est repoussée en dehors.

La tête est grosse et forme un angle droit avec la colonne vertébrale. Les oreilles sont larges, et elles se touchent presque par leur bord interne, qui est très-arqué en dedans ; leur extrémité est acuminée ; leur bord externe est interrompu par une échancrure profonde et angulaire, au-dessous de laquelle se détache le lobe accessoire. Celui-ci est grand, très-large, et s'élève à peu près à la moitié de la hauteur totale de l'oreille.

Le *fer à cheval* est bien développé et séparé, sur la ligne médiane, au-dessus de la lèvre supérieure, par une échancrure à fond arrondi. La *selle* ou corne médiane qui surmonte les narines est très-longue ; si on l'abaisse, elle descend jusqu'au-dessous de l'ouverture des narines. Elle ne s'élargit pas latéralement, comme chez le *Rhinolophus luctus*, Temm., et le *R. trifoliatus*, Temm.; elle ne recouvre pas les narines comme un disque, ainsi que cela se remarque chez le *R. philippinensis*, Waterhouse ; par sa forme elle se rapproche davantage de celle du *R. Rouxii*, Temm., espèce dont la présence a été signalée à Ceylan, aux Indes et même en Chine. La crête postérieure qui rattache la selle à la *lancette* forme en effet un bord arrondi, mais beaucoup moins avancé

(1) Voyez pl. XXXVII[C], fig. 1[a].

que dans le Rhinolophe décrit par Temminck. La lancette est haute et profondément gaufrée; si on la replie sur la selle, elle ne la dépasse pas. Les ailes sont notablement plus longues que chez le *R. Rouxii :* ainsi le poignet, lorsque le coude est fléchi, s'élève presque à la hauteur du bout de l'oreille, ce qui n'a pas lieu pour l'espèce que je viens de citer. La queue est aussi plus courte; lorsqu'on l'applique contre la jambe étendue, elle atteint à peine le tiers supérieur du tibia. La membrane interfémorale est plus longue latéralement que sur la ligne médiane et paraît légèrement concave sur ce point. Le pied est plus court et plus trapu. D'ailleurs on pourra juger de ces différences de proportions en jetant les yeux sur le tableau suivant :

	Rhinolophus Rouxii.		Rhinolophus larvatus.	
	Dimensions réelles.	Dimensions proportionnelles.	Dimensions réelles.	Dimensions proportionnelles.
Longueur de l'avant-bras	0,045	100,0	0,055	100,0
Longueur du tibia	0,022	48,8	0,026	47,2
Longueur du pied	0,011	24,4	0,012	21,8
Longueur de la queue	0,022	48,8	0,020	36,9
Longueur de la tête	0,020	44,0	0,025	45,4
Longueur des oreilles	0,019	42,2	0,022	40,0

Les poils sont très-longs, très-fins et très-fournis, surtout sur la tête. Leur couleur est d'un gris fauve, sale, uniforme. Les membranes sont d'un brun noirâtre, l'interfémorale est ciliée sur son bord libre.

Je ferai remarquer que chez le *Rhinolophus Rouxii* les femelles sont en dessus d'un roux ardent et d'un roux doré en dessous : teinte qui manque complétement chez notre Rhinolophe, qui est aussi une femelle.

§ 5. — GENRE MURINA.

MURINA AURATA, nov. sp.

(Voyez pl. XXXVII^B, fig. 1, et XXXVII^C, fig. 2.)

Les Vespertilionides à narines tubulaires ne comprennent que les trois genres *Murina*, *Harpyiocephalus* et *Chalinolobus*, faciles à distinguer entre eux, si l'on a égard au caractère de la dentition. Ainsi, chez les Chalinolobes, la première petite molaire supérieure est très-réduite et placée en dedans de la série dentaire, ce qui n'a pas lieu dans les deux autres genres. Enfin, tandis que chez les Murines la première prémolaire supérieure est plus petite que la suivante, et que la dernière molaire est allongée transversalement, chez les Harpyiocéphales les première et dernière prémolaires supérieures sont presque égales entre elles, et la dernière molaire de la même mâchoire est petite et plus ou moins cylindrique. C'est au genre *Murina* que se rapportent deux espèces du Tibet oriental : l'une de taille moyenne, que je désigne sous le nom de *M. leucogaster*, et l'autre, que j'appelle *M. aurata*, est beaucoup plus petite et reconnaissable aux caractères suivants :

Les narines sont longues, bien détachées du museau et un peu roulées en cornet (1); elles se dirigent en dehors et un peu en avant; elles sont légèrement fendues en arrière et séparées de la lèvre supérieure par un lobe élargi et à bords épais. Les oreilles sont courtes, largement arrondies à leur extrémité (2); leur bord postérieur est entier et ne porte pas d'échancrure comme chez le *Murina suillus*, Temm. L'oreillon est étroit, allongé, très-pointu et un peu tourné en dehors. Les membranes alaires sont longues et s'attachent sur tout le bord

(1) Voyez pl. XXXVII^B, fig. 1^a.
(2) Voyez pl. XXXVII^B, fig. 1^b.

extérieur du pied jusqu'à la naissance des phalanges. La membrane interfémorale est couverte en dessus de poils peu serrés, et en dessous de petites touffes de poils très-courts, disposées en séries, suivant des lignes parallèles ; ces dernières sont au nombre d'environ une quinzaine. La queue est assez longue. Le pelage de la face supérieure du corps, en y comprenant le dessus de la tête et de la membrane interfémorale, est noirâtre à sa base, mais les extrémités des poils, d'un jaune doré, se détachent sur ce fond sombre qu'on aperçoit à travers. Le dessus de l'avant-bras porte des poils courts et jaunâtres, ainsi que la base des membranes alaires et le dessus des pieds. La face inférieure du corps est couverte de poils à base noirâtre, mais à extrémité blanche nuancée de gris ; sur la membrane interfémorale, les petites touffes dont j'ai parlé plus haut sont blanches ; enfin les ailes sont d'un brun noirâtre. Cette espèce diffère de la Murine pourceau (*Murina suillus*, Temm.) de Java et de Sumatra, non-seulement par la forme de ses oreilles, mais aussi par la longueur plus grande des narines, par les dimensions plus considérables de la queue, par la couleur du pelage, dont la base est sur le dos d'un blanc roussâtre chez l'espèce de Java, et d'une teinte isabelle ou blanchâtre sur la face ventrale. La dentition se compose comme d'ordinaire, dans le genre *Murina*, à la mâchoire supérieure et de chaque côté, de deux incisives dont les externes sont de beaucoup les plus grosses (1) ; la canine porte à sa base un collet bien marqué. La première molaire est relativement assez grosse et à peu près de la taille de l'incisive externe ; la deuxième molaire est longue et pointue, les deux suivantes sont semblables entre elles ; enfin la dernière est comprimée d'avant en arrière et disposée presque transversalement. A chaque branche de la mâchoire inférieure, les trois incisives sont petites, subégales et nettement trilobées ; la canine ne dépasse que de peu la première molaire ; la seconde est pointue et

(1) Voyez pl. XXXVII^c, fig. 2^a.

moins élevée que la troisième, qui est semblable à la quatrième; la dernière est bicuspide, le lobe postérieur étant beaucoup plus petit que l'antérieur.

DIMENSIONS DU *MURINA AURATA*.

Envergure	0,190
Longueur mesurée du bout du museau à l'extrémité de la queue	0,062
Longueur de la tête	0,015
Longueur de l'oreille (du trou auditif à la pointe)	0,010
Avant-bras	0,028
Tibia	0,014
Pied postérieur	0,007
Queue, depuis l'anus jusqu'à l'extrémité	0,029

MURINA LEUCOGASTER, nov. sp.

(Voyez pl. XXXVII^{B}, fig. 2, et pl. XXXVII^{C}, fig. 3.)

Cette espèce, beaucoup plus grande que la précédente, se distingue aussi par ses narines plus courtes, plus grosses, plus piriformes. On n'aperçoit pas à leur base et en dessous le lobe subquadrilatère qui, chez la Murine pourceau, les sépare. Les oreilles sont moins élargies vers leur extrémité, leur bord postérieur est très-légèrement sinueux dans sa partie moyenne; l'oreillon est étroit, mais moins grêle que chez l'espèce précédente. Les membranes alaires sont grandes et s'attachent dans toute l'étendue du métatarse. La membrane interfémorale et les pieds sont poilus en dessus. Le pelage est long, fin et fourni. Sur le dos, il semble d'un brun châtain: teinte qui est celle de l'extrémité des poils, leur base étant d'un gris ardoise, qui ne s'aperçoit que lorsqu'on les écarte. Cette coloration s'étend sur la tête, sur les épaules, sur la membrane interfémorale et sur les pieds, où le pelage est cependant moins fourni. A la base des ailes on remarque des poils plus courts et un peu plus foncés. Au contraire, la gorge, la poitrine, le ventre, sont blancs, avec une bordure brune vers les flancs. Les ailes sont d'un brun grisâtre et assez transparentes.

Le système dentaire ressemble beaucoup à celui des *Murina suillus* et *aurata*.

L'unique individu que le Muséum possède de cette espèce est un mâle adulte, pris à Moupin au mois d'octobre.

DIMENSIONS DU *MURINA LEUCOGASTER*.

Envergure	0,125
Longueur mesurée du bout du museau à l'extrémité de la queue	0,088
Longueur de la tête	0,020
Longueur de l'oreille (du trou auditif à la pointe)	0,014
Avant-bras	0,041
Tibia	0,017
Pied postérieur	0,011
Queue, depuis l'anus jusqu'à l'extrémité	0,034

§ 6. — GENRE VESPERTILIO.

VESPERTILIO MOUPINENSIS, nov. sp.

(Voyez pl. XXXVII A, fig. 2, et pl. XXXVII C, fig. 4.)

Plusieurs espèces de Chauves-Souris, appartenant aux genres *Vespertilio*, *Vesperus* et *Vesperugo*, ont déjà été signalées en Chine. Ainsi M. l'abbé A. David s'est procuré, aux environs de Pékin, le *Vespertilio* auquel M. Peters a donné le nom de notre savant missionnaire (*V. Davidii*), le *Vesperugo akakomuli* de Temminck, et la Sérotine (*Vesperus serotinus*, Daubenton). Les recherches de M. Swinhoe ont ajouté à cette liste plusieurs espèces rassemblées à Amoy, à Formose, à Hainan, aux environs de Canton et de Hong-kong. Plusieurs de ces Chauves-Souris étaient nouvelles pour la science et ont été décrites par M. Peters ; ce sont :

Vespertilio fimbriatus	Amoy.
— *laniger*	Amoy.
Vesperugo pulveratus	Amoy.

D'autres étaient déjà connues ; ce sont :

Vespertilio	*rufo-niger*, Tomes	Formose.
—	*chinensis*, Tomes	Sud de la Chine.
Vesperugo	*Pipistrellus?*, Daub	Formose.
—	*imbricatus*, Temm	Amoy.
—	*Molossus*, Temm	Hong-kong.

Pendant son séjour à Kin-kiang, M. l'abbé David a recueilli plusieurs exemplaires du *Vesperugo pumiloides* décrit par M. Tomes, et il a rencontré cette même espèce dans le Sé-tchouan et au Tibet oriental. Nous lui devons également un Vespertilion qui ne se trouve qu'en petit nombre dans la principauté de Moupin, et qui me semble se rapporter à une espèce nouvelle que je désignerai sous le nom de *Vespertilio moupinensis.*

Les oreilles de ce Vespertilion sont étroites ; elles se rétrécissent beaucoup dans leur tiers supérieur et se terminent par un bout arrondi. Le lobe inférieur se détache du bord externe vers le milieu de sa longueur, il est grand et arrondi ; l'oreillon est peu allongé ; son bord interne est droit, l'externe est légèrement arqué. Les ailes sont grandes et s'attachent aux pieds jusqu'à la base des doigts. La membrane interfémorale est très-développée, ce qui tient aux dimensions de la queue, qui égale le corps mesuré jusqu'à l'occiput.

Le pelage est d'une teinte noirâtre et sale, couleur de suie à sa base et jaunâtre à son extrémité ; les membranes sont brunes.

Longueur du museau au bout de la queue	0,075
Envergure	0,180
Longueur de la tête	0,014
Longueur des oreilles	0,012
Longueur de la queue	0,034
Longueur du tibia	0,012
Longueur du pied	0,007
Longueur de l'avant-bras	0,034

Cette espèce diffère du *Vespertilio fimbriatus* par un grand nombre de caractères importants : sa taille, qui est inférieure; ses ailes, qui s'attachent au métatarse; sa membrane interfémorale, qui n'est pas ciliée sur son bord, et enfin ses deux prémolaires situées dans la série dentaire. Elle se distingue du *V. laniger* par la nature de son poil et l'étendue de ses ailes. Ce dernier caractère la sépare aussi du *V. chinensis*. On ne peut la confondre avec le *V. Davidii;* ses oreilles sont plus lancéolées et leur lobe inférieur est bien plus développé; l'oreillon est moins long, plus élargi et plus arrondi à son extrémité; la queue dépasse moins la membrane interfémorale; le pied est plus petit, le pelage est plus foncé. Les incisives mitoyennes supérieures sont bicuspides; la petite prémolaire est plus grande, la troisième prémolaire est plus petite; à la mâchoire inférieure, la petite prémolaire est beaucoup plus réduite.

Je n'ai aucun renseignement sur les mœurs de cette Chauve-Souris et sur les lieux qu'elle fréquente d'ordinaire.

§ 7. — GENRE SOREX.

La famille des *Soricidæ* correspond au genre *Sorex* de Linné, et compte un très-grand nombre d'espèces qui se répartissent en plusieurs genres faciles à distinguer à l'aide des particularités que fournissent leur système dentaire et la disposition de leurs membres et de leur queue. Wagler est le premier qui ait indiqué et classé ces différentes formes sous des noms particuliers. Ainsi, en 1832, il établit les trois genres *Sorex*, *Crossopus* et *Crocidura*, comprenant : le premier, les *Sorex vulgaris* et *tetragonurus;* le second, le *S. fodiens* ou Musaraigne d'eau; le troisième, le *S. leucodon* et le *S. etruscus*. En 1834, Duvernoy, sans avoir connaissance du travail que je viens de citer, arrivait à peu près aux mêmes résultats. Ainsi son genre *Sorex* correspond aux *Crocidura;* ses genres *Hydrosorex* et *Amphisorex* répondent aux *Crossopus* et aux *Sorex* de Wagler. Cette synonymie a amené nécessairement une certaine confusion qui, loin de disparaître, a augmenté rapidement à la suite des essais de classification des Musaraignes proposés par divers naturalistes qui ne tenaient pas assez compte des travaux de leurs devanciers, et qui donnaient des noms nouveaux à des groupes déjà dénommés. C'est ainsi qu'en 1837, M. E. Gray substituait à l'appellation de *Sorex* (Wagler) celle de *Corsira*, conservant au contraire celle de *Sorex* pour les *Crocidura*. La Musaraigne talpoïde et celle à queue courte de l'Amérique du Nord devenaient pour lui les types d'une autre section appelée *Blarina*, et plus tard, en 1842, les mêmes espèces servaient à Duvernoy à établir le genre *Brachysorex*, qui devint bientôt, entre les mains de Pomel, le genre *Cryptotus*, et entre celles de Wagner le genre *Anotus*.

Ces quelques exemples suffisent pour montrer de quelle difficulté est entourée l'étude des Musaraignes, et, pour en sortir, il faut prendre comme première base les travaux de Wagler, et rapporter aux sections qu'il a proposées tous les genres qui ont été établis depuis cette époque.

On peut distinguer parmi les Musaraignes deux types principaux caractérisés par leurs mœurs et leur organisation. Le premier, celui des *Soricides terrestres* ne comprend que des espèces vivant à terre, quelquefois dans les endroits humides, mais n'allant pas à l'eau; leurs pieds sont étroits, généralement peu poilus. Le second ne compte au contraire que des espèces aquatiques qui habitent le bord des étangs, des rivières, des ruisseaux, et même des torrents, au milieu desquels elles nagent et plongent avec une très-grande facilité; leurs pieds portent une bordure de poils roides et serrés qui augmentent leur surface et leur permettent de jouer le rôle de rames puissantes. Je les désignerai sous le nom de *Soricides aquatiques*. Les Soricides terrestres se subdivisent eux-mêmes d'une manière très-naturelle et en deux sections, celle des CROCIDURINÆ et celle des SORICINÆ, correspondant aux genres *Crocidura* et *Sorex* de Wagler.

Les Crocidurinæ peuvent se répartir en deux groupes, suivant le nombre de leurs dents. Dans le premier, on n'en compte que vingt-six.

Les *Diplomesodon* (Brandt), des steppes des Kirghiz, présentent ce caractère, ainsi qu'une espèce nouvelle du Tibet, l'*Anourosorex*, dont je donne ici la description. Ces deux genres sont faciles à distinguer, car la queue du *Diplomesodon* est de longueur ordinaire ; celle de l'*Anourosorex* est rudimentaire et entièrement cachée sous les poils. Dans la seconde section, celle des Crociduriens proprement dits, il y a tantôt vingt-huit, tantôt trente dents. En effet, les *Crocidura* et les *Myosorex* (Gray) n'ont que trois petites dents intermédiaires supérieures, tandis que les *Pachyura* (Sélys-Longch.) et les *Feroculus* (Wagner) en ont trente. Ces différents groupes ne doivent d'ailleurs être considérés que comme des sous-divisions du genre *Crocidura*, car les caractères qui les distinguent n'ont qu'une faible valeur. Ainsi on a vu la Musette (*C. aranea* ou *Sorex araneus*, Schreber) présenter quelquefois quatre paires de dents intermédiaires, tandis que normalement on n'en trouve que trois paires. Les Soricinæ ne comptent que deux genres : 1° le genre *Blarina* (Gray), synonyme d'*Anotus* (Wagner), de *Cryptotus* (Pomel), de *Brachysorex* (Duvern.), et de *Talpasorex* (Lesson); et 2° le genre *Sorex* proprement dit, correspondant aux *Corsira* de Gray, aux *Amphisorex* et en partie aux *Hydrosorex* de Duvernoy. Dans ce genre doivent rentrer plusieurs petits groupes désignés sous les noms de *Paradoxodon* (Wagner), *Soriculus* (Blyth) et *Otisorex* (Dekay), qui ne diffèrent entre eux que par les dimensions des oreilles et la profondeur des denticulations qui découpent le bord tranchant des incisives inférieures.

Les *Soricides aquatiques*, ou *Crossopinæ*, semblent rattacher les Musaraignes aux Desmans. Elles se répartissent naturellement en deux sections, l'une chez laquelle tous les doigts sont libres, l'autre chez laquelle les pieds sont palmés.

La première comprend : 1° le genre *Crossopus* proprement dit, dont la queue porte, sur la ligne médiane, une bordure de poils, et dont les dents sont au nombre de trente ; 2° le genre *Neosorex*, composé d'une seule espèce propre à l'Amérique du Nord : le *Neosorex navigator*, Baird, dont la queue est couverte de poils rares et égaux, et dont les dents sont au nombre de trente-deux.

La seconde section ne se compose que d'un seul genre, qui lui-même ne compte qu'une espèce, le *Nectogale elegans*, des montagnes du Tibet oriental, dont je vais donner plus loin la description.

Le tableau suivant permet de saisir au premier coup d'œil la distribution méthodique des Musaraignes, et indique les divisions que l'on doit regarder comme génériques, et celles qui, à mon avis, ne sont que de simples sections destinées à faciliter la détermination des espèces.

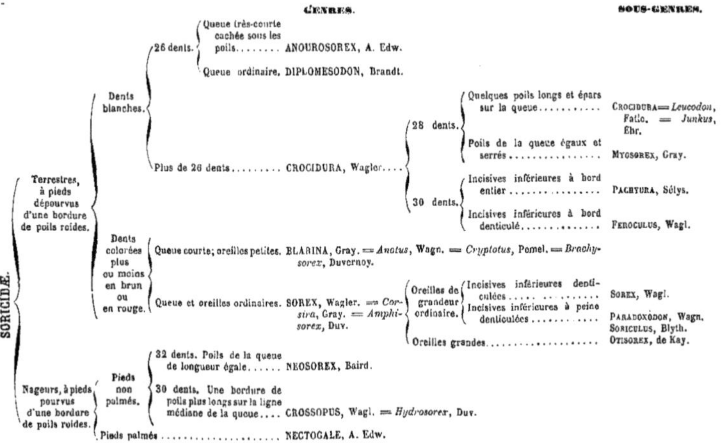

GENRES. — SOUS-GENRES.

SORICIDÆ.

- Terrestres, à pieds dépourvus d'une bordure de poils roides.
  - Dents blanches.
    - 26 dents.
      - Queue très-courte cachée sous les poils........ ANOUROSOREX, A. Edw.
      - Queue ordinaire. DIPLOMESODON, Brandt.
    - Plus de 26 dents......... CROCIDURA, Wagler....
      - 28 dents.
        - Quelques poils longs et épars sur la queue........... CROCIDURA = *Leucodon*, Fatio. = *Junkus*, Ehr.
        - Poils de la queue égaux et serrés................ MYOSOREX, Gray.
      - 30 dents.
        - Incisives inférieures à bord entier................ PACHYURA, Sélys.
        - Incisives inférieures à bord denticulé.............. FEROCULUS, Wagl.
  - Dents colorées plus ou moins en brun ou en rouge.
    - Queue courte; oreilles petites. BLARINA, Gray. = *Anotus*, Wagn. = *Cryptotus*, Pomel. = *Brachysorex*, Duvernoy.
    - Queue et oreilles ordinaires. SOREX, Wagler. = *Corsira*, Gray. = *Amphisorex*, Duv.
      - Oreilles de grandeur ordinaire.
        - Incisives inférieures denticulées................ SOREX, Wagl.
        - Incisives inférieures à peine denticulées............ PARADOXODON, Wagn. SORICULUS, Blyth.
      - Oreilles grandes.................... OTISOREX, de Kay.
- Nageurs, à pieds pourvus d'une bordure de poils roides.
  - Pieds non palmés.
    - 32 dents. Poils de la queue de longueur égale...... NEOSOREX, Baird.
    - 30 dents. Une bordure de poils plus longs sur la ligne médiane de la queue.... CROSSOPUS, Wagl. = *Hydrosorex*, Duv.
  - Pieds palmés..................... NECTOGALE, A. Edw.

SOREX CYLINDRICAUDA, nov. sp.

(Voyez pl. XXXVIII B, fig. 3, et pl. XXXVIII A, fig. 3.)

Cette petite Musaraigne provient du Moupin. Elle est à peu près de la taille de la Musette, et se distingue facilement de toutes les espèces asiatiques par son pelage d'un gris brunâtre plus clair en dessous, et par sa queue, qui égale environ le corps tout entier, est extrêmement robuste et d'une grosseur à peu près égale de sa base à son extrémité. La tête est longue et étroite; le museau est grêle et les narines fines; les poils des moustaches sont très-abondants. L'œil est petit et l'oreille se cache entièrement sous le poil. Les pattes sont grêles; les pieds sont couverts, ainsi que les doigts, de très-petites écailles, entre lesquelles naissent quelques poils courts et très-clair-semés. Les mains sont plus robustes, mais moins allongées que les pieds. La queue est écailleuse; les écailles, disposées en séries, constituent ainsi une série d'anneaux dont on compte à peu près 200; entre ces anneaux naissent des poils courts, égaux et serrés, d'une couleur brune tirant un peu sur le jaune et assez brillante; à l'extrémité de la queue, ces poils forment un petit pinceau. De même que chez le *Sorex alpinus*, on compte cinq dents intermédiaires à la mâchoire supérieure; elles sont constituées par trois incisives latérales, par une canine et par une prémolaire, de telle sorte que la formule dentaire doit s'écrire ainsi :

$$\text{Inc.}\ \frac{4-4}{1-1}\ \text{can.}\ \frac{1-1}{1-1}\ \text{mol.}\ \frac{5-5}{4-4}\begin{matrix}=20\\=12\end{matrix}\Big\}\ 32.$$

Les dents sont blanches à leur base, mais les pointes et les arêtes saillantes sont colorées en rouge. Les incisives inférieures portent en arrière de leur pointe trois denticulations arrondies.

Je donne ici les dimensions d'un individu presque adulte :

Longueur du corps mesurée depuis le bout du museau jusqu'à l'extrémité de la queue	0,112
Longueur de la queue	0,058
Longueur de la tête	0,019
Longueur du crâne	0,0175
Longueur du pied postérieur	0,0125

Cette espèce se rapproche de notre Musaraigne des Alpes (*Sorex alpinus*, Schinz); mais elle est plus petite et la teinte du pelage diffère, car chez cette dernière il est en dessus d'un beau gris d'ardoise et un peu plus clair en dessous; enfin la queue est garnie inférieurement de poils blancs, tandis que chez le *Sorex cylindricauda* les poils de cette partie sont tous de même couleur. Ces caractères séparent nettement ces deux espèces, et ils étaient importants à signaler, car le *Sorex alpinus* paraît avoir une répartition géographique très-étendue. En effet, Tomes la signale comme existant dans l'Inde, aux environs de Darjeeling (1).

SOREX QUADRATICAUDA, nov. sp.

(Voyez pl. XXXVIII^B, fig. 2, et pl. XXXVIII^A, fig. 2.)

Cette espèce, à peu près de la taille de la précédente, fréquente les mêmes localités, mais elle s'en distingue facilement par un grand nombre de caractères dont quelques-uns sont très-importants. Le museau est comparativement plus large et plus court, les moustaches moins abondantes. Le pelage est d'un gris ardoisé noirâtre, plus clair en dessous qu'en dessus, et ressemblant un peu en plus foncé à celui du *Sorex alpinus*. Les oreilles sont, comme chez cette dernière espèce, cachées sous le poil. La queue est notablement plus courte que le corps, elle ne s'étend guère que jusqu'à la région scapulaire. Elle est carrée surtout vers sa base, et tend à s'arrondir vers son extrémité.

(1) Voyez Jerdon, *the Mammals of India*, 1867, p. 64.

Les anneaux écailleux qui l'entourent sont très-nombreux; on en compte environ 125, entre lesquels s'implantent des poils très-courts et noirâtres en dessus aussi bien qu'en dessous. Il n'y a que trente dents, les petites intermédiaires supérieures n'étant qu'au nombre de quatre; et il est à noter que la dernière est remarquablement petite et placée hors de la rangée dentaire, en dedans de la troisième intermédiaire, ainsi que cela a lieu chez beaucoup de Chiroptères. Il en résulte que cette dent peut facilement échapper lorsqu'on n'explore pas avec un très-grand soin la série des molaires.

La formule dentaire peut donc s'écrire de la manière suivante :

$$\text{Inc.}\ \frac{3-3}{1-1}\quad \text{can.}\ \frac{1-1}{1-1}\quad \text{mol.}\ \frac{5-5}{4-4}\ \begin{matrix} = 18 \\ = 12 \end{matrix} \Big\}\ 30.$$

Les dents sont colorées d'une manière très-intense en brun noirâtre sur toutes leurs parties saillantes; les incisives antérieures et supérieures sont très-grandes, mais leur crochet basilaire est comparativement peu développé; l'incisive inférieure porte sur son bord tranchant trois denticulations inégales dont l'antérieure est la plus grande et la postérieure la plus petite.

Longueur totale..	0,103
Longueur de la queue....................................	0,040

Cette espèce se distingue facilement de la Musaraigne carrelet (*Sorex tetragonurus*, Herm.) par sa teinte générale grise et non roussâtre, et par ses dents intermédiaires moins nombreuses. Il est d'ailleurs très-probable que chez le *S. quadraticauda*, de même que chez cette dernière, la forme de la queue doit varier avec l'âge, mais je n'ai pas pu examiner de jeunes individus, où cet appendice est probablement beaucoup plus arrondi.

§ 8. — GENRE CROCIDURA.

CROCIDURA ATTENUATA.

(Voyez pl. XXXVIII B, fig. 1, et pl. XXXIX A, fig. 2.)

Cette espèce est à peu près de la taille de notre Musaraigne musette (*Sorex araneus*, Sehreber, *Crocidura aranea* de Sclys-Longchamps), mais elle en diffère beaucoup par sa couleur et par la longueur, ainsi que par la forme de sa queue.

Le museau est mince et allongé. Les oreilles sont relativement longues, ovales, presque nues et dépassent les poils des côtés de la tête, de façon à être bien apparentes à l'extérieur. La queue est un peu plus courte que le corps; elle est grêle et s'amincit beaucoup vers son tiers postérieur. Les poils qui la couvrent sont gris en dessus et blancs sur la face inférieure; comme d'ordinaire, il y en a deux sortes, les uns très-courts et assez serrés, les autres épars et beaucoup plus longs. Les anneaux écailleux de la queue sont très-nombreux; on en compte environ 160. Les pieds sont écailleux et peu poilus; les postérieurs sont très-allongés et portent des doigts profondément séparés.

Le pelage est d'un gris nuancé de vert brunâtre; la base du poil est couleur ardoise assez claire, il devient plus clair vers le bout, et enfin l'extrémité présente cette teinte d'un vert brunâtre qui seule paraît à l'extérieur.

On compte en tout vingt-huit dents dont trois petites intermédiaires supérieures; elles sont réparties suivant la formule suivante :

$$\text{Inc.}\,\frac{3-3}{1-1}\quad \text{can.}\,\frac{1-1}{1-1}\quad \text{mol.}\,\frac{4-4}{4-4}\begin{matrix}=16\\=12\end{matrix}\Big\}\,28.$$

C'est donc dans le sous-genre Crocidure proprement dit, et non parmi les Pachyures, que doit se ranger cette espèce.

Longueur totale	0,122
Queue	0,048
Longueur du crâne	0,021
Longueur du pied postérieur	0,014

Cette Musaraigne a été recueillie par M. l'abbé David dans la principauté de Moupin. Mais ce savant voyageur ne nous a transmis sur elle aucune indication particulière.

§ 9. — GENRE ANOUROSOREX.

ANOUROSOREX SQUAMIPES, nov. sp.

(Voyez pl. XXXVIII, fig 1, et pl. XXXVIII^A, fig. 1.)

A. Milne Edwards, *Comptes rendus de l'Académie des sciences*, 14 février 1870, t. LXX, p. 341.

Cette Musaraigne se tient presque toujours dans des trous creusés en terre; elle est fort abondante, aussi bien dans les plaines que dans les montagnes du Sé-tchouan et du Tibet.

Par sa dentition elle se rapproche beaucoup des *Diplomesodon*, et sous ce rapport elle doit rentrer dans la même section, mais elle s'en distingue par la brièveté de sa queue et de ses oreilles.

Le corps est gros, trapu, et présente un aspect talpiforme. La tête est volumineuse. Les narines, séparées sur la ligne médiane par une échancrure, s'ouvrent latéralement. Le museau est conique et peu effilé; il est de couleur rosée, et porte sur les côtés des moustaches assez longues. Les yeux sont d'une extrême petitesse, ils ne paraissent que comme un trou imperceptible. Les oreilles ne se voient pas extérieurement; leur conque n'est formée que par un prolongement de la peau de la région latérale de la tête, qui est dirigé en avant et qui s'applique sur le méat auditif comme une soupape, de façon à le fermer presque complétement; le tout disparaît au milieu des poils, à peu près comme chez les *Sorex* de l'Amérique du Nord dont on a formé le genre *Blarina*.

Les pattes sont courtes et squameuses ; les antérieures sont plus larges et plus fortes que les postérieures, leurs ongles sont aussi plus robustes et plus allongés. Les écailles des doigts sont grandes et imbriquées, celles de la main ou du pied antérieur sont plus petites et se touchent à peine. Quelques poils très-courts et roides s'implantent dans leurs interstices.

La queue présente une forme tout à fait particulière; elle est remarquablement courte, grêle, et elle ne dépasse guère les poils du corps; elle est, dans toute sa longueur, d'une grosseur uniforme, légèrement aplatie, et se termine par une extrémité brusquement arrondie; toute sa surface est couverte de petites écailles entre lesquelles naissent quelques poils très-courts. Le pelage de l'*Anourosorex* est très-soyeux et épais; il est d'un gris uniforme tirant un peu sur le brun verdâtre; lorsque les poils sont mouillés, ils prennent des reflets chatoyants. Les pattes sont blanchâtres et les ongles blancs.

Le crâne est épais, très-solide et très-élargi au niveau des trous auditifs (1). Il existe une crête sagittale très-marquée. Le palais ne se prolonge guère au delà de la dernière molaire. Les apophyses entoglénoïdales sont énormes; le trou occipital se dirige directement en arrière. Les dents sont blanches et au nombre de 26, comme chez le *Diplomesodon pulchellus;* il existe à la mâchoire supérieure deux petites dents intermédiaires, qui sont une incisive latérale et une canine. Effectivement on compte :

$$\text{Inc.}\ \frac{2-2}{1-1}\quad \text{can.}\ \frac{1-1}{1-1}\quad \text{mol.}\ \left.\frac{4-4=14}{4-4=12}\right\}\ 26.$$

A la mâchoire supérieure, les incisives antérieures sont plus élargies à leur base que chez le *Diplomesodon*, et portent en arrière, non pas une pointe, mais un lobe tranchant en dehors et dilaté en dedans, pour former une surface contre laquelle viennent buter les pointes des incisives antérieures. La seconde incisive, ou incisive latérale, est plus grande que le lobe de la précédente; elle dépasse aussi beaucoup la canine. Cette dernière est extrêmement petite. La première molaire est très-tranchante en dehors, elle ressemble beaucoup d'ailleurs à la

(1) Voyez pl. XXXVIII A, fig. 1.

deuxième ; la troisième est notablement plus petite ; enfin la quatrième est très-réduite et un peu comprimée transversalement. A la mâchoire inférieure, l'incisive n'est pas denticulée sur son bord tranchant ; les autres dents ne présentent rien de particulier à noter.

D'après ce qui précède, on voit que les *Anourosorex* se rapprochent plus des *Diplomesodon* que d'aucun autre Soricidé ; mais par la forme et la petitesse de leurs oreilles ils ressemblent un peu aux *Blarina*. Leur queue est encore plus réduite que chez ces dernières Musaraignes.

Je donne ici les dimensions d'un *Anourosorex* adulte :

Longueur totale de l'animal, y compris la queue	0,110
Longueur de la queue	0,009
Longueur de la tête osseuse	0,027
Longueur de la série dentaire supérieure	0,013
Longueur de la série dentaire inférieure	0,012
Longueur de la main	0,011
Longueur du pied	0,016

§ 10. — GENRE NECTOGALE.

NECTOGALE ELEGANS.

(Voyez pl. XXXIX et pl. XXXIX A, fig. 1.)

Alph. Milne Edwards, *Compt. rend. de l'Acad. des sciences*, 14 févr. 1870, t. LXX, p. 341.

L'espèce jusqu'à présent unique que j'ai prise comme type du genre *Nectogale* (1) présente un grand nombre de particularités qui lui sont spéciales, mais elle emprunte aussi certains caractères aux Musaraignes d'eau et aux Desmans. On trouve chez elle une combinaison de certaines dispositions organiques que les naturalistes s'étaient habitués à considérer comme distinctives de groupes particuliers.

La tête et le crâne du Nectogale rattachent cet animal aux *Soricidæ*,

(1) De νηκτής, nageur, et γαλῆ, belette.

tandis que ses pieds palmés et sa queue comprimée indiquent des affinités étroites avec les *Myogalidæ;* mais les ventouses qui garnissent en dessous ses pattes n'appartiennent qu'à lui et l'on ne retrouve rien d'analogue dans les groupes voisins.

M. l'abbé A. David a découvert ce curieux insectivore sur le bord des torrents impétueux qui descendent des montagnes du Moupin; il y nage et y plonge avec une remarquable facilité, malgré la rapidité du courant, et fait une chasse active aux petits poissons. Bien qu'il ne soit pas rare, il est difficile de s'en emparer, à cause des conditions spéciales au milieu desquelles il vit; il faut pour cela dessécher les ruisseaux et le poursuivre au fond des trous où il cherche un refuge. Il résulte de ces observations que son genre de vie a de grands rapports avec celui des *Crossopus* et des Desmans.

Le Nectogale élégant est beaucoup plus gros que notre Musaraigne d'eau; il n'égale cependant pas sous ce rapport le Desman des Pyrénées, et l'on peut comparer sa taille à celle de notre Lérot commun. Ses pattes sont courtes; son corps robuste et trapu. Sa tête est grosse, et le nez ne s'allonge pas pour former une sorte de trompe, comme chez les Myogales; il est au contraire court, conique, large et un peu aplati dans le sens vertical. Les narines s'ouvrent latéralement, et elles sont séparées, sur la ligne médiane, par une fente peu profonde. Les parties latérales du museau sont garnies de moustaches très-nombreuses. Les poils qui les constituent sont blancs dans presque toute leur longueur, leur base est noire; ils sont assez roides; ceux qui sont placés en avant sont courts et serrés, mais ils s'allongent beaucoup en se rapprochant des yeux, et les derniers atteignent plus de 2 centimètres de long. L'œil est extrêmement petit. L'oreille est entièrement cachée sous les poils; à l'extérieur on n'en voit aucune trace; pour la trouver, il faut écarter les poils, et l'on aperçoit alors le trou auditif qui s'ouvre *à fleur de peau*, sans aucune conque : cependant le bord postérieur de ce méat se développe de façon à pouvoir s'étendre sur lui et à le fermer d'une manière presque complète. Sous ce rapport, le Nectogale se rapproche de certaines Musaraignes de l'Amérique du Nord, désignées par Pomel sous le nom de *Cryptotus*, et par Wagner sous celui d'*Anotus*, mais qui doivent rentrer parmi les *Blarina* de Gray.

La queue est forte et plus longue que le corps; elle est quadrangulaire à sa base, prismatique triangulaire dans son second tiers, puis comprimée latéralement vers son extrémité. Les poils qui la garnissent sont disposés d'une manière très-remarquable. Si on l'examine en dessous, on voit une bordure de poils blancs, roides, de longueur égale et serrés les uns contre les autres, qui garnit chacun des angles dans sa portion quadrangulaire; mais bientôt ces deux bordures latérales se rapprochent et se fondent en une seule bordure inférieure et médiane qui s'étend jusqu'à l'extrémité de la queue. Une autre rangée de poils plus courts occupe chacune des deux arêtes supérieures de la portion prismatique triangulaire et vers l'extrémité qui est comprimée latéralement; ces deux rangées s'étendent sur la partie médiane de chaque face, tandis qu'en dessus règne une autre bordure de poils analogues, se prolongeant jusqu'au bout. Dans le reste de son étendue, la Dueue ne porte que des poils très-courts, blanchâtres et assez serrés les uns contre les autres. Cette disposition est destinée à transformer l'appendice caudal en une véritable rame très-puissante.

Les pattes sont courtes, fortes et terminées par des extrémités très-élargies. Les pieds ont beaucoup de ressemblance avec ceux des Desmans : ils sont en effet en forme de palettes et largement palmés; ceux des membres postérieurs sont complétement couverts en dessus de petites écailles qui, sur les doigts, s'élargissent et se transforment en scutelles; entre les écailles existent quelques poils extrêmement courts et que l'on ne peut apercevoir qu'à l'aide d'une forte loupe. Les bords externe et interne sont garnis d'une rangée de scutelles très-régulières, en dessous desquelles s'implante une série de poils analogues à ceux de la queue, mais plus courts, plus serrés, plus résistants et différant davantage des poils ordinaires. Vus au microscope (1), ils sont aplatis et terminés par une extrémité arrondie; ils présentent vers leur base un rétrécissement que suit une dilatation; leur section est complétement ovalaire. Il existe parmi eux quelques poils moins aplatis, plus longs et terminés par une extrémité mince et très-allongée, qui leur donne l'apparence d'un fuseau. Ces derniers sont rares vers le bout du pied et plus nombreux vers le talon. Les pieds du Desman des Pyrénées sont bordés de poils analogues, mais encore plus aplatis et plus arrondis vers le bout; au contraire, chez le Desman de Moscovie, ils sont plus allongés et plus cylindriques, et enfin chez les *Crossopus*, ils se rapprochent encore davantage des poils ordinaires. Les doigts sont palmés jusque vers l'articulation de la seconde avec la troisième phalange, et dans leur portion libre ils sont garnis de chaque côté d'une bordure de poils roides de la nature de ceux dont je viens de parler. Les ongles sont petits et faibles, tandis que ceux des Desmans sont très-développés. La face inférieure du pied porte dans toute sa portion digitale de véritables ventouses constituées par de grosses pelotes déprimées en forme de cupules. La première et la plus volumineuse se voit en dessous du deuxième et du troisième doigt; elle s'étend en avant jusqu'au niveau de la palmure; sa forme est ovalaire et son grand axe est transversal à celui du pied. Au-dessus il existe deux autres ventouses plus petites et disposées en travers, sur le même niveau et occupant presque toute la largeur de la main. Enfin au-dessus de l'insertion du pouce, on en remarque une autre plus petite et située du côté interne du pied, ce qui porte à quatre le nombre total des ventouses de cette partie du corps. L'intervalle de ces ventouses sur toute la plante du pied est occupé par des saillies lenticulaires petites, très-nombreuses et assez régulières; le talon est nu.

Les pattes antérieures, bien que beaucoup plus petites que les postérieures, sont cependant encore très-élargies en forme de palettes;

(1) Voyez pl. XXXIX[A], fig. 1. L.

elles présentent d'ailleurs les mêmes caractères que celles que je viens de décrire. Leur face supérieure porte de petites écailles entre lesquelles s'insèrent de très-petits poils très-rares. Les doigts sont palmés jusque vers l'origine de la troisième phalange ; les bords externe et interne de la main sont bordés de poils aplatis, roides et serrés, dont on ne voit presque aucune trace entre les doigts, ce qui tient à l'extension qu'a prise la membrane palmaire. La paume de la main porte cinq ventouses, la première très-grande, ovalaire, dirigée transversalement et située au-dessous de tous les doigts, à l'exception du pouce; plus haut, il existe deux rangées de deux petites ventouses à bord antérieur concave, à bord postérieur convexe. Enfin, près du poignet, on voit une petite pelote qui semble représenter une sixième ventouse incomplétement développée. Sur les bords de ces cupules il existe des saillies lenticulaires disposées en séries assez régulières, mais elles manquent dans le reste de l'étendue de la paume, dont l'épiderme est lisse. Les ongles ne sont pas plus robustes que ceux des pattes postérieures. Les ventouses qui garnissent en dessous les pattes des Nectogales ne peuvent leur être d'aucun usage pour nager, mais elles doivent leur servir d'une façon très-utile pour grimper sur les pierres arrondies et glissantes des torrents au milieu desquels vivent ces petits animaux. Vues en dessous, ces pattes rappellent celles des Mouches, et il semble évident que les usages qu'elles ont à remplir doivent avoir une certaine analogie.

Le corps du Nectogale élégant est couvert de deux sortes de poils. Immédiatement au-dessus de la peau, il existe sur le dos un duvet très-doux, très-épais et d'un gris ardoisé clair. Des poils plus longs et clairsemés dépassent cette couche; ils sont gris à leur base, mais blancs à leur extrémité, de telle sorte que l'aspect de l'animal varie beaucoup, suivant que ces poils sont couchés ou un peu relevés : dans le premier cas, la couleur générale semble d'un gris tiqueté de blanc brillant; dans le second cas, la robe paraît, en dessus, d'un gris uniforme. Cette teinte existe depuis l'extrémité du museau jusqu'à la base de la queue, en se prolongeant sur la face externe des pattes ; mais il est à remarquer que les poils à extrémité blanche manquent sur la tête. Les parties inférieures du corps sont blanches, et cette teinte tranche d'une manière assez brusque avec la teinte grise du dos ; elle s'étend sur le bord des lèvres, sur la gorge, la poitrine et le ventre, jusqu'aux flancs ; elle se nuance de jaune le long du cou, au voisinage de la teinte grise. Si l'on écarte les poils des parties inférieures, on voit que l'extrémité seule en est blanche, mais que la base est du même gris ardoisé que sur le dos.

Lorsque la fourrure du Nectogale est mouillée, elle prend des reflets irisés très-vifs et se nuance de vert métallique, comme cela se remarque chez le Desman et chez quelques autres Insectivores, et l'on remarque que ces teintes sont dues en majeure partie aux longs poils à extrémité blanche qui garnissent le dos. Les bordures de poils roides de la queue et des pattes sont blanches lorsqu'ils sont secs, mais ils deviennent aussi chatoyants lorsqu'on les mouille.

La tête osseuse des Nectogales est aplatie et beaucoup plus élargie en arrière que celle des autres *Soricidæ*. Les caractères essentiels en sont d'ailleurs les mêmes, et indiquent que c'est dans cette famille que doivent prendre place ces singuliers insectivores du Tibet. Les dents sont au nombre de 28, comme chez les Crocidures, et, de même que chez ces derniers, elles sont toutes entièrement blanches. La formule dentaire doit s'écrire de la manière suivante :

$$\text{Inc.}\ \frac{3-3}{1-1}\quad \text{can.}\ \frac{1-1}{1-1}\quad \text{mol.}\ \frac{4-4}{4-4}\ \begin{matrix} -\ 16 \\ -\ 12 \end{matrix} \Big\}\ 28$$

Les incisives antérieures de la mâchoire supérieure sont faibles et portent à leur base un lobe peu proéminent et tranchant. La première et la deuxième des dents intermédiaires, correspondant aux incisives latérales, sont de mêmes dimensions et de formes semblables. La troisième ou canine est notablement plus petite. La première molaire se rapproche plus de celle des *Crossopus* que de celle d'aucun autre des

Soricidæ; en effet, sa portion interne est très-développée et porte deux pointes nettement dessinées.

A la mâchoire inférieure, l'incisive est longue, mais peu robuste; elle est comprimée latéralement, mais son bord tranchant n'offre aucune trace de denticulation. La canine est extrêmement petite. Les molaires ne présentent rien de particulier à noter.

Cet exposé des caractères du Nectogale élégant suffit pour démontrer qu'il doit prendre place parmi les *Soricidæ*, dont il représente le type essentiellement nageur. Tous les traits extérieurs de son organisation indiquent un genre de vie plus aquatique que dans le genre *Crossopus*, avec lequel notre nouvelle espèce du Tibet a cependant d'étroites affinités, surtout si on la compare au *Crossopus platycephalus*, Temm., du Japon. Les ressemblances que le genre *Nectogale* présente avec les Desmans, bien que très-frappantes, n'ont cependant pas une valeur suffisante pour permettre de le placer dans le petit groupe des *Myogalidæ*.

DIMENSIONS D'UN *NECTOGALE ELEGANS* ADULTE

Longueur totale	0,190
Longueur de la queue	0,100
Longueur de la tête	1,033
Longueur du crâne	0,025
Largeur maximum du crâne	0,015
Distance du museau à l'œil	0,0165
Distance du museau au trou auditif	0,026
Longueur du pied postérieur	0,025
Longueur du pied antérieur	0,016

§ 11. — GENRE UROPSILUS (1), nov. gen.

UROPSILUS SORICIPES, nov. sp.

(Voyez pl. XL, fig. 1, et pl. XLA, fig. 1.)

Temminck, en indiquant les caractères du petit insectivore du Japon qu'il désigna sous le nom d'*Urotrichus talpoides*, ajoute : « Il pré-

(1) De οὐρά, queue, et ψιλὸς, dégarni de poils.

sente l'association des caractères des Taupes et des Musaraignes ; il devient le type d'un genre nouveau intermédiaire entre ces deux groupes, qu'une distance assez grande sépare l'un de l'autre, tant par l'ensemble de leurs formes, de leur manière de vivre, de leurs moyens de locomotion, comme par leur système dentaire..... Notre animal nouveau..... vient se placer exactement dans l'hiatus qui séparait ces deux groupes. »

Temminck, en s'exprimant ainsi, appréciait très-exactement les caractères de l'*Urotrichus;* mais cependant il est impossible de ne pas reconnaître que ce genre se rapproche beaucoup plus des *Talpidæ* que des *Soricidæ*. Nous connaissons aujourd'hui une forme nouvelle constituant un autre chaînon entre ces deux types et reliant de la manière la plus intime les Urotriques aux Musaraignes, et l'on donnera une idée exacte de son organisation en disant que c'est un *Urotrichus* à pattes et à queue de *Sorex*.

J'ai désigné cette espèce sous le nom d'*Uropsilus soricipes* pour rappeler par l'analogie du nom les analogies de formes qu'elle présente avec les *Urotrichus*, et pour indiquer en même temps quelques-unes de ses particularités distinctives.

L'*Uropsilus soricipes* est à peu près de la taille de notre Musaraigne musette, et son pelage est d'une couleur ardoisée très-foncée et mélangée vers l'extrémité des poils d'une teinte un peu brunâtre. Les parties inférieures du corps sont à peine plus claires. La queue est d'un brun noirâtre, ainsi que les pattes; les ongles sont d'un blanc tirant sur le jaune. Les poils sont assez longs, surtout sur la partie postérieure du corps. Lorsqu'ils sont mouillés, ils prennent quelques reflets irisés, mais bien moins marqués que chez les *Crossopus*. Le caractère extérieur le plus saillant que présente l'Uropsile consiste dans la forme et dans les dimensions du museau. De même que chez les Urotriques, le nez se prolonge fort loin au delà des incisives antérieures; il est formé de deux narines tubulaires accolées l'une à l'autre (1) ; une dépression longitudinale indique en dessus leur séparation. Leur face supérieure est brunâtre et revêtue de plaques épidermiques, lenticulaires, petites, un peu squamiformes et rapprochées les unes des autres ; leur face inférieure est rosée et revêtue de plaques beaucoup plus petites. L'extrémité du museau est mince et arrondie ; les narines s'ouvrent latéralement. Des poils très-courts, bruns et assez rares, s'élèvent perpendiculairement à la surface de cette sorte de trompe, qui paraît jouir d'une extrême mobilité. Vers sa base, les poils deviennent plus nombreux et sont dirigés en avant ; on remarque aussi sur les côtés quelques poils fins et longs constituant les moustaches, qui sont moins fournies que chez les *Sorex*. Les yeux sont extrêmement petits, caractère qui est encore commun aux *Urotrichus* et aux *Uropsilus;* mais, contrairement à ce qui existe dans le premier de ces genres, les oreilles sont assez grandes, dépassent le poil et se montrent à découvert (2). La conque auditive est presque nue, son bord est régulièrement arrondi ; elle porte en dedans deux replis très-développés que l'on peut comparer à l'antitragus et à l'anthélix, dont le bord est garni d'un bouquet de poils longs, fins et assez fournis.

Les pattes antérieures ressemblent à celles des Musaraignes ; elles n'ont rien de talpoïde ; leur portion métacarpienne est étroite, et les doigts sont grêles et armés d'ongles comprimés et un peu crochus (3), au lieu d'être larges et droits comme chez les Urotriques. La face supérieure du pied de devant est couverte de petites écailles arrondies qui vont en diminuant vers le poignet, qu'elles revêtent ; dans leurs intervalles s'implantent quelques poils courts qu'on n'aperçoit qu'à la loupe, car, vu à l'œil nu, le pied paraît écailleux et entièrement glabre. Dans la portion digitale, les squames occupent toute la largeur du doigt.

(1) Voyez pl. XL^A, fig. 1^E et 1^F.
(2) Voyez pl. XL^A, fig. 1^D.
(3) Voyez pl. XL^A, fig. 1^G, 1^H.

La jambe, dans son tiers inférieur, est écailleuse et dépourvue de poils. Le pied est long et grêle ; il présente d'ailleurs le même revêtement squameux qu'à la main, et les ongles qui arment les doigts sont aussi développés (1).

La queue, mesurée avec les poils qui la terminent, est presque aussi longue que l'animal ; elle est robuste et formée d'anneaux écailleux au nombre d'un peu plus de 80, entre lesquels naissent des poils très-courts, bruns, dirigés en arrière et trop peu nombreux pour les cacher ; vers l'extrémité, ces poils s'allongent, et, bien que très-rares, forment une sorte de pinceau de 5 ou 6 millim. de long. Cette queue est tout à fait différente par sa forme, par sa longueur et par son revêtement, non-seulement de celle de l'*Urotrichus*, mais aussi de celle de tous les autres représentants de la famille des *Talpidæ*, et elle rappelle bien davantage ce qui existe chez certaines Musaraignes.

Le crâne ressemble beaucoup à celui des Urotriques (2), et, de même que dans ce genre, les arcades zygomatiques, quoique faibles, sont complètes. La tête osseuse est cependant comparativement plus courte. Le caractère général de la dentition est à peu près le même bien qu'il y ait certaines différences à noter. Ainsi, chez l'*Urotrichus*. On compte 36 dents ainsi réparties :

$$\text{Inc.}\,\frac{2-2}{1-1}\quad \text{can.}\,\frac{1-1}{1-1}\quad \text{p. mol.}\,\frac{4-4}{3-3}\quad \text{mol.}\,\frac{3-3}{3-3}=\frac{20}{16}=36.$$

Chez l'*Uropsilus soricipes*, on ne compte que 34 dents. La formule dentaire doit s'écrire de la manière suivante :

$$\text{Inc.}\,\frac{2-2}{1-1}\quad \text{can.}\,\frac{1-1}{1-1}\quad \text{p. mol.}\,\frac{3-3}{3-3}\quad \text{mol.}\,\frac{3-3=18}{3-3=16}=34.$$

Il y a donc une prémolaire supérieure de moins. La première inci-

(1) Voyez pl. XL^{A}, fig. 1^{1} et 1^{2}.
(2) Voyez pl. XL^{A}, fig. 1.

sive supérieure est moins grande que chez l'Urotrique, elle est large et en contact avec celle du côté opposé ; la deuxième incisive est d'un tiers environ plus petite que la précédente, mais dépasse d'au moins la moitié de sa longueur la dent que je considère comme une canine, et qui est conique et très-réduite. La première prémolaire n'est guère plus développée ; la deuxième est notablement plus grande ; et enfin la troisième est très-élevée, et ressemblerait beaucoup à la dent correspondante des Taupes, si elle ne portait pas en avant une petite pointe bien détachée. La première vraie molaire se fait remarquer par sa longueur dans le sens longitudinal ; les deux dernières n'offrent rien de particulier à signaler.

A la mâchoire inférieure, l'incisive est moins développée, mais la canine et les deux premières fausses molaires le sont plus que chez l'*Urotrichus;* elles s'élèvent presque autant que la dernière de ces dents, tandis que dans ce genre il y a entre elles une grande disproportion ; les molaires ressemblent beaucoup à celles des autres *Talpidæ*.

La colonne vertébrale se compose de sept vertèbres cervicales, treize dorsales, sept lombaires, cinq sacrées et quatorze caudales. Le manubrium est très-comprimé dans sa partie inférieure, mais il ne porte pas de carène comme chez les Talpides essentiellement fouisseurs. Les clavicules sont faibles, bien qu'elles fournissent encore à l'humérus une facette articulaire; ce dernier os ressemble beaucoup par ses proportions à celui des Musaraignes, mais ses crêtes et ses apophyses sont plus saillantes. L'avant-bras est grêle et allongé ; le cubitus et le radius s'appliquent l'un sur l'autre dans leurs deux tiers inférieurs; il n'y a à la main aucune trace de l'os carpien falciforme. Les dernières phalanges ont une forme normale, et ne présentent pas la bifurcation qui les rend si remarquables chez les Talpides ordinaires.

Tels sont les caractères de cette nouvelle forme d'insectivore, qui doit se ranger le dernier dans la famille des *Talpidæ*, formant le trait d'union de celle-ci aux *Soricidæ*. Les Uropsiles représentent dans l'Asie continentale, et particulièrement au Tibet, les Urotriques, dont on ne connaît jusqu'ici que deux espèces : l'*U. talpoides*, Temm., originaire du Japon, et l'*U. Gibbsii*, Baird, qui provient de l'Amérique du Nord, et qui diffère à peine de l'espèce précédente.

M. l'abbé David, qui a trouvé cet Uropsile dans le Moupin, ne nous donne aucun renseignement sur ses mœurs.

Pour bien faire saisir les particularités organiques qui distinguent le genre *Uropsilus* des *Urotrichus*, j'indiquerai comparativement leurs principaux caractères.

TALPIDÆ A NEZ EXTRÊMEMENT ALLONGÉ EN FORME DE TROMPE.

UROPSILUS.	UROTRICHUS.
Oreilles assez grandes et bien visibles à l'extérieur.	Oreilles petites et complétement cachées sous les poils.
Queue aussi longue que le corps, écailleuse et presque glabre.	Queue beaucoup plus courte que le corps, garnie de poils assez longs.
Pattes antérieures étroites et longues.	Pattes antérieures larges et courtes.
Ongles des pattes antérieures comprimés, crochus et peu robustes.	Ongles des pattes antérieures aplatis, presque droits et très-robustes.
Phalange unguéale entière.	Phalange unguéale bifurquée.

DIMENSIONS D'UN *UROPSILUS SORICIPES* ADULTE.

Longueur totale de l'animal	0,127
Longueur de la queue	0,064
Longueur du museau au devant des incisives supérieures	0,010
Distance entre l'extrémité du museau et l'œil	0,017
Distance entre l'extrémité du museau et le trou auditif	0,023
Largeur de l'oreille	0,008
Distance de la base du trou auditif à l'extrémité de l'oreille	0,007
Longueur du pied	0,015
Longueur de la main	0,009
Largeur de la main	0,003
Longueur du crâne	0,021
Largeur maximum	0,011

§ 12. — GENRE SCAPTONYX (1).

SCAPTONYX FUSICAUDATUS, nov. sp.

(Voyez pl. XXXVIII^B, fig. 4, et pl. XL^B, fig. 2.)

C'est aussi à la famille des *Talpidæ* qu'appartient le genre *Scaptonyx*, qui jusqu'à présent ne compte qu'une seule espèce (le *S. fusicaudatus*), découverte sur les confins du Kokonoor et du Sé-tschouan. Malheureusement le flacon dans lequel se trouvait l'unique individu que M. l'abbé A. David envoyait au Muséum se brisa pendant le voyage, et notre petit insectivore arriva en fort mauvais état. Il a été cependant possible de retirer la plupart des os du squelette, et de préparer la peau de façon que les principaux caractères tirés de la forme des pattes et de la queue fussent faciles à étudier.

Le *Scaptonyx*, par sa taille, son aspect extérieur, ses pattes et sa queue, a beaucoup de ressemblance avec l'*Urotrichus*, mais il en diffère d'une manière très-nette par la brièveté du museau et par les dispositions des dents, qui rappellent par leurs formes celles des Taupes proprement dites. On peut également dire de lui qu'il représente une Taupe à membres d'*Urotrichus* ou un *Urotrichus* à tête de Taupe.

Le museau ne dépasse que peu les incisives supérieures. Les yeux sont excessivement petits, et les oreilles sont cachées par les poils, on ne voit extérieurement aucune trace de leur présence. Le corps est gros et porté sur des pattes très-courtes ; les antérieures sont élargies comme celles des Urotriques. Les doigts en sont robustes et terminés par des ongles fouisseurs, larges et presque droits ; les phalanges qui les portent sont bifides à leur extrémité. Les pattes postérieures sont comparativement beaucoup plus faibles, plus allongées, mais, de même que les précédentes, elles sont couvertes d'écailles et presque nues.

(1) De σκάπτειν, creuser, fouir la terre, et ὄνυξ, ongle.

La queue est assez grande, elle égale le tronc, mesuré jusqu'à la ceinture scapulaire; elle est fusiforme, et porte des poils assez longs, peu fournis, dirigés en arrière et formant à la partie terminale de la queue une sorte de pinceau.

Le pelage est doux, épais, d'un noir bleuâtre à la base, se nuançant de brun vers l'extrémité.

La tête osseuse était tellement brisée, qu'il m'a été impossible de voir s'il y avait des arcades zygomatiques ; mais par analogie on peut être assuré qu'elles doivent exister, mais être très-grêles.

Les dents sont au nombre de 42, probablement ainsi réparties :

$$\text{Inc.}\frac{3-3}{3-3}\quad \text{can.}\frac{1-1}{1-1}\quad \text{p. mol.}\frac{4-4}{3-3}\quad \text{mol.}\frac{3-3}{3-3}\begin{matrix}=22\\=20\end{matrix}\Big\}\ 42$$

A la mâchoire supérieure, les premières incisives sont un peu plus larges, mais à peine plus longues que les autres; elles se terminent par un bord tranchant et non par une pointe (1). La troisième de ces dents est la plus petite. La canine qui vient après est faible et peu allongée, bien qu'elle dépasse la précédente à peu près d'un tiers de sa longueur ; sa pointe est mousse au lieu d'être très-pointue et recourbée en arrière comme chez les Taupes. Les deux premières prémolaires sont très-petites et semblables entre elles; la troisième est un peu plus forte et nettement biradiculée ; la quatrième est haute : sa pointe dépasse la couronne de toutes les autres dents, et en arrière elle porte une petite pointe en forme de talon. La première vraie molaire est grande et ressemble beaucoup à celle des Taupes ; mais les pointes qui la garnissent sont beaucoup moins développées; on peut en dire autant des deux dernières mâchelières. Cette description montre que les dents de la mâchoire supérieure sont en même nombre que dans le genre *Talpa*, et à quelques détails près, leur forme est à peu près la même.

(1) Voyez pl. XL^{A}, fig. 2.

A la mâchoire inférieure, cette similitude ne se retrouve pas, au moins pour le nombre. En effet, au lieu de vingt-deux dents, on n'en compte que vingt, ce qui est dû à l'absence d'une prémolaire. Les trois incisives sont petites et à peu près semblables ; la canine est courte, à peine plus haute que les incisives et biradiculée. La première prémolaire est de toutes les dents la plus petite; la deuxième égale la canine ; la troisième est plus grande, plus pointue, et pourvue en arrière d'un talon pointu. Les molaires sont tout à fait talpoïdes; la première porte cinq pointes dont deux externes et trois internes; la deuxième est presque semblable à la précédente, mais un peu plus grande ; la troisième est au contraire de dimensions moindres que la première.

L'angle postérieur de la mâchoire est plus grêle et se prolonge davantage en arrière que chez les Taupes; la branche montante est moins large et plus haute; la branche horizontale sur laquelle s'implantent les dents est presque droite, au lieu d'être très-arquée en dessous, et la série dentaire s'abaisse beaucoup vers l'extrémité. Les vertèbres cervicales sont larges, mais moins fortes que dans le genre *Talpa;* on compte aussi treize vertèbres dorsales et cinq lombaires. La queue est formée de quinze vertèbres. Le sternum est fortement caréné dans sa parti antérieure; la clavicule est courte et forte, mais plus longue que large; l'humérus reproduit les caractères de celui des Taupes, il est cependant en tout plus grêle (1).

Dimensions de l'animal	0,108
Longueur de la queue	0,045
Longueur du tronc	0,046

Si l'on veut établir exactement la position systématique du *Scaptonyx* par rapport aux *Sorex* et aux *Talpa*, on voit qu'il rattache les *Urotrichus* à ces derniers, tandis que les *Urapsilus* reliaient les *Urotrichus* aux *Sorex*.

(1) Voyez pl. XL[A], bg. 2[c] et 2[b].

§ 13. — GENRE TALPA.

TALPA LONGIROSTRIS.

(Voyez pl. XXXVIII, fig. 2, et pl. XVIIA, fig. 2.)

Alph. Milne Edwards, *Comptes rendus de l'Académie des sciences*, 1870, t. LXX, p. 341.

Le genre *Talpa* comprend un certain nombre d'espèces qui se ressemblent beaucoup par leur aspect extérieur, et ne se distinguent que par des caractères peu apparents tirés du nombre et de la forme des dents incisives, de la disposition de la queue et de la conformation des paupières. Tous les représentants de ce genre sont confinés en Europe et en Asie; ils sont remplacés en Afrique par les Chrysochlores, et dans l'Amérique septentrionale par les Scalops, les *Scapanus* et les Condylures. C'est à tort que Harlan et Richardson ont signalé l'existence d'une espèce de Taupe aux États-Unis : les recherches faites avec un grand soin par M. Baird, par M. Allen et par d'autres naturalistes, ont démontré que ces prétendues Taupes, ou bien n'étaient que des *Scalops*, ou bien provenaient d'Europe; aussi est-on en droit de s'étonner en voyant reparaître cette Taupe américaine sous le nom de *T. nigrofusca*, dans la révision des *Talpæ* que M. Fitzinger a publiée tout récemment (1).

L'Europe ne compte que deux espèces de Taupes : le *T. europæa* de Linné, qui s'étend jusqu'en Asie, et le *T. cæca* décrit par Savi, qui ne se rencontre que dans les parties méridionales de notre continent.

Au Japon, on rencontre le *Talpa Wogura*, Temm., que Radde a retrouvé en Sibérie. Aux Indes, les explorateurs anglais ont signalé trois espèces : le *T. micrura*, Hodgson, le *T. macrura*, Hodgson, et le

(1) *Die natürliche Familie der Maulwürfe* (Talpæ) *und ihre Arten, nach kritischen Untersuchungen.* — *Sitzungsberichte der matematisch-naturwissenschaftlichen Classe der k. Akademie der Wissenschaften*, Wien, t. LIX, 1re partie, 1869, p. 407.

T. leucura, Blyth, qui vivent au sud-est de l'Himalaya. Dans l'île de Formose, M. R. Swinhoe a découvert une autre Taupe à laquelle il a donné le nom de *T. insularis* (1). Enfin, pour terminer cette énumération, je dois citer le *Scaptochirus moschatus* de Mongolie, qui, bien qu'appartenant à un genre distinct, peut facilement être confondu avec les Taupes.

Les recherches de M. l'abbé David ont ajouté à cette liste une autre espèce qui paraît être assez commune dans les montagnes du Sé-tchouan et du Tibet oriental; je l'ai fait connaître sous le nom de *T. longirostris*. Elle est plus petite que notre Taupe d'Europe et elle s'en distingue d'ailleurs par de nombreux caractères. Son pelage est court, très-fourré, velouté, d'un noir ardoisé, tirant quelquefois sur le gris et de même couleur en dessus et en dessous. Le museau, au lieu d'être large et en forme de grouin comme celui du *T. europæa*, est long, conique, grêle à son extrémité, qui est un peu digitiforme et qui porte, au-dessous des narines, un pli transversal en forme de bourrelet; en dessous il existe un sillon longitudinal et médian très-profond qui s'élargit en se rapprochant de la bouche. Les moustaches sont plus nombreuses que chez notre espèce. Le museau du *Talpa cæca* est beaucoup plus élargi et plus aplati horizontalement que chez le *T. longirostris*; l'extrémité n'en est pas pointue et digitiforme.

Les yeux sont très-petits et recouverts par une membrane. Les oreilles sont entièrement cachées par les poils. Les pattes ne présentent rien de particulier à noter. La queue offre au contraire une forme caractéristique; elle est peu développée et étranglée à son origine, puis elle se renfle brusquement en massue un peu comprimée horizontalement, et enfin elle se termine par une extrémité largement arrondie. Cet

(1) Si l'on examine la dentition du *Talpa insularis* comparativement à celle du *T. Wogura*, on y trouve les mêmes caractères. La forme du museau, la longueur relative de la queue, la couleur du pelage, sont identiques chez ces deux Taupes, et je suis disposé à les considérer comme appartenant à un même type spécifique.

appendice est beaucoup plus développé chez les *Talpa europæa*, *T. cæca* et *T. macrura;* elle est aussi plus pointue à son extrémité. Chez les *T. micrura* (*T. cryptura* de Blyth), la queue est beaucoup plus courte et presque entièrement cachée sous les poils. Les poils qui la garnissent, chez notre espèce, sont assez longs, d'un gris blanchissant et très-clair-semés.

Par sa dentition (1) le *Talpa longirostris* se rapproche des Taupes ordinaires et se sépare nettement du *T. Wogura* du Japon et du *Talpa insularis* de Formose, dont la mâchoire inférieure ne porte que trois paires d'incisives au lieu de quatre; il se distingue aussi du *T. leucura*, chez lequel, ainsi que nous l'apprend M. Blyth, il existe une paire de prémolaires de moins que d'ordinaire. Les incisives supérieures sont à peu près égales entre elles; les médianes sont un peu plus larges que les mitoyennes, mais elles ne les dépassent pas comme chez le *Talpa cæca*. Les canines sont faibles, mais portent en arrière, à leur base, un talon en pointe très-développé. Les molaires ressemblent beaucoup à celles des Taupes ordinaires.

DIMENSIONS D'UN *TALPA LONGIROSTRIS* ADULTE.

Longueur totale	0,125
Queue (mesurée sans les poils)	0,020
Distance entre les incisives supérieures et le bout du museau	0,010
Distance entre le bout du museau et l'œil	0,018
Distance entre le bout du museau et l'oreille	0,030
Largeur du museau en arrière des narines	0,004
Longueur de la main	0,022
Largeur de la main	0,019
Longueur du pied	6,020
Largeur du pied	9,006

Le tableau suivant permet de déterminer facilement les différentes

(1) Voyez pl. XVII$_A$, fig. 2.

espèces de Taupes, et il indique les caractères que l'on doit surtout prendre en considération :

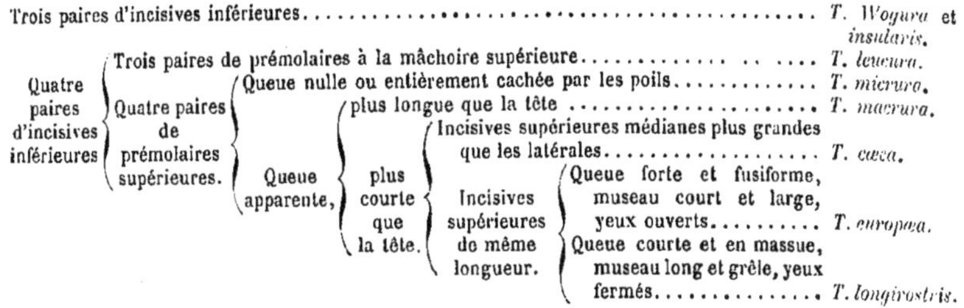

- Trois paires d'incisives inférieures .... *T. Wogura* et *insularis*.
- Quatre paires d'incisives inférieures
  - Trois paires de prémolaires à la mâchoire supérieure .... *T. leucura*.
  - Quatre paires de prémolaires supérieures.
    - Queue nulle ou entièrement cachée par les poils .... *T. micrura*.
    - Queue apparente,
      - plus longue que la tête .... *T. macrura*.
      - plus courte que la tête.
        - Incisives supérieures médianes plus grandes que les latérales .... *T. cæca*.
        - Incisives supérieures de même longueur.
          - Queue forte et fusiforme, museau court et large, yeux ouverts .... *T. europæa*.
          - Queue courte et en massue, museau long et grêle, yeux fermés .... *T. longirostris*.

§ 14. — GENRE ARVICOLA.

ARVICOLA MELANOGASTER.

Voyez *Nouvelles Archives du Muséum*, 1871, t. VII, p. 93.

(Voyez pl. XLIV et pl. XLVIA, fig. 1.)

Cette petite espèce de Campagnol se rencontre assez communément dans la principauté de Moupin et au Sé-tchouan occidental; elle vit dans les montagnes, où elle se creuse des terriers. Elle est caractérisée par la couleur de la face inférieure du corps, qui est d'un gris noirâtre; les parties supérieures sont tantôt d'un noir de taupe, tantôt tiquetées de brun. Il existe à cet égard des différences assez grandes, et si je n'avais pas eu sous les yeux une série nombreuse d'individus, j'aurais été tenté de considérer ces différences de couleur comme indiquant des différences spécifiques. J'ai fait représenter (1) un individu de cette espèce, appartenant à la variété noire, à côté d'un autre individu dont le pelage est brunâtre (2).

La tête de l'*Arvicola melanogaster* est grosse et trapue; les yeux sont très-petits, et les oreilles, à peine plus longues que les poils, sont à peine apparentes. Les pattes sont courtes et d'un gris violacé; les ongles sont d'un blanc grisâtre. La queue est petite et légèrement

(1) Voyez pl. XLIV, fig. 1.

(2) Voyez pl. XLIV, fig. 2.

velue; ses dimensions varient d'ailleurs un peu chez les différents sujets. Les jeunes de cette espèce présentent les mêmes caractères que les adultes, cependant ils sont généralement un peu plus clairs.

M. G. de Montebello a découvert, sur le Fusi-Yama, l'une des plus hautes montagnes du Japon, un petit Campagnol que j'ai inscrit sur les catalogues du Muséum sous le nom d'*Arvicola Montebelli*, et qui se rapproche beaucoup de l'espèce du Tibet : ses dimensions sont les mêmes; son pelage est d'un brun tiqueté de noir, et, quoique son ventre soit moins foncé que celui de l'*Arvicola melanogaster*, on serait tenté, lorsqu'on examine ses caractères extérieurs, de le rapporter à cette dernière espèce. Mais les dents molaires présentent une forme différente : la première molaire portant en dedans trois angles saillants; tandis que nous verrons que, chez l'espèce dont je donne ici la description, ces angles sont plus nombreux. Enfin j'ajouterai que le museau du Campagnol du Japon est plus court, et que les trous palatins sont plus étroits.

L'*Arvicola melanogaster* se distingue aussi très-nettement de l'espèce de Mongolie, que j'ai désignée sous le nom d'*Arvicola mandarinus*. Son crâne est plus étroit, plus allongé, beaucoup moins renflé en arrière; les dents incisives sont plus faibles. Les dents molaires diffèrent aussi beaucoup dans ces deux espèces. La première molaire supérieure (1) présente, au côté interne, quatre angles bien développés, tandis que chez l'*Arvicola mandarinus* on n'en compte que trois, en dedans aussi bien qu'en dehors. La seconde molaire porte de chaque côté trois angles dont les dimensions sont à peu près semblables, et dont la disposition est régulière. La dernière molaire de la même rangée est presque aussi longue en arrière qu'en avant, et les deux angles de la seconde paire sont situés à peu près sur la même ligne transversale.

Les molaires de la mâchoire inférieure (2) se ressemblent davan-

(1) Voyez pl. XLVI A, fig. 1c.
(2) Voyez pl. XLVI A, fig. 1d.

tage dans ces deux espèces ; il est cependant à noter que chez l'*Arvicola melanogaster* les angles internes et externes, au lieu d'alterner, se correspondent assez exactement par leur base, et occupent par conséquent la même ligne transversale.

Longueur depuis l'extrémité du museau jusqu'à la base de la queue, en suivant la courbure du dos	0,095
Longueur de la queue	0,035
Longueur de la face depuis l'extrémité du museau jusqu'au trou de l'oreille	0,024
Longueur des oreilles	0,005
Longueur du pied postérieur	0,015

§ 15. — GENRE MUS.

MUS CONFUCIANUS.

(Voyez pl. XLI, fig. 2.)

A. Milne Edwards, *Nouvelles Archives du Muséum*, 1871, t. VII, p. 93.

Le Mulot, ou *Mus sylvaticus*, de l'Europe occidentale, paraît être représenté en Orient par plusieurs espèces de Rats, dont le système de coloration est à peu près le même, mais dont la taille est beaucoup plus grande. Tel est le *Mus speciosus* du Japon figuré par Temminck (1) ; telle est l'espèce chinoise à laquelle j'ai donné le nom de *Mus Confucianus*.

Ce petit Rongeur, dont nous devons la connaissance à M. l'abbé Armand David, habite les montagnes de Moupin et de la province du Sé-tchouan, située dans la partie occidentale de la Chine, et pendant l'hiver il fréquente l'intérieur des maisons. Il est un peu moins gros que le Rat proprement dit, *Mus Rattus*, et se fait remarquer par la coloration de sa robe, qui, sur toute la partie inférieure du corps, est d'un blanc pur, tandis que, sur le dessus de la tête et du tronc, elle est d'un brun teinté

(1) *Aperçu général et spécifique sur les Mammifères qui habitent le Japon* (Siebold, *Fauna japonica*, MAMMALIA, tab. XVI, fig. 1).

de fauve et de noir. Le pelage est très-doux au toucher, et cependant, sur toute la région dorsale, il existe, mêlées aux poils ordinaires, un nombre considérable de soies très-fines qui dépassent de beaucoup ces derniers, et qui ont une teinte noirâtre. La portion basilaire des poils du dessus du corps et de la tête, ainsi que le duvet correspondant, est de couleur ardoisée; mais cette teinte est complétement cachée par la portion terminale des poils ordinaires, qui est d'un brun tirant sur le fauve. Vers le milieu du dos, l'aspect général du pelage est rendu plus sombre par le mélange de longs poils noirs dont j'ai déjà parlé ; mais sur les flancs, c'est la teinte fauve terne qui domine. Les joues et la face externe des membres sont colorées de la même manière que le haut des flancs, mais les doigts, les faces postérieures et internes des pattes, la gorge, la poitrine, le ventre et la région anale sont d'un blanc de lait. L'extrémité du museau est brun comme les joues, mais le blanc de la gorge se prolonge autour de la bouche jusque sur le bord de la lèvre supérieure. Les moustaches sont très-longues et presque entièrement noires. Les oreilles sont très-grandes, presque nues, et fortement colorées en brun noirâtre. Sur l'une et l'autre face, la queue est plus poilue que chez la plupart des espèces du genre *Mus*, et bicolore comme chez le Mulot : effectivement, elle est d'un brun noirâtre sur les côtés aussi bien qu'en dessus; mais en dessous, excepté vers sa base, elle est blanche.

Le Rat des bois que M. Radde a trouvé dans la région du fleuve Amour et dans la Daourie, et que ce zoologiste considère comme étant une simple variété de notre Mulot brun, est deux fois plus gros que ce dernier Rongeur, et ressemble beaucoup au *Mus Confucianus*, mais me paraît en différer spécifiquement, ainsi que du *Mus sylvaticus* proprement dit. Le *Mus Confucianus* a le dessus du corps beaucoup plus brun ; le blanc du ventre remonte moins haut sur les flancs et ne s'étend pas sur le museau comme dans l'espèce figurée par M. Radde ; enfin la queue est plus longue. L'espèce que je viens de décrire se distingue aussi très-nettement du *Mus speciosus* par sa coloration, car ce dernier est fauve roussâtre en dessus, et d'un blanc grisâtre en dessous ; ses moustaches sont blondes, l'intérieur des oreilles est d'un brun jaunâtre très-clair ; enfin le dessus de la queue est jaunâtre.

Longueur de la tête du *Mus Confucianus*, de l'extrémité du museau à la base de la queue	0,17
Longueur de la queue	0,165
Longueur de la face depuis l'extrémité du museau jusqu'au méat auditif.	0,03
Longueur des oreilles	0,014
Longueur du pied postérieur	0,03

MUS CHEVRIERI.

(Voyez pl. XL, fig. 2.)

Cette espèce, à peine plus grosse que notre Mulot commun, ressemble beaucoup par la couleur de son pelage au *Mus Confucianus*, et au premier abord on serait tenté de regarder ces Rats comme les jeunes de l'espèce précédente. Mais l'étude du squelette m'a prouvé qu'ils sont toujours au moins d'un tiers plus petits.

Les poils sont très-doux et peu allongés ; leur couleur générale est d'un brun fauve tiqueté de brun foncé ; les parties inférieures sont d'un gris très-clair, presque blanches. Les oreilles sont relativement courtes et les pattes peu développées ; la queue est revêtue de poils clair-semés et très-courts.

Le crâne est plus étroit que chez le *Mus Confucianus*. La distance comprise entre les molaires et les incisives est notamment plus grande, et ces dernières dents sont peu mamelonnées ; leur couronne, chez les individus adultes, est plate et sillonnée de lignes d'émail courbes et disposées transversalement.

Le *Mus Chevrieri* a été trouvé par M. l'abbé David dans la principauté de Moupin.

Chez une famille très-adulte, le corps avait une longueur totale de 12 centimètres, la queue mesurait 9 centimètres.

MUS FLAVIPECTUS.

(Voyez pl. XLII, fig. 1.)

A. Milne Edwards, *Nouvelles Archives du Muséum*, 1871, t. VII, p. 93.

Chez cette espèce, le dessus du corps et de la tête est brun roussâtre, le menton est grisâtre, la gorge et la poitrine sont d'une teinte fauve mêlée de gris; le ventre et la face interne des pattes sont d'un gris jaunâtre tirant sur le fauve (1) ; les oreilles sont grandes et presque nues; les moustaches sont longues ; les incisives sont d'un jaune foncé; enfin la queue est d'un brun foncé en dessous aussi bien qu'en dessus, elle est peu garnie de poils très-courts.

Longueur de l'extrémité du museau à l'origine de la queue	0,20
Longueur de la queue	0,16
Longueur de la face depuis l'extrémité du museau jusqu'à l'oreille	0,04
Longueur du pied postérieur	0,031
Longueur des oreilles	0,018

Ce Rat a été trouvé par M. l'abbé A. David dans la principauté de Moupin.

(1) Le *Mus flavipectus* se rapproche par ses formes d'un Rat découvert par M. Germain à l'île de Poulo-Condor, et que j'ai désigné sous le nom de *Mus Germani*. Cette espèce est remarquable par la longueur de sa queue et par la grandeur de ses oreilles. Par la coloration générale elle ressemble beaucoup au *Mus flavipectus;* mais, tandis que le dessous de la gorge, les côtés de la poitrine et la face interne des pattes antérieures, sont d'un jaune assez intense, le ventre est d'un blanc grisâtre sale, le dessus de la tête et le dos sont d'un brun foncé mêlé de fauve; le poil est doux. Les oreilles et la queue sont presque nues.

Longueur de l'extrémité du museau à la base de la queue	0,25
Longueur de la queue	0,24
Longueur de la face depuis l'extrémité du museau jusqu'à l'oreille	0,05
Hauteur de l'oreille	0,025
Longueur des pieds postérieurs	0,042

MUS GRISEIPECTUS.

A. Milne Edwards, *Nouvelles Archives du Muséum*, 1871, t. VII, p. 93.

(Voyez pl. XLII, fig. 2.)

Cette espèce, qui habite le Sé-tchouan, rappelle le *Mus humiliatus* par son mode général de coloration ; mais elle est beaucoup plus grande, et se distingue par sa queue, dont la teinte est d'un brun foncé en dessous aussi bien qu'en dessus. Sous ce rapport, le *Mus griseipectus* ressemble au *Mus flavipectus* du Tibet; peut-être même, lorsque l'on connaîtra mieux ces deux espèces, devra-t-on les considérer comme de simples races d'un même type spécifique. Mais tous les individus du Sé-tchouan que j'ai pu observer se distinguaient de l'espèce tibétaine par la teinte gris clair et sans mélange de fauve qui règne depuis le menton, sur la poitrine et sur le ventre, jusqu'à l'anus.

Les incisives sont jaunes comme d'ordinaire.

Longueur de l'extrémité du museau à la base de la queue	0,20
Longueur de la queue	0,14
Longueur de la face depuis le museau jusqu'à l'entrée de l'oreille	0,038
Longueur des oreilles	0,016
Longueur des pieds de derrière	0,035

MUS OUANG-THOMÆ.

A. Milne Edwards, *Nouvelles Archives du Muséum*, 1871, t. VII, p. 93.

(Voyez pl. XL, fig. 3.)

Ce Rat provient du Kiang-si; il paraît y être rare, M. l'abbé David n'a pu s'en procurer qu'un seul exemplaire. Je l'ai inscrit sur les catalogues du Muséum sous la dénomination de *Mus Ouang-Thomæ*, pour rappeler le nom du Chinois Ouang-Thomas, le fidèle serviteur de notre savant missionnaire.

Cette espèce est de taille moyenne, un peu plus petite que le *Mus Rattus;* sa couleur générale est un fauve grisâtre et assez clair, mélangé sur le dessus du dos et de la tête de poils plus longs et dont l'extrémité est brune. Les parties inférieures du corps sont grises, et il existe sur la poitrine, entre les pattes antérieures, un croissant d'un blanc pur, très-marqué du vivant de l'animal lorsque le pelage est bien lisse. Ce croissant suffit pour caractériser nettement ce Rat (1).

Les oreilles so t courtes et la queue de longueur médiane.

Longueur du corps.	0,15
Longueur de la queue	0,13

MUS PYGMÆUS.

(Voy. pl. XLIII, fig. 1.)

Cette très-petite espèce de Souris est remarquable par la brièveté de ses oreilles et la forme trapue de sa tête. En dessus, cet animal est de couleur brun foncé, qui s'éclaire un peu sur les flancs et passe insensiblement au gris ardoise mêlé de jaune sur le ventre et sur les pieds.

La queue est beaucoup moins longue que chez la Souris commune, et, sous ce rapport, le *Mus pygmæus* ressemble au *Mus hortulanus* de la Russie méridionale, dont les oreilles sont au contraire fort grandes. Le *Mus cervicolor* de M. Blyth paraît se rapprocher de l'espèce dont je

(1) Je donne ici la description d'un Rat provenant du royaume de Siam, rapporté par M. Bocourt et présentant certaines analogies avec le *Mus Ouang-Thomæ*, bien qu'il en soit spécifiquement distinct. *Mus Bocourti*, espèce ayant la couleur de la Souris commune, mais plus grosse et se distinguant du *Mus Ouang-Thomæ* par la forme allongée de sa tête, par ses oreilles plus grandes et sa queue plus longue.

Longueur de l'extrémité du museau à la base de la queue	0,096
Longueur de la queue	0,113
Longueur de la ace depuis le bout du museau jusqu'à l'oreille	0,021
Longueur des oreilles	0,011
Longueur des pieds postérieurs	0,023

donne ici une figure ; mais il est plus grand, son pelage est plus fauve et la face interne de ses oreilles est pâle, tandis que chez le *Mus pygmæus* elle est très-poilue et d'un brun très-foncé.

Longueur de l'extrémité du museau à la base de la queue.............	0,073
Longueur de la queue...	0,053
Longueur de la face, de l'extrémité du museau aux oreilles.........	0,018
Hauteur des oreilles...	0,005
Largeur des oreilles...	0,008
Longueur des pieds de derrière.................................	0,018

Le *Mus pygmæus* habite la province de Sé-tchouan et a été envoyé au Muséum par M. l'abbé A. David.

§ 16. — GENRE RHIZOMYS.

RHIZOMYS VESTITUS.

A. Milne Edwards, *Nouvelles Archives du Muséum*, 1871, t. VII, p. 93.

(Voyez pl. XLVI.)

Les *Rhizomys* sont encore mal connus ; la plupart des espèces qui ont été décrites sont fort rares dans les collections, et, par conséquent y sont représentées par un nombre d'exemplaires trop restreint pour qu'il soit possible de fixer la limite des modifications qu'elles peuvent présenter. Le genre *Rhizomys* a été caractérisé par M. J. E. Gray, dans les termes suivants (1) : « Dentes primores $\frac{2}{2}$, maximi, elongati, triangulares, » acutati ; molares $\frac{3}{3}\,\frac{3}{3}$, radicati, subcylindrici, coronis transversim sub- » parallelim porcatis ; superiores interne lobati. Caput magnum. Oculi » parvi, aperti. Auriculæ nudæ, conspicuæ. Corpus crassum, subcylin- » dricum. Pedes breves, validi, digitis 5 - 5. Cauda mediocris, crassa, » nuda. »

Le savant zoologiste anglais rapprochait ces Rongeurs des *Spalax*,

(1) J. E. Gray, *Proceedings of the Zoological Society of London*, 28 juin 1831, p. 95.

et faisait entrer dans son nouveau genre une espèce décrite par Raffles sous le nom de *Mus sumatrensis* (1), et une seconde espèce (*Rhizomys sinensis*) rapportée de Chine par Reeves; quelques années après, il fit figurer cette dernière dans les *Illustrations de la zoologie indienne* (2).

Temminck (3) considère ces deux espèces comme identiques, et il fait remarquer que les *Rhizomys* n'ont jamais été trouvés à Sumatra comme aurait pu le faire supposer le nom de *Mus sumatrensis*, qui avait été donné à ces animaux par Raffles; aussi était-il nécessaire de le changer, et le savant zoologiste hollandais adopta comme dénomination spécifique celle que les habitants de Malacca appliquent à ce Rongeur, et il l'appela *Nyctocleptes Dekan*. Le genre *Rhizomys* de Gray correspond exactement au genre *Nyctocleptes* de Temminck, mais ce dernier, étant plus récent, doit, suivant les lois de la priorité, disparaître de nos catalogues zoologiques. Il est difficile de savoir exactement quelle est l'espèce que Raffles avait désignée sous le nom de *Mus sumatrensis*. D'après les indications qu'il donne dans son Catalogue des animaux de Sumatra (4), nous voyons qu'il connaissait cet animal d'après un exemplaire en peau et un dessin envoyés à la Société asiatique par le major Farquhar; que l'espèce n'est pas rare à Malacca, où les naturels lui donnent le nom de *Dekan* et les Européens celui de *Rat bambou*, parce que ce Rongeur se trouve d'ordinaire dans les champs de Bambous, où il se nourrit des racines de cette plante.

« Le corps, ajoute Raffles, est à peu près long de dix-sept pouces, » de dix pouces en circonférence, et la hauteur aux épaules est de cinq » pouces. La queue a six pouces; elle est obtuse à la pointe, nue et

(1) Stamfort Raffles, *Linnean Transactions*, t. XIII, p. 258. — C'est le *Spalax javanus* de Cuvier, *Règne animal*, 2e édition, t. I, p. 211.

(2) Gray, *Illustrations of Indian Zoology*, t. II, pl. XVI, 1833 à 1834.

(3) Le mémoire de Temminck a d'abord été publié en hollandais dans *Bijdragen tot de natuurk. wetens.*, t. VII, n° 1, pl. I, fig. 1, et plus tard dans les *Monographies de mammalogie*, t. II, p. 40, pl. XXXIII.

(4) *Linnean Transactions*, t. XIII, p. 258.

» écailleuse. Le corps est couvert d'un poil rude et grisâtre, brunâtre » sur le dos. La tête est ronde et colorée d'une teinte plus claire. Inci- » sives larges, deux dans chaque mâchoire. Yeux petits. Oreilles nues. » Les pieds de devant à quatre doigts; ceux de derrière avec un cin- » quième doigt très-court. »

L'exemplaire type de cette description a été détruit, et le dessin du major Farquhar n'a pu être retrouvé au musée de la Société asiatique, ainsi que nous l'apprend le capitaine Mac Leod, dans une communication faite par lui au sujet d'une collection zoologique provenant de Moulmein (1). Bien que ces pièces fassent défaut, on est en droit de supposer, d'après les dimensions de l'animal, d'après la localité où il se trouve, et le nom qu'on lui donne d'ordinaire, que c'est bien celui dont parle Temminck sous le nom de *Nyctocleptes Dekan*, et dont le Muséum de Paris a reçu plusieurs individus pris à Malacca par MM. Eydoux et Souleyet, lors de l'expédition de circumnavigation de la *Bonite* (2). De tous les *Rhizomys*, c'est celui dont la queue est le plus développée et entièrement nue. Mais je ne pense pas qu'on puisse identifier avec cette espèce, comme le pensait Temminck, le *Rhizomys sinensis* de Gray. Chez ce dernier, la queue est plus courte, et le pelage notablement plus foncé que chez le *Rhizomys Dekan*. Nous ne savons malheureusement pas de quelle partie de la Chine le docteur Reeves a rapporté ce Rongeur; mais il est extrêmement probable qu'il provient du sud de ce vaste empire.

Le major Hodgson a fait connaître une autre espèce du même genre (le *Rhizomys badius*), qui vit dans les montagnes du Népaul, et dont les poils, très-fournis, ont une teinte d'un blanc plombé à leur base, et sont brunâtres à leur extrémité, de façon que, lorsqu'ils sont couchés, c'est cette dernière couleur qui est seule apparente (3).

(1) *Calcutta Journal of Natural History*, 1842, t. II, p. 457.

(2) *Voyage autour du monde exécuté pendant les années* 1836 *et* 1837 *sur la corvette* la Bonite, Zoologie, par MM. Eydoux et Souleyet, 1841, t. I, p. 54, pl. X et pl. XI, fig. 1-3.

(3) *New Species of Rhizomys discovered in Nepal*, by B. H. Hodgson : *Rhizomys badius, Bay Bamboo Rat of Nepal* (*Calcutta Journal of Natural History*, 1842, t. II, p. 60).

M. J. E. Gray a décrit, sous le nom de *Rhizomys minor* (1), une autre espèce plus petite, et habitant peut-être la Cochinchine, ou, d'après Horsfield, le royaume de Siam (2) ; mais je suis disposé à la considérer comme identique avec la précédente. Le Muséum d'histoire naturelle possède un *Rhizomys* tué à Saraburi, au nord de Bangkok, par M. Bocourt, et qui présente tous les caractères du *Rhizomys badius*. Ses proportions sont les mêmes ; son pelage est de même couleur, mais un peu moins fourni. J'ajouterai que cette espèce n'est pas la seule de ce genre qui vive à Siam, car M. Bocourt y a aussi trouvé le *Rhizomys Dekan*.

Pour terminer l'énumération des espèces asiatiques de ce petit groupe, qui ont été décrites par les différents auteurs (3), je dois encore citer le *Rhizomys cinereus*, Mac Leod, dont une figure assez imparfaite se trouve dans le *Journal de la Société asiatique de Calcutta* (4). Ce Rongeur, qui provient de Moulmein, est de couleur gris foncé en dessus, il est gris argenté en dessous. Sa longueur, mesurée depuis le bout du museau jusqu'à l'extrémité de la queue, est de vingt pouces anglais environ, celle-ci égalant presque la moitié de la longueur du corps. Ces caractères pourraient aussi s'appliquer au *Rhizomys Dekan*, et peut-être ces deux espèces doivent-elles être réunies.

Les recherches de M. l'abbé A. David dans le centre de la Chine nous ont fait connaître une nouvelle espèce de *Rhizomys* bien distincte de toutes les précédentes, et prise sur les confins du Khokhonoor, au milieu des hautes montagnes. Ce Rongeur est de grande taille (5) : les

(1) Gray, *Descriptions of some new Genera and fifty unrecorded Species of Mammalia*. (*Annals and Magazine of Natural History*, 1842, t. X, p. 266).

(2) Horsfield, *A Catalogue of the Mammalia, in the Museum of the East-India Company*, 1851, p. 165.

(3) Le *Bathyergus splendens* de Ruppell est originaire de l'Afrique orientale et se rapproche beaucoup du *Rhizomys* : aussi la plupart des zoologistes le placent dans ce genre ; quelques-uns cependant le séparent de ces Rongeurs et le considèrent comme devant constituer le type d'un petit groupe générique (*Tachyoryctes*).

(4) *Calcutta Journal of Natural History*, 1842, t. II, p. 456, pl. XIV.

(5) Voyez pl. XLVI.

deux exemplaires rapportés par notre savant missionnaire ne sont pas tout à fait adultes, mais cependant leur corps, mesuré depuis le museau jusqu'à la base de la queue, a plus de 40 centimètres. Ils deviennent, paraît-il, plus gros encore. Les habitants du pays sont très-friands de leur chair, et les prennent en automne, époque à laquelle ils sont fort gras, et pesant jusqu'à 2 kilogrammes et demi. Ces animaux se nourrissent des racines des Bambous sauvages, et méritent bien le nom de *Rat des Bambous*, sous lequel on désigne le *Rhizomys Dekan*, à Malacca, et le *Rhizomys badius*, au Népaul.

Le corps de cette espèce est gros, renflé, et porté sur des pattes très-courtes. La tête est fort élargie dans la région temporale, et se termine par un museau pointu. Les oreilles sont petites, presque nues, et cachées par les poils de la tête. Le pelage est remarquable par son épaisseur et son velouté; il pourrait constituer une excellente fourrure: en effet, les poils sont très-fins, soyeux, et, comme ceux de la Taupe, peuvent se relever et se coucher facilement dans tous les sens; leur base est d'un très-beau gris ardoisé, mais leur extrémité prend des teintes brunes et brillantes qui masquent le fond de la coloration. Les parties inférieures sont de même couleur que le dos. La tête, et surtout le dessus du nez, sont d'un gris plus clair. Les moustaches sont jaune grisâtre. Les pattes antérieures portent cinq doigts; le pouce est rudimentaire; le deuxième et le troisième sont les plus longs, le quatrième et le cinquième diminuent graduellement de longueur. Ils sont terminés ar des ongles courts et subconiques. Aux pattes postérieures, le nombre des doigts est le même, mais le premier est comparativement plus développé, le deuxième et le troisième portent des ongles plus allongés et plus coupants que les autres.

La queue est petite, c'est même là le caractère le plus frappant de ce *Rhizomys :* elle dépasse à peine un dixième de la longueur totale du corps, et semble presque entièrement cachée dans la fourrure de l'animal; elle est revêtue de poils courts d'un jaune gris très-brillant.

Chez le *Rhizomys Dekan*, le pelage est très-rude, les poils sont peu fournis et ne peuvent se relever vers la tête, et la queue est très-développée. Elle l'est aussi beaucoup chez le *Rhizomys sinensis* et chez le *Rhizomys cinereus;* elle est plus courte chez le *Rhizomys badius* et chez le *Rhizomys minor*, mais cependant ses dimensions excèdent de beaucoup celles que présente cet organe chez notre nouvelle espèce, et, d'ailleurs, le pelage de ces derniers Rongeurs est d'une nature tout à fait différente.

Le crâne du *Rhizomys vestitus*, de même que celui de toutes les autres espèces du même genre, est remarquablement élargi dans sa portion temporale (1). Les arcades zygomatiques sont très-arquées et très-écartées du crâne. Le museau est plus long et moins élevé que chez le *Rhizomys Dekan* et le *Rhizomys badius*, ce qui tient à ce que les os nasaux se prolongent davantage en avant, et sont enchâssés entre les maxillaires, sans s'élever sensiblement au-dessus d'eux; il en résulte que l'ouverture antérieure des fosses nasales est beaucoup plus surbaissée (2).

Les incisives supérieures sont d'un jaune clair ; leur force est considérable, et elles forment une courbure plus marquée que chez le *Rhizomys Dekan*, et surtout que chez le *Rhizomys badius*, où, de même que chez les *Spalax*, leur courbure est à grand rayon, et leur pointe dépasse en avant le niveau des os intermaxillaires.

Les molaires (3) sont beaucoup plus allongées que chez le *Rhizomys Dekan*, et, à cet égard, ressemblent un peu à celles de l'espèce du Népaul. La première s'implante très-obliquement, de façon que lorsqu'on regarde la couronne, on aperçoit une grande partie de la racine ; elle porte sur son côté interne un sillon bien marqué. La deuxième molaire est de toutes la plus grande, et surtout la plus large, tandis que

(1) Voyez pl. XLVII A, fig. 2*a*.
(2) Voyez pl. XLVI A, fig. 2 et 2[c].
(3) Voyez pl. XLVI A, fig. 2[b] et 2[f].

chez le *Rhizomys badius* elle est moins forte que la première; un sillon creusé sur sa face interne la divise en deux parties à peu près égales. La troisième et dernière molaire, au lieu d'être presque cylindrique, comme cela a lieu d'ordinaire dans ce genre, est plus étroite, mais presque aussi allongée que la première.

Les incisives inférieures (1) sont moins élargies que celles du *Rhizomys Dekan;* leur émail est teint en brun orangé très-intense. L'espace vide qui les sépare des molaires est court, et ces dents sont très-allongées (2) : sous ce rapport, elles diffèrent de celles de l'espèce de Malacca, et ressemblent à celles du *Rhizomys badius.*

Longueur du *Rhizomys vestitus*, mesurée depuis le bout du museau jusqu'à la base de la queue	0,42
Longueur de la queue	0,04
Longueur du crâne, depuis le bord antérieur du trou occipital jusqu'au bord inférieur des incisives	0,060
Largeur au niveau des arcades zygomatiques	0,051
Longueur de la série des molaires supérieures	0,016
Longueur de la série des molaires inférieures	0,017
Largeur des deux incisives supérieures	0,009
Largeur des deux incisives inférieures	0,0085

§ 17. — GENRE PTEROMYS.

PTEROMYS ALBORUFUS.

(Voyez pl. XLV et pl. XVA, fig. 1.)

A. Milne Edwards, *Note sur quelques Mammifères du Tibet oriental* (*Comptes rendus des séances de l'Académie des sciences*, 1870, t. LXX, p. 341.

Cette grande espèce d'Écureuil volant vient des montagnes situées au sud de la principauté de Moupin; elle paraît y être fort rare, car M. l'abbé David, malgré tous ses efforts, n'a pu, dans l'espace de huit mois, s'en procurer qu'un seul exemplaire. Une dépouille incomplète d'un autre in-

(1) Voyez pl. XLVI A, fig. 2 et 2.
(2) Voyez pl. XLVI A, fig. 2^d, et 2e.

dividu avait été, deux ans auparavant, rapportée par M. Fontanier, mais l'état dans lequel elle se trouvait n'en avait pas permis une étude assez complète pour en faire connaître tous les caractères.

Le *Pteromys alborufus* est de grande taille, il est surtout très-robuste : ses membres sont beaucoup plus forts, son corps plus épais que chez le *Pteromys Petaurista*, le *P. nitidus* ou le *P. grandis*. La tête est grosse, et presque entièrement blanche ; mais cette coloration n'existe probablement que pendant la saison froide, car on la voit déjà se mélanger de poils roux, assez abondants autour des yeux et sur les joues ; d'ailleurs sur toute la tête, à l'exception du museau, la base du poil est brunâtre, son extrémité seule devient blanche. Cette dernière teinte s'étend, en avant, d'une façon irrégulière sur le cou et le haut de la poitrine ; en arrière, elle s'arrête au niveau des oreilles, dont la partie antérieure est blanche, la postérieure rousse.

Les poils du dos sont très-longs, très-doux, très-touffus, d'un roux châtain, très-brillant sur le cou, les épaules, les flancs et les membres; au-dessus de la région lombaire et du bassin, cette teinte devient plus claire, presque jaunâtre. La base du poil est, sur tout le corps, d'une couleur ardoisée. Le ventre est d'un roux orangé beaucoup plus clair que celui du dos ; les poils de cette région sont colorés uniformément de leur extrémité à leur base ; ils sont moins longs et moins fournis que ceux du dos. Ils deviennent plus foncés sur la face inférieure des parachutes.

La queue est très-longue, très-fournie, d'un roux brillant, analogue à celui du dos, et son extrémité n'est pas noire comme chez le *P. nitidus* et beaucoup d'autres espèces du même genre. Sur certains points, elle présente des nuances plus claires, indices d'un changement de coloration, amené probablement par la saison froide. Il serait très-intéressant de connaître toutes les modifications de pelage que présente ce *Pteromys*, car il y a lieu de supposer que pendant toute une saison il est d'un roux brillant uniforme sur le dos, orangé sur le ventre, tandis que, pendant l'hiver, il devient beaucoup plus clair, d'un blanc grisâtre sur la tête et les parties antérieures, d'un jaune pâle en arrière.

Chez le *Pteromys magnificus* de Hodgson et chez le *P. nitidus* de Gray, certaines parties du corps sont plus claires que le reste du pelage, mais ces différences de teinte sont disposées avec régularité : ainsi, dans la première de ces espèces, il y a une ligne dorsale plus claire; chez la seconde, cette bande manque, mais les épaules et le bord des parachutes sont jaunâtres, le dos étant brun. Dans l'espèce du Tibet nous ne retrouvons rien de cette régularité. Le *Pteromys nitidus* de Java se rapproche davantage de celui du Tibet oriental, mais il est facile de l'en distinguer, non-seulement par ses teintes beaucoup plus foncées, mais aussi par ses formes notablement plus grêles et sa queue terminée par un pinceau de poils noirs.

Longueur du corps du *Pteromys alborufus*, mesurée de l'extrémité du museau à la base de la queue	0,58
Longueur de la queue	0,43

La tête osseuse du *Pteromys alborufus* (1) est très-grosse, si on la compare au reste du corps de l'animal; aucune autre espèce du même genre ne peut lui être comparée sous ce rapport. Le front est très-aplati et même légèrement déprimé (2), sans cependant l'être à beaucoup près autant que chez le *P. melanopterus* (3). Le crâne est aussi beaucoup moins rétréci en arrière des apophyses postorbitaires. La face est bien développée et plus élargie que celle du *P. magnificus*, Hodgson. La première molaire supérieure est assez grosse, et la série occupée par ces dents est longue. Les incisives sont revêtues en avant d'une couche d'émail jaune plus clair que chez le *P. melanopterus*, mais plus foncé que chez le *P. xanthipes*. La branche montante de la

(1) Voyez pl. XV A, fig. 1.
(2) Voyez pl. XV A, fig. 1[a].
(3) Voyez pl. XV A, fig. 2[b].

mâchoire inférieure est très-large, mais peu élevée (1), et l'apophyse coronoïde est courte, et séparée de la tête articulaire par une échancrure évasée et superficielle.

Longueur totale de la tête osseuse	0,078
Longueur mesurée de l'extrémité du museau au bord antérieur du trou auditif	0,065
Longueur du bord antérieur du trou occipital au bord antérieur des incisives.	0,066
Longueur du bord antérieur des incisives à l'ouverture des arrière-narines.	0,041
Longueur de la série des molaires supérieures	0,020
Largeur du crâne en arrière des apophyses postorbitaires	0,018
Largeur du crâne au niveau des trous auditifs (mesurée en dessous)	0,332
Largeur maximum du crâne au niveau des arcades zygomatiques	0,050

Dans la collection des Mammifères du Tibet envoyée au Muséum par M. l'abbé A. David, se trouve une seconde espèce de *Pteromys*, que j'avais d'abord considérée comme nouvelle, et qui a été placée dans la galerie publique sous le nom de *P. xanthotis;* mais, après un nouvel examen comparatif de l'individu unique que nous possédons, je suis porté à croire que ce n'est qu'une variété du *Pteromys melanopterus*, décrit dans une autre partie de cet ouvrage (2). Les caractères généraux sont les mêmes, mais il se distingue par la teinte notablement plus foncée de tout le dessus du corps et de la queue. Les oreilles portent à leur base et sur leur face supérieure une tache jaune fauve. La bordure grise des parachutes est moins marquée, et ces membranes, au lieu d'être entièrement jaunes en dessous, sont presque grises. Les pattes antérieures sont légèrement teintées de brun; enfin la queue est beaucoup plus fournie et plus brune que chez le *Pteromys melanopterus* du Tché-li.

Longueur depuis le bout du museau jusqu'à la naissance de la queue	0,54
Longueur de la queue	0,43

(1) Voyez pl. XV A, fig. 1.
(2) Voyez page 168 et pl. XV.

§ 18. — GENRE SCIURUS.

SCIURUS PERNYI

A. Milne Edwards, *Revue et Magazin de zoologie*, 1867, p. 10, pl. XIX.

Cet Écureuil a d'abord été envoyé au Muséum par Mgr Perny comme provenant du Sé-tchouan. Depuis, M. l'abbé A. David a retrouvé cette espèce dans les montagnes de la principauté de Moupin, où elle paraît fort rare.

Par la teinte générale de son pelage, cette espèce se rapproche un peu du *Sciurus castaneiventris*, Gray, et, de même que chez ce dernier, les poils sont longs et très-doux au toucher, mais elle est parfaitement caractérisée par la coloration des parties inférieures du corps.

Le museau et le dessus de la tête sont d'un fauve brun tiqueté de noir, chaque poil étant gris à sa base, puis annelé de noir et de fauve. Les joues ont une teinte un peu plus grise et les moustaches sont noires. Les yeux sont entourés d'un cercle de poils courts et entièrement bruns. Les oreilles sont arrondies, peu velues, et dépourvues de pinceaux; au-dessus et à leur base existe une tache blanche bordée de roux que je n'ai jamais vue manquer sur tous les exemplaires que j'ai examinés. Cette teinte ne s'étend pas sur la face supérieure de l'oreille, dont le bord est couvert de poils courts semblables à ceux du front. La nuque, le dos, les flancs et la face externe des membres sont d'un fauve brun tiqueté de noir.

Les parties inférieures du corps, c'est-à-dire la gorge, la poitrine, et le ventre, sont d'un blanc sale, les poils étant gris à leur base et blancs à leur extrémité; sur un de ces Écureuils cependant, le ventre se nuançait d'une teinte légèrement rousse, leur base étant grise et leur extrémité brune, mais on retrouvait la teinte blanche au-dessous de la gorge. La face interne des pattes antérieures est blanchâtre; celle des pattes de derrière se mélange de jaune, surtout vers leur bord antérieur. Le pourtour de l'anus et la portion antérieure de la base de la queue sont d'un roux brillant qui d'ordinaire se continue, en s'atténuant, en dedans du bord postérieur des cuisses et des jambes, jusqu'au talon. Quelquefois il ne s'étend pas aussi loin.

Les pieds sont d'un brun fauve tiqueté de noir.

La queue est un peu plus courte que le corps; les poils qui la couvren ne sont pas disposés d'une façon distique; ils sont noirs, annelés de roux au milieu et jaunes ou parfois d'un blanc grisâtre à leur extrémité. Généralement la teinte rousse prédomine en dessous.

Par son aspect général, cette espèce se rapproche de l'Écureuil du Nord de la Chine que j'ai désigné sous le nom de *Sciurus Davidianus;* mais ce dernier est pourvu d'abajoues, et par conséquent prend place dans la petite division des Tamias, tandis que chez le *Sciurus Pernyi* ces poches buccales n'existent pas. L'Écureuil du Tibet oriental est d'ailleurs nettement caractérisé par les taches de couleur claire qui surmontent les oreilles, ainsi que par la coloration rousse du pourtour de l'anus, beaucoup plus marquée que chez le *Sciurus pygerythrus* décrit par Is. Geoffroy Saint-Hilaire.

On connaît aux Indes, à Siam, en Cochinchine, et même en Chine, quelques Écureuils dont la face supérieure du corps offre à peu près la même teinte que chez le *Sciurus Pernyi*. Tels sont les *Sciurus Lokriah* et *lokrioïdes*, Hodgson, du Népaul, le *S. pygerythrus*, Geoffroy, du Pégu, le *S. castaneiventris*, le *S. griseipectus*, Gray, et le *S. Davidianus* de la Chine. Chez quelques-unes de ces espèces, la poitrine et l'abdomen sont d'un roux intense; chez les autres, ces parties sont blanches ou grisâtres; mais chez aucune il n'existe de taches à la base des oreilles, ni de teinte rousse autour de l'anus et en arrière des cuisses.

La tête osseuse de l'Écureuil du Tibet oriental ressemble plus, par sa forme générale, à celle des Tamias qu'à celle des Écureuils proprement dits. Elle est remarquablement allongée, et le museau, qui est très-étroit, se prolonge beaucoup en avant. Si on la compare à celle du *Sciurus Davidianus*, avec laquelle elle présente une certaine ressemblance, on remarque qu'elle est plus étroite surtout dans sa portion faciale, que les apophyses postorbitaires sont plus longues et les os maxillaires plus développés latéralement. Les os nasaux sont grands et très-resserrés en arrière, entre les maxillaires, près de leur articulation avec le frontal ; ils se prolongent en avant beaucoup au delà de la base des incisives supérieures, de façon que le museau de cet Écureuil paraît très-pointu. Les os palatins sont très-étroits, et les molaires supérieures s'insèrent sur une ligne longitudinale presque droite, et non légèrement arquée, comme chez le *Sciurus Davidianus.*

La mâchoire inférieure se reconnaît aussi à la brièveté de l'apophyse coronoïde qui est moins élevée que le condyle articulaire.

Longueur du corps depuis le museau jusqu'à la base de la queue... ...	0,26
Longueur de la queue..	0,024
Longueur de la tête osseuse..................................	0,055
Largeur au niveau des arcades zygomatiques....................	0,036
Largeur de l'espace interorbitaire............................	0,015
Longueur des os nasaux....	0,018
Largeur des deux os nasaux mesurés en arrière	0,004
Largeur de la face, en avant des os lacrymaux..................	0,012

M. l'abbé A. David a rapporté de la principauté de Moupin un autre Écureuil qui diffère du précédent, non-seulement par l'absence de teinte rousse au-dessous de la queue et en arrière des cuisses, mais aussi par sa queue garnie de poils plus longs, par sa tête plus grosse et par la forme très-différente de son crâne.

Les parties supérieures du corps sont plus brunes, et les côtés du museau et des joues prennent des teintes rousses qui n'existent pas chez le *Sciurus Pernyi.* La gorge est blanche, mais les parties inférieures du corps sont d'un roux sale, les poils qui revêtent cette région étant gris à leur base et roux à leur extrémité. Les poils de la queue sont peu fournis, mais assez longs ; leur base est d'un roux jaunâtre ; ils deviennent ensuite noirs, et leur pointe est blanche.

La tête osseuse est beaucoup plus élargie en avant, et le museau est comparativement plus court que chez le *Sciurus Pernyi*. Les dimensions que je donne permettront d'apprécier ces différences.

Longueur de la tête osseuse	0,055
Largeur au niveau des arcades zygomatiques	0,031
Largeur de l'espace interorbitaire	0,013
Longueur des os nasaux	0,018
Largeur des os nasaux mesurée en arrière	0,008
Largeur de la face en avant des os lacrymaux	0,014

Les caractères crâniens du *Sciurus Davidianus* sont presque exactement les mêmes, et par l'examen des têtes osseuses on serait tenté de considérer ces Rongeurs comme appartenant au même type spécifique; mais dans l'espèce des environs de Pékin, le pelage est d'un gris tiqueté de noir et manque des tons roux qui existent chez l'Écureuil tibétain, les parties inférieures du corps sont d'un blanc plus ou moins lavé de gris et la queue est beaucoup moins brune.

J'avais d'abord considéré cet Écureuil comme appartenant à une espèce non décrite, et je l'avais inscrit sur le Catalogue du Muséum sous le nom de *Sciurus consobrinus;* mais les caractères extérieurs de tous les représentants de la famille des Sciurides sont tellement variables, que dans le cas actuel il me semble préférable de ne pas établir encore une nouvelle espèce d'après l'examen d'un individu unique assez mal caractérisé d'ailleurs, et d'attendre que l'on connaisse mieux les modifications que peut présenter le pelage de cet Écureuil.

M. E. Gray a décrit en 1867, sous le nom de *Macroxus griseopectus*, un Écureuil originaire de la Chine, et déjà signalé par Blyth (1) ; mais il n'indique pas d'une manière plus précise la patrie de cette espèce. Récemment M. l'abbé A. David l'a trouvée au Tché-kiang. Généralement

(1) Blyth, *Journal of Asiatic Society of Bengal*, t. XXVI, p. 873, pl. XXXVI. Voy. aussi Gray, *Synopsis of the Asiatic Squirrels in the Collection of the British Museum* (*Annals and Magazine of Natural History*, 1867, t. XX, p. 282).

la poitrine de ce *Sciurus* est grisâtre, tandis que le ventre est lavé de brun ou de roux, mais il y a à cet égard quelques variations : ainsi plusieurs Écureuils à poitrine grise ont vécu à la Ménagerie du Muséum, et j'ai pu constater chez le même animal des changements très-sensibles : le ventre, qui était presque entièrement gris, est devenu d'un roux assez intense, et le dessus du corps a pris en même temps une teinte d'un gris verdâtre beaucoup plus marquée qu'auparavant. Lorsque le *Sciurus griseopectus* prend ce mode de coloration, il ressemble alors beaucoup à une autre espèce chinoise, le *Sciurus castaneoventris* de Gray, qui est peut-être identique au *Sciurus erythrogaster* de Blyth (1). Cette espèce avait été trouvée à l'île Formose par M. R. Swinhoe (2), qui l'avait d'abord rapportée au *Sciurus erythræus* de Pallas. Mais, depuis, ce voyageur l'a rencontrée aussi dans les montagnes du Fo-kien. Il a aussi constaté sa présence dans l'Hainan, au milieu des jardins, près du mur septentrional de la ville de Kiung-chou.

Chez le *Sciurus castaneoventris*, le pelage est assez long et doux au toucher ; le museau, les joues, le dessus de la tête, le dos et la face externe des membres sont d'un brun fortement tiqueté de noir, les poils étant noirâtres à leur base et bruns vers leur pointe. Les oreilles sont assez grandes, arrondies, velues ; mais leurs poils ne s'allongent pas de façon à former un pinceau. La poitrine, le ventre et la face interne des membres sont d'un roux très-vif, généralement plus foncé que chez le *Sciurus flavimanus ;* mais l'intensité de cette teinte varie beaucoup, et chez quelques individus les parties inférieures sont à peine plus rousses que le ventre du *Sciurus griseopectus*. Les pieds sont d'un brun noirâtre. La queue est couverte de poils annelés de noir et

(1) *Sciurus castaneoventris*, Gray, *Ann. and Mag. of Nat. Hist.*, 1842. — *Macroxus castaneoventris*, Gray, *op. cit.*, 1867, t. XX, p. 283. — *Sciurus erythrogaster*, Blyth, *Journal of Asiatic Society of Bengal*, t. XII, p. 972, et t. XXIV, p. 473. — *Macroxus erythrogaster*, Gray, *op. cit.*, 1867, t. XX, p. 283.

(2) Swinhoe, *On the Mammals of Hainan* (*Proceed. of the Zool. Soc.*, 1862, p. 357 ; 1870, p. 231 et 633).

de brun, son extrémité est touffue et plus pâle ; quelquefois la teinte brune de cette partie devient très-claire, presque jaunâtre.

La nature du pelage permet de distinguer le *Sciurus castaneoventris* des *Sciurus flavimanus*, *griseomanus*, *pygerythrus* et *modestus*, avec lesquels il présente beaucoup de ressemblance dans la distribution générale des couleurs. En effet, chez ces derniers, les poils sont beaucoup plus courts, moins doux et moins fournis. J'ajouterai que les pieds sont plus clairs, et que l'ensemble de la coloration est moins foncé. Enfin l'Écureuil à ventre châtain est ordinairement un peu plus gros. Le corps mesure de 26 à 28 centimètres, et la queue de 25 à 27 centimètres.

Ainsi que l'a reconnu M. Swinhoe, cet Ecureuil n'est évidemment pas celui que Pallas avait décrit sous le nom de *Sciurus erythræus* comme venant des Indes, dont le pelage avait la couleur d'un Agouti et dont les oreilles étaient en pinceaux (1). M. E. Gray a distingué du *Sciurus griseopectus* et du *S. castaneoventris* un autre Ecureuil, découvert aux environs de Shang-haï par M. J. Reeves, et il l'a appelé *Sciurus chinensis* (2), mais probablement ce n'est qu'une variété de la première de ces espèces. Le pelage est d'un brun gris ou olivâtre ; les parties inférieures sont tantôt grises, tantôt un peu rousses. La queue est couverte de poils bruns à leur base, noirs au milieu et blanchâtres vers leur pointe. Le corps a environ 19 centimètres, la queue 15 à 16. Cette espèce se rapproche beaucoup aussi du *Sciurus Lokriah*, du *S. tenuis* et du *S. modestus*.

L'Écureuil commun (*Sciurus vulgaris*) se trouve aussi en Chine et

(1) *Sciurus erythræus*, Pallas, *Glires*, p. 377. Je reproduis ici la description que cet auteur a donnée de cette espèce : « Descriptum specimen magnitudine erat Sciuri vulgaris, vel paulo » forte majus. Color corporis fere qui in Cavia Acuti observatur, luteo, fuscoque mixti pilis, subtus » longitudinaliter sanguineo-fulvus, seu saturatissime rufus. Idem color est caudæ tereti- » villosæ, et quam fascia superne longitudinalis nigricans legit. Palmæ tetradactylæ, verruca » insigni, loco pollicis notatæ. Plantæ pentadactylæ, auriculæ subbarbatæ. »

(2) G. E. Gray, *Annals and Magazine of Natural History*, 1867, t. XX, p. 282. — R. Swinhoe, *Proceedings Zoological Soc. of London*, 1870, p. 634.

paraît descendre jusqu'au Tibet. M. l'abbé A. David en a envoyé au Muséum plusieurs exemplaires pris aux environs de Pékin, mais n'en a trouvé ni au Sé-tchouan, ni dans les montagnes du Tibet oriental. Cependant le major Hodgson a obtenu la dépouille de quelques-uns de ces animaux tués dans l'Himalaya; ce sont même ces peaux qu'il avait cru appartenir à des Carnassiers et qu'il avait décrites et figurées sous le nom de *Mustela calotus* ou *calotis* (1).

M. Gray considère cette espèce comme distincte de notre Écureuil vulgaire (2); mais je me suis assuré, par la comparaison de nombreuses séries d'exemplaires provenant de diverses localités, avec les individus types conservés au Musée Britannique, qu'il était impossible d'établir une distinction spécifique pour ces Écureuils provenant de la Chine ou du Tibet. Leur pelage est très-foncé en dessus, presque noir, comme chez beaucoup de ceux qui nous viennent de Sibérie, et leurs oreilles sont surmontées de pinceaux de poils très-longs; généralement ces animaux sont de petite taille. Le *Sciurus Lys*, du Japon (3), doit aussi être confondu avec l'Écureuil commun.

SCIURUS MACCLELLANDII var. SWINHOEI.

Sciurus Macclellandii, Gray, *Proceedings of the Zoological Society of London*, 1839, p. 152; 1861, p. 137, et *Annals and Mag. of Nat. Hist.*, 1867, t. XX, p. 274. — Horsfield, *Proc. Zool. Soc.*, 1839, p. 152. — Swinhoe, *Proceed. Zool. Soc.*, 1862, p. 11, p. 357, et 1870, p. 634.

Sciurus trilineatus, Gray, *British Museum*, 1828 (non Waterhouse).

Sciurus Barleii, Blyth, *Journal Asiatic Society of Bengal*, t. XVI, p. 878, pl. XXXVI, fig. 3 (1847).

Cette petite espèce à dos rayé est assez commune aux Indes, au Bengale, dans l'Annam, le Bhotan, le Népaul, l'Himalaya, l'île Formose. Elle

(1) Hodgson, *On a new Species of Mustela? known to the Nipalese commerce as the Chuakhal Mustela* (*Calcutta Journal of Natural History*, 1842, t. II, p. 221, pl. IX).

(2) *Sciurus calotus*, Gray, *Annals and Magazine of Natural History*, 1867, t. XX, p. 272.

(3) De Siebold, *Fauna japonica*, Mammifères, pl. XII, fig. 1, 2 et 3.

a été trouvée par M. l'abbé David dans la principauté de Moupin. Ces Ecureuils vivent sur les grands Conifères qui poussent sur le flanc des montagnes à une assez grande altitude. Tous les exemplaires qui proviennent de cette localité sont beaucoup plus gros que ceux de l'Inde ou de Formose, et présentent dans la nature de leur pelage et dans leur coloration un certain nombre de caractères facilement saisissables.

Les poils sont très-doux, très-fournis et très-longs, constituant ainsi une véritable fourrure et protégeant l'animal contre la rigueur du climat, et cependant les exemplaires que j'ai eus entre les mains avaient été tués en été. Les oreilles sont très-velues, et les poils qui les couvrent dépassent leur bord et forment un pinceau court et tronqué. Les trois bandes noires du dos sont très-larges et généralement bien marquées. L'espace qui les sépare est presque de même couleur que le dessus de la tête ou que les flancs. La bande claire latérale est large et jaune. La queue est grêle et peu fournie. Chez les *Sciurus Macclellandii*, originaires de l'Inde ou de Formose, les bandes dorsales sont très-différentes : la médiane seule est très-noire et bien marquée ; les deux latérales tendent à s'effacer plus ou moins complétement, et au-dessous d'elles on remarque une bande d'un jaune très-lavé de blanc.

§ 19. — GENRE ARCTOMYS.

ARCTOMYS ROBUSTUS.

A. Milne Edwards, *Nouvelles Archives du Muséum*, t. VII, *Bulletin*, 1870, p. 92.

(Voyez pl. XLVII et pl. XLIX, fig. 2.)

Les hautes montagnes du Tibet chinois paraissent être, plus que toutes les autres parties du globe, favorables au développement des Rongeurs du genre Marmotte, ou *Arctomys*. Les animaux de ce groupe sont restés étrangers aux régions chaudes de l'hémisphère boréal ainsi qu'à la totalité de l'hémisphère austral ; vers le nord, ils ne se sont répandus que peu au-dessus du 60e degré de latitude, mais ils existent dans presque toutes les contrées montagneuses qui s'étendent depuis le versant méridional du grand massif himalayen jusqu'en France, du côté de l'ouest, et jusque dans le Kamtchatka, au nord-est; on les retrouve sur la rive opposée de l'océan Pacifique, depuis la baie d'Hudson au nord, le Texas au sud et l'océan Atlantique à l'est. Ils habitent donc des pays très-différents; cependant ils diffèrent si peu entre eux, que très-probablement ils proviennent tous d'une même souche, et j'incline à croire que celle-ci pourrait bien être la Marmotte dont des débris ont été trouvés à l'état fossile dans diverses parties de l'Europe (1), car les particularités qui distinguent cet animal de ses congénères actuels n'ont que très-peu d'importance zoologique.

Les Marmottes du Moupin, que je désigne sous le nom d'*Arctomys robustus*, se font remarquer non-seulement par leur grande taille et par leurs formes massives, mais aussi par des particularités ostéologiques impliquant une grande puissance dans l'appareil masticateur.

L'espèce ou race locale à laquelle cette Marmotte ressemble le plus est l'*Arctomys kamtchaticus* de Brandt (2), décrit par Pallas comme une variété de l'*Arctomys Bobac* (3). De même que la Marmotte du Kamtchatka, l'*Arctomys robustus* se distingue, au premier coup d'œil, du Bobac ou Boibac de l'Europe occidentale, par son pelage entremêlé de noir et de brun plus ou moins foncé. Le dessus de la tête, depuis la bouche jusque sur le sinciput, entre les oreilles, est d'un noir presque pur; sur tout le dessus du corps, mais plus particulièrement sur la nuque et les épaules, des poils noirs constituent une multitude de mouchetures ou petites taches dont beaucoup affectent la forme de courtes bandes transversales; enfin la queue est presque entièrement noirâtre vers le bout. Les côtés de la tête, le dessous du corps et les pattes sont ordinai-

(1) Savoir l'*Arctomys primigenia*, Kaup, etc.

(2) *Considérations sur les Animaux vertébrés de la Sibérie occidentale*, p. 13.

(3) *Zoographia rosso-asiatica*, t. I, p. 156.

rement roussâtres, mais leur teinte varie notablement suivant les individus, et parfois s'éclaircit beaucoup. Les tons marrons sont plus constants sur les joues et sous le ventre que sous la gorge, sur la poitrine et sur les pattes (1). Chez tous les exemplaires du Bobac proprement dit que j'ai l'occasion d'examiner, le pelage est au contraire d'un gris roussâtre très-pâle; le noir ne s'y montre nulle part. Mais je dois ajouter que chez une Marmotte de petite taille appartenant à la collection du Muséum et provenant des environs du lac Baïkal, la coloration est intermédiaire entre celle de l'*Arctomys robustus* et de l'*Arctomys Bobac;* cet individu paraît devoir être rapporté à l'espèce ou variété qui a été désignée par M. Brandt sous le nom d'*Arctomys boibacinus* (2).

Les caractères extérieurs tirés du mode de coloration des téguments, s'ils étaient seuls, seraient donc insuffisants pour établir des distinctions de quelque importance zoologique entre ces diverses Marmottes ; mais les particularités que ces animaux présentent dans la conformation de leur tête osseuse ont plus de valeur.

Chez l'*Arctomys robustus*, le crâne est remarquablement élargi (3) ; chez l'*Arctomys kamtchaticus*, la tête, mesurée dans sa plus grande longueur (au niveau du bord supérieur des condyles), n'a que deux fois la largeur du museau mesuré près du bord postérieur des orifices du nez, tandis que chez la Marmotte du Moupin ces parties sont entre elles comme 19 est à 47. Chez celle-ci, la portion temporale ou susglénoïdale de l'arcade zygomatique est beaucoup plus développée transversalement que chez la Marmotte du Kamtchatka, et la portion antérieure de ces arcades, mesurée au niveau de l'entrée du canal nasal, est au contraire beaucoup moins saillante : chez la première,

(1) Dans le tirage lithochromique de la planche XLVII, l'imprimeur a beaucoup trop rehaussé les tons bruns et roux, le dessous du corps est en réalité beaucoup plus pâle; mais il m'a été impossible de réparer cette erreur sur laquelle je dois appeler l'attention.

(2) Brandt, *Animaux de la Sibérie*, p. 21 et 35.

(3) Voyez pl. XLIX, fig. 2[a].

j'ai trouvé pour le diamètre de la tête, pris dans ce dernier point, 40 millimètres, et près de l'extrémité postérieure des arcades, 65 millimètres ; tandis que chez la seconde, les proportions étaient dans le rapport de 40 à 60. Des différences non moins notables sont offertes par la forme des petites crêtes en V qui garnissent en dessous la région basilaire de l'occipital et correspondent à l'insertion des muscles droits. Il est également à noter que chez l'*Arctomys robustus* la crête sagittale se bifurque au niveau des fosses glénoïdales, tandis que chez l'*Arctomys kamtchaticus*, ses branches antérieures naissent beaucoup plus en avant et forment entre elles un angle moins aigu ; enfin, chez le premier, la voûte palatine se rétrécit moins en arrière, et la région maxillaire comprise entre les molaires et les incisives est plus allongée.

La Marmotte du lac Baïkal, conservée dans les galeries du Muséum sous le nom d'*Arctomys boibacinus*, est beaucoup moins grande que celle dont je viens de parler ; l'état des sutures crâniennes indique que c'est un animal adulte, mais sa tête osseuse ne mesure longitudinalement que 43 millimètres, tandis que chez l'*Arctomys robustus* cette longueur atteint 110 millimètres. Elle se rapproche de la Marmotte du Kamtchatka par les proportions de la région occipitale, la forme des arcades zygomatiques et la brièveté du museau ; mais elle ressemble davantage à la Marmotte du Moupin par la disposition des branches de la crête sagittale ; enfin, elle diffère de l'une et de l'autre par la forme de l'écusson basilaire de l'occipital.

La partie occidentale du grand massif himalayen, qui constitue le pays de Cachemire et les contrées adjacentes, est habitée par une autre Marmotte, observée pour la première fois par Jacquemont et décrite par Is. Geoffroy Saint-Hilaire sous le nom d'*Arctomys caudatus* (1). Quelques naturalistes la confondent avec le Bobac (2), mais elle est

(1) Jacquemont, *Voyage dans l'Inde*, t. IV, p. 66, pl. V.

(2) Anderson, *Notes on some Rodents from Yarkand* (*Proceed. Zool. Soc. of London*, 1871, p. 560).

facile à distinguer de cette espèce, ainsi que de l'*Arctomys robustus*, par la longueur de sa queue. Chez ces Marmottes du Cachemire, cet appendice dépasse la moitié de la longueur du corps, tandis que chez l'*Arctomys robustus*, l'*Arctomys kamtchaticus* et l'*Arctomys boibacinus*, il n'a qu'environ le quart de cette longueur, et que chez le Bobac il est encore plus court.

L'*Arctomys hemacalanus* (1), qui habite la partie occidentale du Tibet chinois appelée le Yarkand, ressemble à l'*Arctomys caudatus* par la longueur de sa queue, et par conséquent est non moins facile à distinguer de la Marmotte du Moupin (2). Quant à l'animal décrit par Hodgson sous le nom d'*Arctomys himalayanus* (3), il me paraîtrait difficile de le caractériser nettement dans l'état actuel de nos connaissances; mais il semble différer de l'*Arctomys robustus* par son pelage, car cet auteur dit qu'en dessus il est d'un gris roussâtre, avec le nez et le bout de la queue d'un brun foncé. Le crâne de cet animal n'a pas été figuré, et l'esquisse de la forme générale publiée par Hodgson ne nous apprend rien d'important.

Je crois inutile d'insister longuement sur les différences qui existent entre l'*Arctomys robustus* et l'*Arctomys Marmotta* des Alpes. Je rappellerai seulement que ce dernier est notablement moins grand et moins fort que le précédent; que son pelage est noirâtre en dessus, grisâtre en dessous; que les incisives sont plus longues et moins épaisses ; que la face antérieure de ces dents, au lieu d'être blanche ou

(1) *Notice of the Marmot of the Himalaya and the Tibet* (*Journal of the Asiatic Soc. of Bengal*, 1841, t. X, p. 777).

(2) Hodgson, *Notice of two Marmots inhabiting respectively the plains of Tibet and the Himalayan slopes near to the snows*, etc. (*Journ. of the Asiatic Soc. of Bengal*, 1843, t. XII, p. 410). — Anderson, *Proceed. Zool. Soc.*, 1871, p. 501.

(3) *A. himalayanus of the Catalogue, potius Tibetanus hodie*, Hodgson, *loc. cit.*, p. 409. — *Arctomys Bobac*, Anderson, *Proceed. Zool. Soc.*, 1871, p. 560.

Suivant ce dernier auteur, la Marmotte décrite par Hodgson sous les noms d'*himalayanus* et de *tibetanus*, ne serait autre que l'*Arctomys caudatus* de Jacquemont, et par conséquent différerait beaucoup, soit du Bobac proprement dit, soit de l'*A. robustus*.

faiblement jaunâtre, comme chez les représentants orientaux du genre, est colorée d'une nuance intense de jaune orangé ; que les arcades zygomatiques sont beaucoup plus faibles ; enfin que l'angle postérieur de la mâchoire inférieure, au lieu d'être obtus et dirigé en arrière, se relève en forme de crochet.

La Marmotte monax de l'Amérique septentrionale, de même que l'*Arctomys caudatus*, se distingue des représentants ordinaires du genre *Arctomys* par les dimensions de sa queue, dont la longueur est presque égale à la moitié de celle du corps. Cette espèce est aussi moins fortement constituée que les Marmottes du Tibet et du Kamtchatka.

L'*Arctomys flaviventer* (1), qui habite les montagnes de la Californie, ressemble davantage à ces dernières espèces ou races locales, par la forme du crâne aussi bien que par le pelage ; mais la tête est beaucoup plus courte comparativement à sa largeur (2).

M. l'abbé A. David nous apprend que la Marmotte du Moupin habite dans le voisinage des neiges perpétuelles et s'enterre en hiver. Elle n'a été trouvée que dans les montagnes de Yao-tchy et Poé-ma-lou.

§ 20. — GENRE LAGOMYS.

LAGOMYS TIBETANUS.

(Voyez pl. XLVIII et pl. XLIX, fig. 1.)

A. Milne Edwards, *Nouvelles Archives du Muséum*, t. VII, *Bulletin*, 1871, p. 93.

Le genre *Lagomys* de Cuvier, comprenant les Léporiens ou Rongeurs duplicidentés qui sont dépourvus de queue et qui ont les oreilles

(1) Audubon et Bachman, *Descript. of some new Species of Quadrupeds inhabiting North America* (*Proceed. of the Acad. of Nat. Sc. of Philadelphia*, 1843, t. I, p. 98). — Baird, *Pacific Railroad Surveys*, MAMMALS, p. 343.

(2) Baird, *loc. cit.*, pl. XLVII, fig. 1.

arrondies, est très-répandu dans l'Asie centrale, depuis l'embouchure du Volga à l'ouest, le Népaul au sud, et la mer de Behring à l'est ; on a signalé aussi sa présence dans les îles Aléoutiennes, et on le retrouve dans les parties adjacentes de l'Amérique septentrionale occupées par les montagnes Rocheuses. Enfin jadis, à l'époque quaternaire, il existait dans diverses parties de l'Europe occidentale, notamment aux environs de Paris et dans le midi de la France, ainsi qu'en Corse. Il occupe donc une aire géographique très-étendue, et partout il offre, à peu de chose près, les mêmes caractères ; mais, dans diverses parties de cette grande région, il présente certaines particularités à raison desquelles les naturalistes ont cru devoir établir dans ce groupe naturel un nombre considérable de distinctions spécifiques.

Ainsi, Pallas a trouvé en Sibérie quatre espèces (ou peut-être races locales) de *Lagomys* qu'il a décrites sous les noms de *Lepus alpinus*, de *Lepus Ogotona*, de *Lepus pusillus* et de *Lepus hyperboreus*. Le *Pica* ou *Lagomys alpinus* (1) qui, à raison de sa taille comparativement grande, peut être considéré comme le principal représentant du genre, habite la partie méridionale de la Sibérie, à l'est de l'Irtisch. Plus à l'ouest, entre l'Obi et l'embouchure du Volga, il est remplacé par une espèce ou variété un peu différente, appelée *Lagomys pusillus* (2) ; et à l'est du lac Baïkal, dans la Mongolie, ces Rongeurs sont connus sous le nom de *Lagomys Ogotona* (3). Au Kamtchatka et dans les parties adjacentes de la Sibérie, les *Lagomys* présentent d'autres particularités, et portent, dans les catalogues zoologiques, le nom de *Lagomys hyperboreus* (4).

Les *Lagomys* des montagnes Rocheuses de l'Amérique du Nord sont

(1) Pallas, *Novæ Species Quadrupedum e Glirium ordine*, 1778-79, p. 30, pl. II. — Radde, *Reisen im süden von Ost-Sibirien*, t. I, p. 244.

(2) Pallas, *Glires*, p. 31, pl. I.

(3) Pallas, *Glires*, p. 59, pl. III. — Radde, *op. cit.*, t. I, p. 226.

(4) Pallas, *Zoographia rosso-asiatica*, t. I, p. 152. — Schrenck, *Reisen und Forschungen im Amur-land*, t. I, p. 147, pl. VII et VIII.

appelés, les uns *Lagomys princeps* (1), les autres *Lagomys minimus* (2). Enfin, les représentants du même groupe qui sont répandus dans le nord de l'Inde et dans d'autres parties du versant méridional du grand massif himalayen, ont été décrits comme constituant plusieurs espèces particulières et ont reçu les noms de *Lagomys rufescens* (3), de *Lagomys Hodgsoni* (4), de *Lagomys nepalensis* (5), de *Lagomys Roylei* (6) et de *Lagomys Curzoniæ* (7).

Les *Lagomys* qui habitent les montagnes du Moupin, au nord-est du massif himalayen, et qui ont été envoyés au Muséum par M. l'abbé A. David, ne peuvent être rapportés à aucune des espèces ou races que je viens d'énumérer ; ils en diffèrent autant que la plupart de celles-ci diffèrent entre elles, et par conséquent il convient de les désigner, provisoirement au moins, sous un nom particulier, ainsi que cela a été fait pour ses congénères provenant d'autres régions. J'ai donc donné à cette espèce le nom de *Lagomys tibetanus;* mais je crois devoir ajouter que la plupart des distinctions spécifiques établies dans ce genre de Rongeurs ne reposent que sur des caractères de faible valeur. En effet,

(1) *Lepus (Lagomys) princeps*, Richardson, *Fauna boreali americana*, p. 227, pl. XIX. — Baird, *Report upon the Zoology of the several Pacific Railroad routes*, MAMMALS, p. 619.

(2) Lord, *Notes on two new Species of Mammals* (*Proceedings of the Zoological Society of London*, 1863, p. 95).

(3) Gray, *Annals and Magazine of Natural History*, 1842, t. X, p. 266, et Waterhouse, *op. cit.*, t. II, p. 20.

(4) Blyth, *Journal of the Asiatic Society of Bengal*, 1841, t. X, p. 816, avec une planche. — Waterhouse, *op. cit.*, p. 23.

(5) Hodgson, *Journal of the Asiatic Society of Bengal*, 1841, t. X, p. 854, avec une planche. — Waterhouse, *op. cit.*, t. II, p. 24.

(6) Ogilby, *Memoirs on the Mammalogy of the Himalayas* (Royle, *Illustrations of the Botany*, etc., *of the Himalaya mountains*, p. 69, pl. IV (figuré sous le nom de *Lagomys alpinus*). Is. Geoffroy Saint-Hilaire, *Voyage de Jacquemont*, MAMMIFÈRES, p. 62. — Waterhouse, *op. cit.*, t. II, p. 26.

(7) Hodgson, *On a new Lagomys* (*Journal of the Asiatic Society of Bengal*, 1857 ; — *Annals and Magazine of Natural History*, 1858, t. I, p. 89). — Stoliczka, *On the* Lagomys Curzoniæ (*Journal of Asiatic Society of Bengal*, 1865, t. XXXIV, p. 108). — Anderson, *Rodents from Yarkand* (*Proceedings of the Zoological Society*. 1871, p. 562).

ces caractères sont tirés de la taille, de quelques variations dans la teinte ou la longueur des poils, de la grandeur des oreilles ou quelquefois des proportions de certaines parties de la tête osseuse ; par conséquent, ils sont de l'ordre de ceux qui peuvent varier sous l'influence de conditions biologiques diverses, et qui n'impliquent aucune différence primordiale. Je suis donc disposé à croire que la plupart des prétendues espèces ne méritent pas ce nom et ne sont que des races locales ou variétés permanentes. Les différences observées par M. Schrenck parmi les *Lagomys hyperboreus* de la Sibérie orientale (1), et celles que j'ai remarquées parmi les individus de la collection du Muséum désignés sous le nom de *Lagomys alpinus*, viennent à l'appui de cette opinion (2). Mais, pour décider la question, il faudrait mieux connaître les changements dépendants de l'âge, du sexe et des saisons, pouvoir comparer entre elles des séries nombreuses d'individus, et avoir sous les yeux les têtes osseuses aussi bien que les téguments. Or, je n'ai trouvé, ni dans les collections du Muséum d'histoire naturelle, ni dans aucun autre cabinet zoologique, les objets nécessaires pour cette étude ; par conséquent, dans l'état actuel de nos connaissances, il faut s'en tenir au provisoire. Quoi qu'il en soit donc de la valeur des distinctions réputées spécifiques parmi les *Lagomys*, je signalerai à l'attention des zoologistes les particularités offertes par le *Lagomys tibetanus*.

Cet animal est le plus petit de son genre : mesuré en ligne droite de l'extrémité du museau à l'anus, il n'a guère plus de 15 centimètres de long. Son pelage est brun foncé mêlé de fauve obscur et de gris noirâtre ; le dessous du corps est à peine plus clair que les flancs, et ceux-ci ne sont que très-faiblement teintés de roux. Le poil est doux et de médiocre longueur ; toute sa portion basilaire est d'un gris-ardoise,

(1) Ce voyageur décrit quatre variétés principales parmi les *Lagomys hyperboreus*, et il les distingue sous les noms suivants : var. *nemoralis*, var. *ferruginea*, var. *cinereo-flava*, et var. *cinereo-fusca*.

(2) Un de ces *Lagomys*, provenant de la Sibérie et envoyé au Muséum par M. Menetriès, est entièrement d'un marron très-foncé tirant sur le noir.

et c'est seulement vers le bout que la couleur brune se montre. Derrière les oreilles il y a peu de gris blanchâtre, et le museau ainsi que le dessous de la mâchoire sont également d'un gris clair; enfin le dessus des pieds est gris jaunâtre. Les moustaches sont longues et paraissent brunes ou grises, suivant la direction de la lumière réfléchie qui les éclaire.

Les oreilles sont grandes, régulièrement arrondies, presque nues à leur face externe (ou antérieure), finement lisérées de blanc et pourvues d'une petite lame mobile au bord postérieur de l'orifice auriculaire ; le sillon de la face antérieure des incisives supérieures est très-évasé (1).

Les pieds sont très-velus en dessous; aux membres antérieurs on y distingue comme d'ordinaire six tubercules, dont cinq subdigitaux et un carpien, mais les deux postérieurs sont presque entièrement cachés sous les poils ; aux pattes de derrière, les quatre pelotes subdigitales sont très-petites et le talon n'en présente pas.

Un individu conservé dans l'alcool m'a fourni les mesures suivantes :

Longueur totale	134 millim.
Longueur de la tête	38
Longueur des oreilles	19
Largeur des oreilles	15
Largeur de la tête	17
Longueur des pattes antérieures depuis l'articulation du coude	31
Longueur de la plante du pied	16
Longueur des membres postérieurs depuis l'articulation fémoro-tibiale	54
Longueur de la plante du pied de derrière	31
Longueur des grands poils du dos	20

Lorsque l'on compare entre eux les divers *Lagomys* de l'ancien conti-

(1) Voyez pl. XLIX, fig. 1.

nent, on distingue aisément parmi ces Rongeurs trois types principaux, dont l'un est réalisé par le *Lagomys alpinus* et le *Lagomys corsicanus*, trouvé à l'état fossile dans les brèches osseuses des environs de Bastia (1). Ce type est caractérisé par sa grande taille et par la forme de la tête osseuse, qui est très-élargie en arrière, aplatie en dessus et très-allongée dans sa portion nasale (2). Le second type nous est offert par le *Lagomys Ogotona*, animal notablement moins grand que les précédents, ayant les poils remarquablement doux, longs et fournis. Le dessus de son crâne est peu élargi en arrière et à peine bombé ; la région nasale de la face est allongée comme dans le type précédent, mais surbaissée (3) ; les os maxillaires ne se rencontrent pas en dessous, de façon à séparer le trou incisif du trou palatin. Enfin, les incisives accessoires sont plus petites que chez les précédents. Le troisième type, dont l'un des représentants est le *Lagomys pusillus*, est de petite taille ; son poil est plus court et plus sec que celui des espèces ou variétés dont je viens de parler, et sa tête osseuse, étroite et très-bombée en arrière, est fort raccourcie en avant.

Ce dernier ensemble de caractères se retrouve chez le *Lagomys hyperboreus*, le *Lagomys tibetanus*, le *Lagomys Hodgsoni* et le *Lagomys nipalensis*. Chez toutes ces espèces ou races locales, le pelage est plus brun que chez le *Lagomys alpinus* et le *Lagomys Ogotona*, particularité qui ne paraît pas dépendre du climat, car elle s'observe chez les individus provenant du Kamtchatka et chez ceux tués en hiver dans les

(1) Cuvier, *Ossements fossiles*, t. IV, p. 199, pl. XIV, fig. 4 et 5. — Lortet, *Étude sur le* Lagomys corsicanus (*Arch. du Muséum d'hist. nat. de Lyon*, t. I, p. 53, pl. VIII).

C'est à tort que M. Giebel (*Säugethiere*, p. 454) attribue l'établissement de cette espèce à Bourdet (*Notices sur les brèches osseuses de l'île de Corse*, in *Mém. de la Soc. Linnéenne de Paris*, 1826, t. IV, p. 54.). Cet auteur ne parle du *Lagomys* fossile que d'après Cuvier, et il n'y donne aucun nom spécifique.

(2) Voyez Pallas, *Glires*, pl. IV, fig. 13ᴬ et 13ᴮ. — Waterhouse, *op. cit.*, t. II, pl. II, fig. 1 et 1ª. — Brandt, *Untersuchungen uber die craniologischen Entwickelungsstufen der Nager* (*Mém. de l'Acad. de Saint-Pétersb.*, t. VII, pl. XI, fig. 11-20.)

(3) Voyez Pallas, *op. cit.*, pl. IVª, fig. 5.

montagnes froides du Moupin, aussi bien que chez les individus trouvés dans le Népaul.

Par sa taille, son aspect et ses caractères ostéologiques, le *Lagomys tibetanus* ressemble beaucoup au *Lagomys Hodgsoni*, qui habite le nord de l'Inde ; chez ce dernier, le crâne est cependant un peu plus large, comparativement à sa longueur, plus arrondi et plus distinctement marginé latéralement (1). Il est aussi à noter que chez le *Lagomys tibetanus* la région nasale de la face est plus courte et le bord postérieur de la branche montante de la mâchoire inférieure est plus concave (2). Chez les deux, l'hiatus résultant de la confluence des trous palatins et incisifs est très-large, mais chez le *Lagomys tibetanus* il est un peu plus rétréci antérieurement.

Le *Lagomys nipalensis* est notablement plus grand que les deux espèces ou variétés précédentes, et il s'en distingue par la teinte du dessus de la tête et des épaules, qui est d'un marron rougeâtre. Les oreilles sont plus poilues sur leur face antérieure.

Le *Lagomys hyperboreus* est aussi un peu plus grand que le *Lagomys tibetanus;* son pelage est moins foncé, particulièrement en dessous, où la région abdominale est souvent presque blanche ; enfin, le crâne est beaucoup plus élargi en dessus, et présente sur la ligne médiane une petite crête sagittale, comme chez le *Lagomys Ogotona* et le *Lagomys alpinus*. Quant au *Lagomys Roylei* et au *Lagomys Curzoniæ*, ils ont à peu près la taille du *Lagomys alpinus*, et se distinguent aussi du *Lagomys tibetanus* par leur pelage.

Je ne parle pas ici du *Lagomys princeps* et du *Lagomys minutus* de l'Amérique septentrionale, parce que je n'ai pas eu l'occasion de les étudier et que l'on ne sait rien relativement à leurs caractères ostéologiques ; je me bornerai à rappeler qu'ils sont plus grands que le

(1) Voyez Blyth, *op. cit.* (*Journ. of the Asiatic Soc. of Bengal*, 1841, t. X, avec une planche correspondant à la page 816).

(2) Voyez pl. XLIX, fig. 1.

Lagomys tibetanus, et que leur pelage est blanchâtre à la face inférieure du corps.

Le *Lagomys tibetanus* vit dans les bois des hautes montagnes de la principauté de Moupin ; il s'y creuse des terriers et se nourrit d'herbes et de fruits. Il court en sautant comme le Lièvre. Les habitants prétendent qu'il existe, dans une principauté voisine, une autre espèce de *Lagomys* de dimensions beaucoup plus considérables, mais dont le pelage aurait les mêmes teintes.

§ 21. — GENRE AILUROPUS (1).

AILUROPUS MELANOLEUCUS.

(Voyez pl. L, LI, LII, LIII, LIV, LV et LVI.)

Ursus melanoleucus, A. David, Lettre adressée à M. Milne Edwards et datée de Moupin, le 21 mars 1869 (*Nouvelles Archives du Muséum*, t. V, *Bulletin*, p. 13).

Ailuropoda melanoleucus, Alph. Milne Edwards, *Sur quelques Mammifères du Tibet oriental* (*Ann. des sc. nat.*, série 5, 1870, t. XIII, art. n° 10).

Ailuropus melanoleucus, A. Milne Edwards, *Nouvelles Archives du Muséum*, 1872, t. VII, *Bulletin*, p. 92.

Ce singulier Mammifère, en partie blanc et en partie noir, ressemble tant à un Ours par sa forme extérieure, par son aspect général et par ses allures, qu'au premier abord tout naturaliste le prendrait pour un animal de ce genre, et je ne m'étonne pas que M. l'abbé David l'ait désigné sous le nom d'*Ursus melanoleucus*. Mais lorsqu'on examine son système dentaire, on voit qu'il appartient à un type très-différent,

(1) J'ai adopté le nom d'*Ailuropus* pour rappeler la ressemblance qui existe entre les pieds de cet animal et ceux du Panda ou genre *Ailurus* de Fréd. Cuvier. J'avais d'abord fait usage d'une terminaison un peu différente; mais le mot *Ailuropoda* ayant été employé précédemment par M. Gray dans une acception différente, j'ai cru devoir le modifier de la manière indiquée ci-dessus, ainsi que je l'ai déjà fait dans l'explication des planches publiée longtemps avant l'impression de cet article.

type dont on ne connaît aucun autre représentant, et dont, par conséquent, il convient de former un genre nouveau.

L'Ailurope a des formes trapues et lourdes (1). Sa tête est courte, un peu effilée en avant, mais excessivement élargie dans sa portion moyenne et postérieure.

Le nez est petit et nu à son extrémité; le front est très-large et bombé; les yeux sont petits, et les oreilles sont courtes, très-écartées entre elles et arrondies au bout. Le cou est gros et très-fort. Le corps est ramassé et massif. La queue est si courte, qu'on ne la distingue qu'à peine. Les pattes sont courtes, très-grosses, à peu près de même longueur, et terminées par des pieds pentadactyles très-larges et arrondis au bout, dont la conformation générale rappelle tout à fait celle des pieds des Ours, mais dont la face inférieure, au lieu de poser complétement sur le sol pendant la marche et d'être tout à fait nue ou presque entièrement privée de poils, reste toujours relevée en grande partie et est abondamment revêtue de poils dans presque toute son étendue.

Aux pattes postérieures (2) on remarque à la base des doigts une rangée transversale de cinq petites pelotes charnues, et vers l'extrémité antérieure de la région métatarsienne un autre coussin dénudé et placé transversalement; mais entre ces parties, aussi bien que sur les deux tiers postérieurs de la surface plantaire, les poils sont aussi abondants et presque aussi longs que sur le dessus du pied.

Aux membres antérieurs (3) la disposition est à peu près la même, si ce n'est que le coussin métacarpien est plus large et qu'il existe une autre pelote charnue, sans poils, près du talon. L'*Ailuropus* n'est donc pas un animal plantigrade comme le sont tous les Ours, même l'Ours maritime, où la plante des pieds n'est pas complétement dépourvue de

(1) Voyez pl. L.
(2) Voyez pl. LI, fig. 2.
(3) Voyez pl. LI, fig. 1.

poils, mais pose à terre dans toute sa longueur. Sous ce rapport, l'*Ailuropus* ressemble au contraire au Panda, qui est à peine semi-plantigrade et qui a le dessous des pieds bien fourré.

Le mode de coloration de l'Ailurope est également très-remarquable (1). Cet animal est entièrement blanc, si ce n'est autour des yeux, aux oreilles, sur la région scapulaire et sur la partie inférieure du cou, ainsi que sur les quatre membres, où le poil est entièrement noir. Ces taches noires tranchent nettement sur le fond d'un blanc un peu jaunâtre ; celles qui entourent les yeux sont circulaires et donnent à la physionomie de l'animal un aspect fort bizarre ; celle qui recouvre les épaules représente une sorte de sangle : elle est placée transversalement sur le garrot, et s'élargit en descendant sur les épaules pour se continuer inférieurement sur le devant du cou et latéralement sur la totalité de la surface des membres antérieurs. Enfin les pattes postérieures sont également noires depuis la partie inférieure de la cuisse jusqu'au bout des doigts ; mais les hanches, ainsi que la plus grande partie de la queue, sont blanches comme le dos et le ventre. J'ajouterai que ce mode de coloration est exactement le même dans le jeune âge que chez l'adulte.

Il est aussi à noter que le poil, fort long et très-fourni, constitue une fourrure épaisse qui ressemble beaucoup à celle des Ours.

Par la forme générale de la tête osseuse de l'Ailurope, il serait impossible de reconnaître la famille à laquelle cet animal appartient. En effet, cette tête diffère extrêmement de celle des Ursidés et des Mustélidés, et présente quelques ressemblances avec celle des Hyènes ; mais on y remarque des particularités nombreuses et importantes, indiquant un type zoologique spécial : c'est seulement par l'inspection du système dentaire que l'on peut établir les affinités naturelles de l'Ailurope. Nous examinerons donc en premier lieu les caractères fournis par cette partie de l'organisme.

(1) Voyez pl. L.

A la mâchoire supérieure (1) les incisives sont, comme d'ordinaire, au nombre de trois paires : elles se font remarquer par leur direction oblique ; les médianes ou internes sont très-petites et peu élargies inférieurement; celles de la deuxième paire sont plus fortes et se dilatent vers leur bord tranchant. Il est à noter que la surface préhensile de ces dents est grande, très-usée et même creusée d'un sillon transversal indiquant le rôle important qu'avaient ces organes dans le mécanisme de la mastication. Les incisives externes sont fortes et excavées en dehors et en arrière pour faire place à la canine de la mâchoire inférieure.

Les canines sont robustes, mais courtes. Une crête mousse et peu marquée garnit leur bord postérieur à peu près comme chez l'Ours malais. Leur direction est presque verticale.

Les molaires sont au nombre de six de chaque côté, dont quatre prémolaires et deux vraies molaires.

La première avant-molaire, située immédiatement en arrière et un peu en dedans de la canine, est très-petite, tuberculiforme et un peu comprimée latéralement. La seconde est forte et sa forme est franchement carnassière; elle est comprimée latéralement et placée obliquement, de façon à chevaucher en dehors sur la face externe de la molaire suivante : elle est donc oblique d'arrière en avant et de dehors en dedans. Elle est divisée en trois lobes situés l'un au devant de l'autre : le premier est court, épais et obtus ; le second est relativement élevé, triangulaire et à bords tranchants ; le troisième, rejeté en dehors, est à peu près de la taille du premier, mais sa forme est plus comprimée; enfin, l'implantation se fait au moyen de deux racines. Cette molaire diffère donc considérablement de la dent correspondante des Ours par sa forme, aussi bien que par son développement relatif, puisque dans ce genre elle est uniradiculée, très-réduite et obtuse; elle se rapproche au contraire davantage de celle des

(1) Voyez pl. LIII et LIV.

Hyènes et des Félins, bien que chez ces derniers on y observe une sorte de collet interne ou d'épaississement basilaire. Chez le Panda, la molaire correspondante est également grande, biradiculée et tranchante, mais sa division en lobes est à peine indiquée.

La troisième ou pénultième prémolaire est notablement plus grosse et plus épaisse que la précédente. Sa couronne est divisée en cinq lobes bien distincts, dont trois, disposés en série linéaire, occupent sa portion externe, et deux, beaucoup moins saillants, sont situés en dedans. Les premiers sont triangulaires et tranchants; le médian dépasse de beaucoup les deux autres, dont le dernier est plus gros que le premier; les lobes internes sont placés vis-à-vis des sillons qui séparent ces derniers; le postérieur est obtus, l'antérieur est tuberculiforme, et entre eux on aperçoit les traces d'un sixième lobule rudimentaire. Les racines sont fortes. Ce mode de conformation rappelle un peu ce qui existe chez le Panda, mais les proportions sont très-différentes.

La dernière prémolaire est remarquablement grosse; elle est beaucoup plus large en arrière qu'en avant, et sa couronne est profondément divisée en six lobes dont cinq très-forts. Les trois externes sont tous très-développés et tranchants; le médian est le plus saillant et sa forme est triangulaire, tandis que le bord préhensile des autres est simplement arqué. Le premier lobe interne, presque aussi fort que l'externe, est moins élevé et mousse; le second est très-petit et presque caché dans le sillon qui sépare le précédent du troisième lobe de cette série. Ce dernier est très-gros, arrondi et disposé obliquement d'arrière en avant et de dehors en dedans. Je ne connais chez les Carnassiers aucun exemple d'une dent semblablement disposée. C est avec les Pandas que l'on trouve le moins de différences : là il existe également six lobes, mais ils sont plus ramassés; le deuxième lobe interne, rejeté plus en dedans, forme une sorte de talon; enfin, ces saillies s'usent rapidement au lieu de conserver leur émail intact.

Les vraies molaires sont remarquables par leur énorme développement. La première, à couronne presque quadrilatère, est de toutes la plus épaisse; elle est bordée en dedans par un bourrelet épais et fortement indiqué. Sa portion externe se compose principalement de deux gros lobes subégaux, triangulaires et tranchants. En avant du premier, on aperçoit un lobule rudimentaire; entre ces lobes et le bourrelet interne se trouvent : 1° un lobe antérieur surbaissé, arrondi, un peu mamelonné et correspondant à toute la largeur du premier des lobes de la rangée externe; 2° une éminence presque semblable à la précédente par sa forme et ses dimensions, mais divisée en deux portions par un sillon longitudinal peu profond. Cette molaire est pourvue de quatre racines; elle présente un singulier mélange de caractères, rappelant par sa portion externe la forme des dents essentiellement carnivores, et par sa portion interne celle des molaires destinées à broyer les substances végétales. Chez les Ours, et surtout chez l'Ours malais, la conformation de la couronne présente, mais d'une manière beaucoup moins marquée, ces caractères; elle est plus étroite et moins robuste. Chez le Panda, elle ressemble plus à ce que nous venons de voir, mais elle se complique davantage, car il existe en dehors cinq lobes dont deux grands et trois petits; le bourrelet interne est fortement lobulé, et les parties saillantes de la couronne s'usent rapidement. Dans le genre *Hyœnarctos*, les analogies sont plus grandes avec l'Ailurope. Cependant le bourrelet interne est beaucoup moins marqué et le mamelon postéro-interne n'est pas bilobé.

La dernière molaire est de toutes la plus singulière, tant à raison de ses dimensions que de sa forme. Elle est presque aussi épaisse que la pénultième, mais beaucoup plus allongée d'arrière en avant et se rétrécit postérieurement. Sa couronne, à peu près horizontale, porte une multitude de lobules, ainsi qu'un bourrelet marginal interne. Vue en dehors, elle paraît divisée en trois portions dont l'antérieure est composée de deux lobes tranchants : le premier grand et triangulaire, le second petit et surbaissé. La portion suivante présente en avant un lobe saillant et assez semblable au lobe antérieur, puis un bourrelet horizontal en dedans duquel on voit une série de mamelons arrondis. Enfin la troisième portion, qui semble être une continuation du bourrelet dont je viens de parler, est divisée par des sillons transversaux; du côté interne de la couronne se trouvent deux grands lobes surbaissés, dont le dernier est très-allongé et se continue en arrière de façon à contourner la dent et à former le bourrelet postéro-externe dont il vient d'être question; enfin, entre ces lobes et les saillies de la portion externe, se trouvent deux groupes de mamelons arrondis dont la disposition est très-complexe et varie légèrement d'un côté à l'autre; le groupe postérieur est le plus grand et le plus compliqué. J'ajouterai aussi que cette dent est placée dans l'alignement des précédentes, dont elle continue exactement la direction, au lieu de se diriger obliquement en dedans et en arrière, ainsi que cela a lieu chez les Félins et les Mustéliens. C'est certainement aux Ours que l'Ailurope ressemble le plus par le mode de conformation de cette molaire tuberculeuse, bien que chez ces derniers elle soit beaucoup plus étroite et plus simple. Chez les Pandas, elle est construite sur un plan tout à fait différent; elle reproduit presque les formes de la première vraie molaire, et son diamètre antéro-postérieur est moindre que son diamètre transversal; enfin sa couronne est beaucoup moins compliquée.

A la mâchoire inférieure (1), les canines sont très-rapprochées; aussi les incisives, bien que petites, pour pouvoir se loger, chevauchent-elles beaucoup les unes sur les autres; celles de la seconde paire sont insérées en arrière, et celles de la paire externe sont repoussées plus en avant que les médianes. Je ne puis rien dire de la forme de ces dents, car, sur l'exemplaire que j'ai entre les mains, elles ont toutes été plus ou moins cassées, du vivant de l'animal. Les canines sont également incomplètes, et il existe entre elles et la

(1) Voyez pl. LIV et LVI.

première molaire un vide d'environ un demi-centimètre de long.

Les molaires sont en même nombre qu'à la mâchoire supérieure. La première avant-molaire, au lieu d'être rudimentaire et tuberculiforme, comme son antagoniste, est large, biradiculée, tranchante et nettement trilobée, de façon à ressembler, sauf le volume, aux deux prémolaires suivantes. La deuxième n'est pas insérée obliquement comme son analogue à la mâchoire supérieure, et son grand axe est dans l'alignement de celui des dents voisines; elle est tricuspide, et son lobe médian s'élève beaucoup; son lobe postérieur est plus étendu que l'antérieur.

La troisième prémolaire est très-grande et assez semblable à celle d'en haut, si ce n'est qu'il n'existe pas de lobule sur son bord interne. Ces trois dents sont très-tranchantes et ont un caractère franchement carnassier.

La première vraie molaire est extrêmement allongée dans le sens antéro-postérieur et s'élargit en arrière; sa couronne est garnie de cinq tubercules coniques répartis en deux groupes séparés par un sillon transversal. Le premier se compose de deux lobes internes et d'un lobe externe dont la base se prolonge entre les deux précédents. Le groupe postérieur est formé de deux lobes seulement, l'un interne, ovalaire et convexe, l'autre subquadrilatère et irrégulièrement sillonné.

La deuxième arrière-molaire est plus ramassée et plus épaisse que la précédente. Un sillon transversal la divise en deux portions presque égales dont le bord interne s'élève en manière de lobe tranchant et subtriangulaire; on y remarque aussi, en avant, de petites divisions lobuliformes, dont trois appartenant au groupe antérieur et une seule au groupe postérieur. Le bord externe est surbaissé et arrondi; enfin, la portion moyenne de la couronne est garnie de sept tubercules petits et obtus, dont trois en avant du sillon transversal et quatre en arrière.

La dernière molaire est moins grande que la précédente, et sa couronne, à bords presque circulaires, est couverte de petits mamelons séparés par des plis peu profonds, mais nettement dessinés. Elle ressemble beaucoup à la tuberculeuse des Ours et s'éloigne notablement de celle des Pandas.

La tête osseuse est remarquable surtout par l'allongement du crâne et l'élévation de sa crête sagittale, par la brièveté du museau, par le rétrécissement de la portion postfrontale, et par l'énorme développement des arcades zygomatiques, ainsi que des fosses temporales (1).

La région occipitale (2) est dirigée obliquement en haut et en arrière de façon à surplomber de beaucoup le trou occipital, comme cela a lieu dans le genre *Arctocyon;* elle est garnie d'une forte crête verticale et limitée de chaque côté par une grosse crête très-saillante qui part de l'extrémité supérieure du cimier médian et descend sur le bord externe des apophyses mastoïdes pour se continuer avec le bord inférieur de celles-ci. Cette région, très-excavée de chaque côté présente aussi des empreintes musculaires nombreuses et profondes; enfin, son bord inférieur se prolonge de chaque côté des condyles en une grosse apophyse paroccipitale descendante, située à distance égale de ceux-ci et des apophyses mastoïdes.

La boîte crânienne (3) est étroite, peu bombée latéralement, allongée et très-rétrécie en avant. Ainsi que je l'ai déjà dit, elle est garnie en dessus d'une crête sagittale très-élevée, très-longue, et dont le bord, régulièrement arqué d'avant en arrière, est creusé d'un sillon linéaire, étroit, mais profond. Vers le milieu de la région temporale, il existe une rangée horizontale d'empreintes et de rugosités cristiformes, de l'extrémité antérieure de laquelle part une ligne tranchante dirigée obliquement en haut et en avant, de façon à remonter vers le front,

(1) Voyez pl. LII, LIV et LV.
(2) Voyez pl. LIV et LV.
(3) Voyez pl. LII et LIII.

à peu de distance en arrière de la région orbitaire. Une disposition analogue, quoique beaucoup moins marquée, se montre chez l'Ours malais, mais n'est pas générale dans le genre *Ursus* et ne se rencontre pas dans l'*Ailurus*.

Le front est séparé des fosses temporales par une ligne arquée peu saillante et très-courte, qui part de l'extrémité antérieure de la crête sagittale et gagne l'angle postérieur du bord sourcilier; mais il n'existe pas dans ce dernier point un prolongement apophysaire post-orbitaire, comme chez les Ours, les Ratons, les Blaireaux, les Pandas et la plupart des autres Carnassiers.

Le bord sourcilier est aussi à peine marqué, et le front, voûté transversalement, se continue avec la paroi interne des fosses orbitaires sans ligne de démarcation bien tranchée. Chez la plupart des Ours, il en est tout autrement : le bord supérieur de l'orbite est en général très-saillant; mais il est à remarquer que, sous ce rapport, l'*Ursus malayanus* se rapproche un peu de l'*Ailuropus*.

Ainsi que je l'ai déjà dit, la région frontale est très-étroite; chez les Ours, au contraire, elle est fort large. De même que chez le Panda, le nez est court et un peu relevé vers le bout. L'orifice des fosses nasales, au lieu d'être incliné très-obliquement en haut et en avant, comme chez les Ours, est dirigé presque directement en avant. Le museau est étroit et élevé; mais dans la région malaire, vers la base de l'arcade zygomatique, la face s'élargit beaucoup.

Le trou sous-orbitaire est situé très-bas et fort loin du bord de l'orbite, de sorte que le canal osseux traversé par le rameau sous-orbitaire du nerf maxillaire est très-allongé, tandis que chez le Panda il est plus court; la cavité destinée à loger l'œil est très-petite, évasée en avant et limitée en arrière, en bas et en dehors, par une saillie subcristiforme constituée par un prolongement du bord supérieur de l'arcade zygomatique, mais ne s'élevant pas en forme d'apophyse comme chez les Ours : sous ce dernier rapport, l'Ailurope se rapproche des Pandas. Du côté interne, la fosse orbitaire est séparée de la fosse zygomatique par une ligne saillante horizontale qui naît au-dessus de l'entrée du canal sous-orbitaire et se dirige vers le trou sphéno-orbitaire, disposition dont on retrouve également des traces chez le Panda, mais qui manque chez les Ours. Au-dessus de cette crête, dans l'angle de l'orbite, s'ouvre un large canal osseux qui se rend aux fosses nasales et qui donne passage au canal lacrymal. Enfin, au-dessous de cette même crête, à égale distance de l'entrée du trou sous-orbitaire et du trou optique, se trouve un autre trou très-grand, au fond duquel on aperçoit deux canaux, dont l'un se dirige vers les fosses nasales et l'autre aboutit au trou palatin postérieur. Chez les Ours, ces deux canaux naissent par deux orifices assez écartés l'un de l'autre. Le trou optique est encore plus réduit que dans le grand genre *Ursus*.

Il n'est aucun Carnassier chez lequel les arcades zygomatiques soient aussi développées que chez l'Ailurope : elles décrivent une forte courbure, de façon à donner à la région temporale de la tête une largeur remarquable, et à fournir de chaque côté, pour loger le muscle crotaphite, une fosse énorme (1). Leur portion malaire est très-renflée; mais c'est surtout leur branche temporale qui s'élargit d'une manière exceptionnelle : son bord supérieur, très-élevé, se prolonge sans interruption jusqu'à la crête latérale de l'occipital, en passant au-dessus du trou auditif; son bord inférieur se recourbe en dessous et en dedans, de façon à constituer au-dessus des fosses glénoïdales et de l'oreille une grande dépression en forme de cuvette, dont la surface interne est hérissée de rugosités attestant la puissance des insertions du masséter.

L'apophyse mastoïde, grande et presque lamelleuse, se détache du crâne à très-peu de distance en arrière de la racine postéro-inférieure

(1) Voyez pl. LII et LV.

de l'arcade zygomatique, de telle sorte que le trou auditif se trouve logé au fond d'une fosse profonde et étroite (1).

Les fosses glénoïdales (2) sont très-grandes; leur diamètre transversal est plus considérable que chez aucun autre Carnassier, et la portion interne de leur bord postérieur se recourbe beaucoup en avant et en dessous, de façon à encaisser la portion correspondante des condyles plus fortement que chez les Ours. Leur bord antérieur reste presque horizontal, et par conséquent la mâchoire inférieure n'est pas retenue dans sa cavité articulaire comme chez le Blaireau.

Ainsi que l'ont montré Turner et, plus récemment, M. Flower, le mode de conformation de la base du crâne fournit de très-bons caractères pour la classification naturelle des Carnivores. Il importe donc d'apporter une attention toute particulière à cette partie de la tête osseuse de l'Ailurope (3). Les condyles de l'occipital sont disposés à peu près comme ceux des Ours, mais il n'y a que des vestiges des trous condyloïdiens, si développés chez les Ursidés. Le basioccipital est court et creusé d'une paire de fossettes à fond rugueux, séparées par une petite crête médiane à peu près comme chez les Blaireaux, où elles sont toutefois beaucoup plus allongées. Chez les Ours, la région basilaire est au contraire plane et très-élargie.

En dehors, cette région est limitée par une petite crête styloïde linéaire qui se dirige obliquement et presque en ligne droite de l'entrée du canal d'Eustache au sommet des apophyses paroccipitales, en longeant le bord externe du trou carotidien et en circonscrivant, à la base de l'apophyse mastoïde, une fosse très-creuse, au fond de laquelle s'ouvre le trou stylo-mastoïdien. La portion de la base du crâne correspondant à la caisse auditive, au lieu d'être grande et aplatie comme chez les Ours, ou légèrement renflée comme chez les Pandas, est très-

(1) Voyez pl. LIII et LV.
(2) Voyez pl. LIII.
(3) Voyez pl. LIII.

petite et se confond avec la base de la crête glénoïdale postérieure ; son prolongement externe, qui limite en dessous l'entrée du méat auditif, est petit et extrêmement resserré entre la base de l'apophyse mastoïde et la partie correspondante de l'arcade zygomatique, dont il est cependant séparé par une grande échancrure au fond de laquelle se cache le trou glénoïdal qui, chez les Ours, est au contraire complétement à découvert à la face inférieure du crâne. Le canal alisphénoïdal, signalé par M. Flower comme caractéristique des Ours et des Pandas, et manquant chez tous les Carnassiers, n'existe pas chez l'Ailurope; on trouve cependant, à l'entrée du trou ovale, un petit pertuis presque oblitéré qui peut-être représente ce canal, mais qui aurait perdu toute importance physiologique.

La forme des arrière-narines est à peu près la même que chez les Ours, bien que les ailes ptérygoïdiennes soient moins élevées; chez le Panda au contraire, cette ouverture, au lieu d'être plus large en avant qu'en arrière, ainsi que cela a lieu dans les deux genres que je viens de mentionner, se rétrécit beaucoup à sa partie antérieure.

La voûte des arrière-narines, comprise entre les ailes ptérygoïdiennes, est divisée sur la ligne médiane par une forte crête lamelleuse très-élevée; disposition qui n'existe ni chez les Pandas, ni chez les Ours. Dans ces deux derniers genres, le bord palatin postérieur est situé très-loin en arrière des dernières molaires; dans l'Ailurope au contraire, il se trouve un peu en avant du bord postérieur de ces dents, de sorte que la voûte palatine est beaucoup plus courte. Le palais est presque aussi large en avant qu'en arrière, et, de même que chez les Pandas, se trouve creusé de deux gouttières longitudinales qui font suite aux trous palatins postérieurs et arrivent jusqu'aux trous incisifs. Dans le genre *Ursus*, ces gouttières sont à peine indiquées. Enfin, de même que chez le Panda, il n'y a pas d'hiatus médian derrière les trous incisifs.

Le maxillaire inférieur est remarquable par sa grande puissance;

les Hyènes et les grands *Felis* sont loin d'être aussi bien organisés sous ce rapport. Cet os se rétrécit beaucoup en avant, ainsi que je l'ai déjà dit à propos des incisives. Sa portion symphysaire est très-massive et très-longue; chez l'adulte, on n'aperçoit aucune trace de sa division primordiale en deux branches; en dessous cette partie est renflée, mais latéralement elle se rétrécit en arrière des canines. Les branches horizontales sont extrêmement épaisses, leur bord inférieur est presque droit. Les apophyses coronoïdes sont énormes, elles naissent assez loin en dehors de la rangée dentaire, un peu en avant du bord postérieur des avant-dernières molaires; elles s'élèvent en formant un angle presque droit avec les branches horizontales; elles se rétrécissent beaucoup vers leur extrémité, et se recourbent fortement en arrière de façon à offrir un aspect falciforme sur leur face interne; une crête qui part du tiers inférieur de leur bord antérieur se porte en arrière et en bas pour se terminer sur la tubérosité postmolaire près du trou dentaire inférieur, de façon à circonscrire une large surface rugueuse destinée à l'insertion d'une portion du muscle temporal. La face externe est très-concave et porte une multitude de rugosités plus ou moins cristiformes, sur lesquelles se fixe le muscle masséter. Le bord inférieur de la fosse ainsi constituée s'avance latéralement en manière d'aile, et se termine, près de la base du condyle, par un crochet dirigé en dedans et représentant l'angle de la mâchoire, au-dessous duquel se voient deux crêtes obliques et parallèles servant à l'insertion des muscles ptérygoïdiens. Le condyle est extrêmement large et se termine en dedans par une surface tronquée sur laquelle s'attachent les mêmes muscles.

Par sa forme générale, cette mâchoire ressemble à celle des Pandas plus qu'à celle des Ours ou de tout autre Carnassier; elle en diffère cependant par plusieurs caractères importants. Ainsi, chez le Panda, les branches horizontales sont minces et leur bord inférieur est fortement arqué. L'apophyse coronoïde est plus arrondie et se porte encore plus en avant, mais la fosse massétérienne est beaucoup plus étroite et moins profonde, l'angle de la mâchoire constitue un crochet puissant dirigé directement en arrière ; enfin, les condyles sont comparativement gros, mais leur diamètre transversal est beaucoup moindre. Chez l'*Ursus ornatus*, l'angle de la mâchoire se recourbe en dedans à peu près comme chez l'Ailurope, mais la branche montante n'a ni la même direction ni la même forme.

Par le moulage de l'intérieur de la boîte crânienne de l'Ailurope, M. Gervais a pu déterminer approximativement la forme de l'encéphale, et il la compare à celle de la même partie du système nerveux chez l'Ours et chez le Panda (1). Il résulte de cet examen que le cerveau du premier diffère notablement de celui des deux autres Carnassiers dont il vient d'être question.

M. Gervais pense que, sous ce rapport, l'Ailurope est moins semblable au Panda qu'on n'aurait pu le supposer par l'ensemble de ses caractères (2). Effectivement, le cerveau est plus ramassé, il est même notablement plus élargi que celui de l'Ours, particulièrement dans sa portion postérieure ; je ferai cependant remarquer que la conformation du cervelet paraît avoir plus de similitude avec celle de la même partie chez le Panda. Il est aussi à noter que chez l'Ailurope les lobes olfactifs sont beaucoup plus allongés que dans l'un ou l'autre de ces derniers animaux.

L'ensemble de faits que je viens de passer en revue prouve que l'Ailurope ne peut être rapporté à aucun des types génériques précédemment connus. Il appartient indubitablement à la famille des Carnassiers arctoïdes, dont les Ours sont les principaux représentants, et il ressemble beaucoup à ces animaux ; mais il tient encore plus peut-être des Pandas, et il présente un singulier mélange de caractères ostéolo-

(1) *Mémoire sur les formes cérébrales chez les Carnassiers* (*Nouvelles Archives du Muséum*, t. VI, p. 136, pl. VIII, fig. 8, 9 et 10).

(2) *Loc. cit.* p. 142.

giques. Ainsi, par le mode d'articulation de la mâchoire inférieure, l'énorme développement des arcades zygomatiques, il ressemble aux Félins les plus robustes, et quelques naturalistes le comparent à l'Hyène; mais la conformation de ses dents mâchelières indique que c'est en réalité un animal moins carnivore que ne le sont les Ours. Par leur forme générale, ses grosses molaires tuberculeuses ressemblent beaucoup à celles de l'Urside fossile désigné sous le nom d'*Arctotherium bonariense*, par M. P. Gervais (1).

Par la disposition de la couronne, la pénultième molaire a beaucoup d'analogie avec les molaires de divers Pachydermes fossiles, notamment du *Chœropotamus parisiensis* (2), et l'on aurait trouvé cette dent isolée, qu'on l'aurait rapportée à un herbivore pachyderme. Néanmoins c'est entre les Ours et les Pandas que l'Ailurope doit prendre place dans nos classifications méthodiques, et la division qui le renferme me paraît avoir une valeur zoologique plus considérable que celle de la plupart des genres dont se compose l'ordre des Carnassiers.

L'*Ailuropus melanoleucus* habite les montagnes les plus inaccessibles du Tibet oriental, et ne descend jamais de ses retraites pour ravager les champs, comme le fait l'Ours noir. Aussi la chasse de cet animal présente-t-elle de grandes difficultés. Il se nourrit principalement de racines, de bambous et d'autres végétaux.

D'après les renseignements fournis à M. l'abbé David par les chasseurs de Moupin, il atteint une très-grande taille; mais le mâle adulte dont le Muséum possède la dépouille n'est pas aussi grand que notre Ours brun des Pyrénées. Il mesure de l'extrémité du museau à la base de la queue (en suivant les courbures du dos) $1^m,50$; sa hauteur au garrot est de $0^m,66$.

(1) *Mémoires sur plusieurs espèces de Mammifères fossiles* (*Mém. de la Soc. géologique*, 2e série, t. IX, pl. XXIV).

(2) Voyez Gervais, *Zool. et Paléontol. françaises*, 1848, pl. XXVI, fig. 1.

MESURES DE LA TÊTE OSSEUSE.	*Ailuropus melanoleucus* adulte.	jeune.
Longueur du bord inférieur du trou occipital à l'avant du bord alvéolaire incisif	0,239	0,230
Hauteur totale maximum de la tête osseuse (mâchoire inférieure en place)	0,190	0,165
Longueur antéro-postérieure maximum	0,290	0,265
Longueur du milieu du bord postérieur du palatin au bord incisif alvéolaire	0,128	0,132
Longueur minimum du crâne en arrière des orbites	0,038	0,048
Largeur maximum extérieure de la boîte crânienne	0,106	0,103
Largeur maximum du crâne (en dehors des arcades zygomatiques)	0,207	0,185
Largeur entre les trous lacrymaux	0,057	0,057
Largeur entre les bords antéro-intérieurs des canines	0,032	0,032
Largeur de la série des incisives	0,030	0,031
Longueur de la série totale des dents	0,135	0,146
Longueur de la série des prémolaires et molaires	0,106	0,120
Distance entre les apophyses ptérygoïdes (ailes externes)	0,050	0,050
Distance entre les trous ovales	0,038	0,043
Distance entre la dernière molaire et le bord antérieur de la crête glénoïdienne	0,048	0,040
Largeur entre les apophyses styloïdes	0,080	0,078
Diamètre transverse du trou occipital	0,028	0,033
Diamètre vertical	0,022	0,026
Diamètre vertical externe maximum de la boîte crânienne	0,138	0,120
Distance entre les trous optiques	0,034	0,029
Distance du bord orbitaire du trou lacrymal au bord antérieur de l'os incisif	0,091	0,093
Distance des trous auditifs	0,112	0,100
Longueur de la dernière molaire	0,032	0,035
Largeur	0,024	0,025
Longueur de la pénultième molaire	0,022	0,025
Largeur	0,024	0,027
Longueur de la première molaire	0,023	0,026
Largeur	0,017	0,019
Longueur de la dernière prémolaire	0,019	0,025
Longueur de la deuxième prémolaire	0,013	0,014

MESURES DU MAXILLAIRE INFÉRIEUR.	*Ailuropus melanoleucus* adulte.	jeune.
Longueur du condyle à l'extrémité des incisives	0,210	0,200
Distance maximum du condyle à l'angle inférieur de la mâchoire	0,106	0,085
Distance de l'extrémité de l'apophyse coronoïde à l'angle inférieur de la mâchoire	0,145	0,115
Distance des condyles mesurée en dehors	0,192	0,176
Distance entre les angles inférieurs du maxillaire	0,118	0,110

MESURES DU MAXILLAIRE INFÉRIEUR.	*Ailuropus melanoleucus* adulte.	*Ailuropus melanoleucus* jeune.
Distance entre les sommets des apophyses coronoïdes	0,133	0,115
Longueur de la symphyse	0,075	0,067
Largeur entre les branches du maxillaire immédiatement en arrière des dernières molaires	0,049	0,049
Largeur intérieure entre les troisièmes prémolaires et les premières molaires	0,042	0,038
Largeur intérieure en avant et en dedans des premières prémolaires	0,026	0,019
Longueur de la série dentaire (molaires et prémolaires)	0,113	0,125
Largeur de la dernière molaire	0,018	0,020
Longueur	0,016	0,019
Largeur de la pénultième molaire	0,020	0,021
Longueur	0,023	0,025
Largeur de la première molaire	0,017	0,018
Longueur	0,029	0,032
Longueur de la troisième prémolaire	0,021	0,023
Longueur de la deuxième prémolaire	0,014	0,015
Longueur de la première prémolaire	0,010	0,011

§ 22. — GENRE MELES.

Sous-genre Arctonyx.

ARCTONYX OBSCURUS.

(Voyez pl. LXII, et pl. LVIII, fig. 2.)

Ce Blaireau appartient au même groupe que le *Meles leucolæmus* dont j'ai parlé précédemment (1), et les caractères assignés par Frédéric Cuvier, ainsi que par M. Gray, à l'espèce désignée par ces auteurs sous le nom de *Meles* ou d'*Arctonyx collaris* (2), y sont également inapplicables, car sa queue, au lieu d'être longue, est courte (3) ; mais j'ai pu

(1) Voyez ci-dessus, page 195.

(2) Voyez ci-dessus, page 198.

(3) Je reproduis ici la description que le docteur Gray donne de l'*Arctonyx collaris* : « Jaunâtre » lavé de noir ; cou jaune. Pieds et une double bande de chaque côté de la tête noirs. Queue » allongée (*elongata*), oreilles très-courtes et bordées de blanc. » (*Catalogue of the Carnivorous, Pachydermatous and Edentate Mammalia in the British Museum*, 1869, p. 122.)

récemment me convaincre de son identité spécifique avec plusieurs des animaux qui figurent, sous ce dernier nom, dans la galerie du Musée Britannique, et par conséquent la distinction que j'ai cru devoir établir entre ces animaux ne repose peut-être que sur des erreurs commises par ces naturalistes dans la description et dans les figures du *Meles collaris* données dans leurs ouvrages. Mais, n'ayant à cet égard aucune certitude, j'ai craint d'introduire plus de confusion si j'appliquais ce dernier nom au Blaireau sur lequel je me propose d'appeler l'attention du zoologiste, et j'ai cru préférable de continuer à lui appliquer le nom d'*Arctonyx obscurus*.

La forme générale de ce Blaireau est à peu près la même que celle de l'espèce des environs de Pékin. Cependant la tête est plus grande comparativement au tronc, le nez se prolonge davantage, et la queue est un peu moins courte et moins poilue : sous ce rapport, l'*Arctonyx obscurus* se rapproche davantage des animaux figurés sous le nom d'*Arctonyx collaris*, mais cependant l'appendice caudal est loin d'être grêle et allongé. Il s'en rapproche aussi par son mode général de coloration, car le blanc de la gorge ne se prolonge pas tout autour de la base du cou, ainsi que cela a lieu chez l'*Arctonyx leucolœmus;* il a aussi beaucoup moins de blanc sur la tête; la bande naso-frontale se perd vers le milieu du sinciput, et les joues sont complétement brunes, à l'exception d'une petite tache blanche sous les yeux. Cette couleur foncée s'étend aussi sur la mâchoire inférieure et sous le menton. Le plastron blanc ne commence qu'en arrière du niveau de la commissure des lèvres et ne s'étend que très-peu sur la partie antérieure de la poitrine et des épaules. Tout le reste du corps est d'un brun noirâtre, argenté par les pointes blanches des poils, dont la portion basilaire, au lieu d'être blanche, est d'un gris jaunâtre. Les pattes sont plus foncées que le corps; enfin la queue est d'un blanc jaunâtre. Les ongles sont bruns.

Les principales différences que l'on constate dans la tête osseuse de l'*Arctonyx obscurus*, comparée à celle de l'*Arctonyx leucolæmus*, peuvent être attribuées à l'âge, car les individus de la première de ces espèces, ou races locales, que j'ai pu examiner, bien qu'ayant leurs dents de remplacement, n'étaient pas complétement adultes. Aussi la crête sagittale, qui est si bien développée chez tous les Blaireaux dont la croissance est terminée, mais qui manque dans leur jeune âge, est ici rudimentaire. Ce n'est donc pas un caractère ostéologique sur lequel on puisse s'appuyer. Je n'attacherai pas plus d'importance à la forme des arcades zygomatiques, qui sont moins arquées, car des différences du même ordre se présentent suivant l'âge des individus, chez nos Blaireaux communs. Mais il n'en est plus de même en ce qui concerne les particularités suivantes. Chez l'espèce du Tibet oriental, il existe, entre les incisives supérieures et la canine, un grand espace vide dont on ne voit aucune trace chez l'*Arctonyx leucolæmus;* le museau est plus prolongé et les os nasaux se prolongent davantage. La portion post-alvéolaire du palais est plus large et plus allongée; enfin la caisse est plus renflée en arrière, et le rebord qui du côté externe s'étend de la base de l'apophyse préoccipitale à l'extrémité de l'apophyse mastoïde, est plus développée.

Cet *Arctonyx* habite les montagnes du Tibet chinois. C'est là que M. l'abbé A. David a pu s'en procurer deux individus. Les chasseurs les ont tués en automne.

Longueur du corps depuis le museau jusqu'à l'origine de la queue en suivant les courbures du dos	0,54 cent.
Longueur de la tête	0,15
Longueur de la queue	0,13

Je saisis cette occasion pour ajouter que, parmi les Mammifères envoyés récemment au Musée par M. l'abbé David, provenant du Chen-si méridional, se trouve un Blaireau d'assez grande taille, dont le pelage ressemble beaucoup à celui de l'*Arctonyx leucolæmus*, quoique les poils soient un peu plus noirs, surtout vers le bas des flancs, et dont la tête osseuse est conformée de la même manière que celle de cette espèce, mais dont le système dentaire offre une particularité remarquable. En effet, il existe à chaque mâchoire une paire de petites fausses molaires de plus que chez les autres *Arctonyx*. Ces prémolaires sont peut-être caduques. Cependant, sur des crânes provenant d'animaux plus jeunes du même genre, elles n'existent pas. La présence de ces dents doit-elle être considérée comme un caractère spécifique ou individuel. C'est une question qui ne pourra être résolue que par l'examen de plusieurs têtes osseuses de ces Blaireaux. J'ai cru utile de faire représenter le système dentaire de cet animal (1).

§ 23. — GENRE FELIS.

FELIS SCRIPTA.

A. Milne Edwards, *Nouvelles Archives du Muséum*, 1870, t. VII, *Bulletin*, p. 92.

(Voyez pl. LVII et pl. LVIII, fig. 1.)

Ce petit Chat panthérin se distingue des autres espèces, ou races locales du même groupe, par la forme des taches dont sa robe est ornée. Le fond général du pelage est d'un gris pâle tirant sur le fauve, et les taches sont comme d'ordinaire, dans cette subdivision du genre *Felis*, d'un brun roux avec une bordure noire plus ou moins complète ; mais sur la totalité de la région scapulaire ces taches constituent de longues bandes dirigées longitudinalement et ondulées de façon à ressembler un peu à certains caractères de l'écriture chinoise. La plus grande de ces lignes noirâtres commence près de l'angle interne de l'œil, monte à quelque distance au-dessus du sourcil, passe en dedans du bord supérieur de l'oreille, et se continue presque sans interruption sur le côté du dessus du cou et sur la portion scapulaire du dos, jusque

(1) Voyez pl. LVIII, fig. 2.

sur la portion postscapulaire du thorax, en se continuant vers le haut, puis en se dirigeant obliquement vers les flancs et en s'élargissant notablement. Une autre bande analogue, placée plus haut, contourne de la même façon le dessus de l'épaule et se relie en avant avec une ligne noire fronto-cervicale; elle se relie aussi à la précédente par l'intermédiaire d'une tache placée à l'angle antéro-supérieur de la poitrine, et elle est séparée de sa congénère par une rangée irrégulière de petites maculatures allongées sur la partie inférieure de la région scapulaire et sur la face externe des pattes antérieures. Ces taches sont disposées par rangées horizontales, mais elles sont plus petites et elles ne se réunissent pas aussi complétement en bandes continues. Sur les côtés du corps, sur les hanches et sur la face externe des membres postérieurs jusqu'auprès du talon, ces taches forment aussi des rangées horizontales bien caractérisées, mais elles ne sont que peu confluentes; sur les flancs, plusieurs d'entre elles affectent la forme de rosaces et ont des dimensions beaucoup plus considérables que sur l'arrière-train. La tête est ornée de blanc, et cette teinte se montre aussi sur les côtés de la racine du nez, à la base du front, sur les joues et tout autour de la bouche, ainsi que sur le menton, sur la gorge et la poitrine. Des bandes noirâtres et d'autres taches sont disséminées sur le front, les joues et le devant du cou, à peu près comme chez le *Felis chinensis* (1). Sur la poitrine, les bandes transversales sont noires et interrompues; sur le ventre, où le fond du pelage devient d'un gris jaunâtre clair, les taches noires sont disposées par rangées plutôt longitudinales que transversales.

La queue, de longueur médiocre, est bien fournie et marquée en dessus, ainsi que sur les côtés, d'une multitude de taches noires très-allongées transversalement et qui ne constituent pas des anneaux bien caractérisés, même vers le bout. Enfin, le poil est partout assez doux, un peu allongé, bien fourni et d'une teinte ardoisée à sa base.

(1) Voyez ci-dessus, page 216, et pl. XXXI a, fig. 2.

Longueur mesurée de l'extrémité du museau à la base de la queue en suivant les courbures du dos.. 0,54 cent.
Longueur de la queue.. 0,27

La tête osseuse ressemble un peu à celle du *Felis chinensis*, mais le museau est plus étroit et la portion supérieure des trous sus-orbitaires est encore plus rétrécie ; ces trous présentent dans cette partie l'apparence d'une fente presque linéaire. Le cadre orbitaire est à peu de chose près complet ; les bulles auditives sont plus renflées en avant. Enfin les canines sont plus longues, mais moins fortes (1).

Ce Chat habite les forêts des grandes montagnes de la principauté de Moupin et paraît ne pas y être rare. L'individu dont M. l'abbé A. David nous a envoyé une dépouille avait été tué en mars; son iris était d'un châtain jaunâtre.

§ 24. — GENRE PUTORIUS.

PUTORIUS DAVIDIANUS.

A. Milne Edwards, *Nouvelles Archives du Muséum*, 1870, t. VII, *Bulletin*, p. 92.

(Voyez pl. LIX, fig. 1, et pl. LX, fig. 2.)

Ce petit Carnassier ressemble beaucoup au Putois du Japon, décrit par Temminck sous le nom de *Mustela Itatsi* (2). De même que chez celui-ci, le corps, les membres et la queue sont colorés à peu près uniformément en brun fauve, qui devient plus jaune sous le cou que partout ailleurs, et il n'y a de parties blanches que sur les côtés des narines, sur le bord des lèvres et sous le menton. Il est un peu plus petit que la *Mustela Itatsi ;* le dessus du nez et la partie adjacente des joues sont

(1) Voyez pl. LVIII, fig. 1.

(2) Temminck, *Aperçu général et spécifique sur les Mammifères qui habitent le Japon* (Siebold, *Fauna japonica*, p. 34, pl. VII, fig. 1 et 2).

noirâtres, et cette teinte s'étend en s'affaiblissant jusque sur l'occiput. La queue est plus grêle vers le bout. Les ongles des pattes antérieures sont très-longs et aigus. Enfin les dents sont plus petites comparativement au volume de la tête : ainsi les canines supérieures ne descendent que très-peu au-dessous du niveau du bord alvéolaire de la mâchoire inférieure.

Longueur de l'extrémité du museau à la base de la queue (en suivant les courbures du dos)	0,290 millim.
Longueur de la queue	0,160
Longueur de la tête osseuse	0,052
Longueur de la boîte crânienne	0,021

Ces dimensions ont été mesurées sur un individu femelle complétement adulte et tué en été dans le Kiang-si par M. l'abbé A. David.

M. R. Swinhoe fait mention du *Mustela sibirica* (1) comme étant commun en Chine (2) et comme ayant été rencontrée par lui aux environs de Tien-sin, à Amoy et à Formose. Au premier abord, j'étais disposé à penser que le Putois du Kiang-si n'en différait pas; mais M. R. Swinhoe ayant eu l'obligeance de me donner la tête osseuse d'un individu qu'il avait apporté d'Amoy, j'ai pu me convaincre, en comparant cette pièce à la tête du *Putorius Davidianus*, que ces espèces, ou races locales, sont distinctes. Effectivement on y remarque les différences suivantes :

1° La tête du *Putorius Davidianus* est beaucoup plus petite (3), sa longueur étant de 52 millimètres, tandis que celle de l'espèce d'Amoy mesure 66 millimètres.

2° Les bulles auditives sont beaucoup plus allongées d'arrière en avant, plus étroites et moins divergentes; elles rappellent sous ce rapport la disposition propre aux Hermines et aux Belettes.

(1) Pallas, *Spicilegia zoologica*, fasciculus XIV, p. 86, pl. IV, fig. 2.

(2) *Catalogue of the Mammals of China* (*Proceedings of the Zoological Society*, 1870, p. 621).

(3) Voyez pl. LX, fig. 2.

3° La région occipitale est moins élargie comparativement à sa hauteur et plus distinctement trilobée.

4° La carnassière inférieure est beaucoup moins haute comparativement à la molaire qui la précède, et sa forme n'est pas la même que chez le Putois d'Amoy, dont l'identité avec le *Mustela sibirica* de Pallas me paraît douteuse. Cette dent se compose de trois lobes tranchants, dont le médian est beaucoup plus élevé que les autres, mais ceux-ci sont à peu près égaux. Chez le Putois sibérien, le lobe antérieur est beaucoup plus élevé. La carnassière supérieure présente aussi des particularités en harmonie avec la conformation de son antagoniste : elle est très-basse, très-allongée, et son lobe postérieur occupe au moins la moitié de son diamètre antéro-postérieur ; tandis que chez le Putois d'Amoy, ainsi que chez l'espèce d'Europe, l'Hermine et la Belette, le lobe médian est si développé, qu'il occupe la presque totalité du diamètre antéro-postérieur de la dent.

Enfin, j'ajouterai que la petitesse des molaires chez le *Mustela alpina*, ou *Putorius alpinus* (1), ne permet pas de rapporter à cette espèce le Putois dont je viens de faire connaître les caractères. Le *Putorius alpinus* se rapproche beaucoup plus du *Putorius Fontanierii*, dont il n'est peut-être qu'une race.

PUTORIUS ASTUTUS.

(Voyez pl. LXI, fig. 2, et pl. LX, fig. 3.)

A. Milne Edwards, *Nouvelles Archives du Muséum*, 1870, t. VII, *Bulletin*, p. 92.

Cette espèce est à peu près de la taille de l'Hermine de France ; par la disposition générale de ses couleurs, elle se rapproche davantage de la Belette, mais s'en distingue par la longueur beaucoup plus

(1) Radde, *Reisen im Süden von Ost-Sibirien*, *Säugethiere*, p. 48, pl. II, fig. 5-7.

considérable de sa queue. Chez l'individu unique que j'ai entre les mains, la face supérieure des pattes antérieures est d'un blanc pur, ainsi que la portion adjacente des bras. Il est aussi à noter que le dessus du corps est d'un brun foncé, dont l'intensité augmente dans la région frontale, et que la partie blanche de la poitrine est légèrement teintée de jaune. La queue est d'une couleur uniforme jusqu'à son extrémité, et les poils dont elle est garnie sont serrés, mais moins longs que chez le *Putorius Fontanierii* du nord de la Chine. Pendant la vie, l'iris est châtain, le nez rougeâtre et les ongles blancs.

Longueur du corps, de l'extrémité du museau à la base de la queue (en suivant les courbures du dos)	0,250 millim.
Longueur de la queue	0,105

La tête osseuse est plus resserrée que d'ordinaire dans la région fronto-orbitaire (1), et les arcades zygomatiques sont remarquablement grêles. Elle est beaucoup plus allongée que celle de la Belette; le museau est moins arrondi, et la portion post-alvéolaire de la voûte palatine est plus rétrécie. Les carnassières ressemblent un peu à celles du *Putorius Davidianus* et paraissent rattacher cette forme à celle que nous offrent les Belettes, les Hermines et le Putois d'Europe. En effet, le lobe médian de ces dents est moins développé que chez les espèces dont je viens de parler, sans présenter cependant la brièveté si remarquable que j'ai signalée chez le *Putorius Davidianus*. Cette espèce ressemble beaucoup au *Putorius numidicus* du Maroc (2), mais n'a pas comme celui-ci le bout de la queue noirâtre, caractère qui la distingue également de l'Hermine.

Elle a été trouvée en juillet, par M. l'abbé A. David, sur une des montagnes les plus élevées de la principauté de Moupin.

(1) Voyez pl. LX, fig. 3.

(2) Pucheran, *Notes mammalogiques* (*Revue et Magasin de zoologie*, 1855, p. 393).

PUTORIUS MOUPINENSIS.

(Voyez pl. LIX, fig. 2, et pl. LX, fig. 4.)

La couleur générale de ce Putois des montagnes de Moupin est d'un brun roux, dont la teinte ne s'éclaircit que peu sur là poitrine et sur le ventre. La partie antérieure de la face est d'un brun foncé presque sans mélange de blanc ; tantôt le menton, de même que les parties adjacentes, est d'un jaune un peu blanchâtre, tantôt il est blanc, ainsi que les poils de l'extrémité antérieure du museau. Chez un individu tué en juillet, il n'y avait aucune trace de blanc sur la poitrine ; mais sur un autre Putois tué en mai, cette région offrait quelques parties blanches disposées irrégulièrement.

La queue est longue, touffue et brune, ou même noirâtre vers le bout ; enfin les yeux sont petits et noirs. Le nez est couleur de chair, ainsi que le dessous des pieds, et les ongles sont gris.

Longueur du corps mesurée depuis le bout du museau jusqu'à la racine de la queue (en suivant les courbures du dos)	0,34
Longueur de la queue	0,23

La tête osseuse du *Putorius moupinensis* (1) diffère beaucoup de celle des deux espèces dont je viens de parler ; elle ressemble à celle du *Putorius sibiricus*, dont la taille est supérieure, mais elle s'en distingue par la forme de la pénultième molaire supérieure, ou dent carnassière, dont le lobule antéro-externe est très-bien caractérisé et fort distinct du lobe principal, tandis que chez le *Putorius sibiricus* ce lobule est rudimentaire ou manque complétement. Doit-on en conclure que ces animaux appartiennent à des espèces distinctes, ou doit-on les considérer comme représentant deux races locales d'un seul et même type spécifique, modifié sous l'influence de conditions biologiques

(1) Voyez pl. LX, fig. 4.

différentes? L'importance que les naturalistes attachent d'ordinaire aux caractères tirés de la forme des dents m'avait d'abord porté à adopter la première de ces opinions. Mais j'hésite beaucoup à y persévérer aujourd'hui, car le Muséum a reçu dernièrement, par les soins de M. l'abbé David, plusieurs Putois de Pékin et du centre de la Chine, qui semblent établir le passage entre les deux formes dont je viens de parler.

Ces animaux sont aussi, par leur pelage, intermédiaires à ceux de la Sibérie et du Tibet: les uns ont plus ou moins de blanc autour du museau, les autres n'en offrent pas. Enfin nos collections se sont également enrichies d'un Putois des environs du lac Baïkal, de plus grande taille et d'un pelage fauve très-clair, dont les dents carnassières supérieures sont pourvues d'un petit tubercule antéro-externe.

Pour trancher la question d'identité spécifique, il serait nécessaire d'étudier une série considérable d'individus.

§ 25. — GENRE CERVULUS.

CERVULUS LACRIMANS.

(Voyez pl. LXIII et LXIV.)

Alph. Milne Edwards, *Nouvelles Archives du Muséum*, 1871, t. VII, *Bulletin*, p. 93.

Le groupe naturel des *Cervulus*, ou Cerfs Muntjacs, établi en 1816 par Blainville (1), et adopté avec divers changements de nom par la plupart des mammalogistes plus récents (2), est répandu dans toute

(1) *Bulletin de la Société philomatique.*

(2) Muntjacus, Gray, *London Medical Repository*, 1821.

— Stylocerus, Hamilton Smith, in *Griffith's Animal Kingdom*, t. IV. — Jardine *History of the ruminating Animals*, 1835, t. I, p. 181.

— Prox, Ogilby, *Proceedings of the Zoological Society*, 1836, p. 135.

— Dioplon (*J. Broocke's Museum Catalogue*, p. 62).

— Cervulus, Gray, *Knowsley Menagerie.* — *Catalogue of the Species of Mammalia in the Collection of the British Museum*, part. 3 : *Ungulata furcipeda*, p. 217 (1852).

la région indo-malaisienne. Depuis longtemps sa présence avait été signalée dans le Népaul et à Formose, aussi bien que dans les parties plus méridionales du continent asiatique et dans les grandes îles adjacentes; mais, avant le voyage de M. l'abbé Armand David dans le Tibet oriental, on en ignorait l'existence sur le versant septentrional du grand massif himalayen.

Aujourd'hui on le rencontre en Chine jusque vers le 30e degré de latitude nord, mais il ne s'est montré dans aucune autre partie du globe, et il constitue un des traits caractéristiques de la faune orientale.

Les Muntjacs de l'Inde et de la Cochinchine diffèrent notablement les uns des autres par la taille, les teintes du pelage et quelques particularités dans la conformation de la tête; mais ils se mêlent très-facilement entre eux et donnent des produits féconds dont les descendants ne présentent aucun indice des différences originaires.

Il est donc à présumer que ces animaux appartiennent tous à une même espèce, et que les variétés décrites par les zoologistes sous des noms particuliers ne sont que des races locales (1); mais j'incline à croire que le Muntjac du Moupin, auquel j'ai donné le nom de *Cervulus lacrimans,* constitue une espèce particulière, car on y remarque des caractères ostéologiques dont la valeur paraît être plus considérable que celle des particularités distinctives observées chez les autres représentants du même type.

(1) Tous les Cervules furent appelés d'abord *Cervus Muntjac*, à raison du nom vulgaire donné à ces animaux dans le dialecte javanais du Sunda; mais aujourd'hui on s'accorde assez généralement à appeler *Cervulus vaginalis* le *Kidjang*, ou grand Cervule à pelage foncé, qui habite Java et Sumatra (Horsfield, *Zoolog. Research.*). On désigne sous le nom de *Cervulus moschatus* (Blainville) le petit Muntjac du Népaul et des autres parties de l'Inde, et l'on nomme *Cervulus Reevesi* (Ogilby, *Proceed. Zool. Soc.*, 1838) un petit Cervule de Chine. M. Gray a proposé de distinguer sous le nom de *Cervulus cambodgensis* (*Proceed. Zool. Soc.*, 1861, p. 138) un Muntjac de très-grande taille dont on ne connaît que le massacre garni d'un fragment de la peau du front. Cet animal habite les montagnes du Cambodge, et ne peut être confondu avec le Muntjac de Cochinchine, qui est de petite taille et qui n'a pas de livrée dans le jeune âge.

L'une de ces particularités consiste en un développement excessif des fosses destinées à loger les larmiers (1). Chez le mâle, non-seulement ces cavités ont des dimensions telles que leur circonférence est presque égale à celle des orbites, mais elles sont tellement profondes, que l'espace laissé entre elles vers le milieu des fosses nasales est très-étroit vers le milieu de leur bord inférieur; le diamètre transversal de la face étant de 66 millimètres, la distance qui sépare l'une de l'autre les fosses lacrymales n'est que d'environ 15 millimètres.

Enfin leur bord supérieur, au lieu d'être mousse et arrondi comme d'ordinaire, est mince, tranchant et dirigé vers le bas de façon à descendre notablement au-dessous de la portion adjacente de leur voûte. Je n'ai rencontré ce mode de conformation chez aucun autre représentant du type Muntjac (2).

La forme du triangle frontal qui, en partant du milieu de la région nasale, aboutit aux pédoncules frontaux, et qui est limité latéralement par la crête naso-susorbitaire, en continuité avec le bord antérieur de ces pédoncules (3), fournit d'importants caractères.

Ce triangle est beaucoup moins ouvert en arrière que chez les autres *Cervulus*. La base mesurée au niveau des trous auditifs est, par rapport à la longueur de son sommet constitué par la portion subterminale des os nasaux, comme 70 est à 13, tandis que chez un Muntjac de Cochinchine ces proportions sont à peu près comme 90 est à 13, et que chez un Muntjac de Java, dont le crâne se trouve dans les galeries du Muséum, elles sont comme 90 est à 10.

Il est aussi à noter que la fosse frontale comprise entre les crêtes sus-orbitaires est remarquablement profonde, et que les pédoncules sont moins longs que d'ordinaire ; mesurés de la base de la couronne

(1) Voyez pl. LXIV, fig. 1.

(2) Voyez comme terme de comparaison la tête du Muntjac de l'Inde représentée par Cuvier (*Ossements fossiles*, t. IV, pl. V, fig. 48).

(3) Voyez pl. LXIV, fig. 2.

de pierrures au bord postérieur de l'orbite, ils ne dépassent que peu la longueur de la rangée supérieure des dents molaires, tandis que chez les autres espèces ils ont souvent deux ou trois fois cette longueur.

J'ajouterai que l'os intermaxillaire, au lieu de s'articuler avec l'os nasal par son extrémité supérieure, en est séparé par un large prolongement de l'os maxillaire, et que le museau est court; l'espace compris entre le bord antérieur de la mâchoire supérieure et la première molaire correspondante ne dépassant pas en longueur l'arcade alvéolaire (1).

La mâchoire inférieure ne présente aucun caractère important, si ce n'est l'étroitesse de l'espace compris entre les deux condyles.

Le *Cervulus lacrimans* est de petite taille, et de même que les autres Muntjacs, il est bas sur pattes. Sa hauteur, mesurée au garrot, n'est que de 42 centimètres, mais dans la région bombée de son dos il dépasse 50 centimètres. Le tronc, mesuré en ligne droite de la base du cou à l'anus, a environ 52 centimètres de long, et la longueur totale, mesurée de l'extrémité du museau à la base de la queue, en suivant les courbures de la tête, du cou et du dos, est d'environ 95 centimètres; son poitrail n'est qu'à environ 21 centimètres du sol. La queue a 14 centimètres de long.

Les bois du *Cervulus lacrimans* sont petits.

Le pelage diffère peu de celui des variétés indiennes; il est notablement plus clair que chez la plupart de celles-ci, et surtout que chez le *Cervulus Reevesi* (2), du sud de la Chine orientale, par exemple. De même que dans cette espèce, il n'y a pas de bracelets blancs au-dessus des sabots. Mais notre Cervule ne présente aucune trace de la bande noirâtre dont le dessus du cou est marqué chez le Muntjac de Reeves (3).

(1) Voyez pl. LXIV, fig. 3.
(2) Ogilby, *Proceed. of the Zool. Soc.*, 1838, p. 105.
(3) Swinhoe, *Proceed. of the Zool. Soc.*, 1869, p. 632.

Il se distingue aussi de ce dernier par la forme et le mode de coloration de la région frontale, dont la portion interorbitaire est très-claire, la portion coronale d'un marron tirant sur le rouge châtain, et les bandes latérales d'un brun noir. Les glandes frontales sont grandes et les larmiers très-ouverts. Le dessous du corps, depuis le menton jusqu'à l'extrémité de la queue, est blanc, à l'exception de la partie inférieure du cou et le poitrail, qui tirent sur le jaune pâle; la face interne des cuisses est blanche, mais cette couleur ne s'étend pas sur les métatarses.

Je n'ai pas eu l'occasion de comparer le *Cervulus lacrimans* au Muntjac de la Chine orientale décrit récemment par M. Swinhoe sous le nom de *Cervulus Sclateri* (1); mais M. V. Brooke, qui s'est beaucoup occupé des Ruminants de l'Indo-Chine, et qui a vu ces deux Muntjacs, m'a paru croire qu'ils ne diffèrent pas spécifiquement l'un de l'autre.

M. R. Swinhoe s'est procuré cette espèce à Ning-po; elle ne paraît pas très-rare aux environs de Hang-chou. Les Faons se font remarquer par leur pelage tacheté de blanc. Le *Cervulus Reevesi*, qui vit dans la même région, et le *Cervulus vaginalis*, qui a été trouvé à Haïnan, n'ont pas de livrée dans le jeune âge; c'est à peine si l'on aperçoit quelques lignes ou quelques maculatures d'un blanc lavé de jaune.

Le *Cervulus lacrimans* paraît très-rare au Tibet oriental; on ne le trouve jamais dans les montagnes neigeuses, il recherche un climat plus doux.

La tête osseuse d'un mâle adulte (2) m'a fourni les mesures suivantes, qui n'offriraient que peu d'intérêt si on les considérait isolé-

(1) Swinhoe, *Notes on Chinese Mammalia observed near Ningpo, september* 24, 1872 (*Proceed. Zool. Soc.*, 1872, p. 814).

La description sommaire du *C. lacrimans* fut publiée en 1871, et reproduite dans le *Bulletin* de la Société d'acclimatation en mai 1873.

(2) Voyez pl. LXIV.

ment, mais qui deviennent utiles lorsqu'on les compare à celles fournies par d'autres animaux du même groupe. Je donne donc ces indications dans le tableau placé à la fin de cet article.

DIMENSIONS DE LA TÊTE.

	MUNTJAC			
	DE MOUPIN.	DE L'INDE.	DE COCHINCHINE	DE JAVA.
	Millim.	Millim.	Millim.	Millim.
Longueur de la tête	165	186	185	214
Longueur de la face jusqu'au bord postér. de l'orbite.	115	130	131	152
Longueur de la portion crânienne de la tête, mesurée depuis le bord postérieur de l'os maxillaire	68	76	78	88
Longueur de l'arcade alvéolaire supérieure	52	52	57	60
Hauteur de la face, mesurée au niveau du bord antérieur de l'orbite, au-dessus du plan horizontal passant sous les molaires et l'os basilaire	57	56	54	76
Hauteur du sinciput au-dessus du même plan	65	73	64	76
Largeur du museau au niveau des canines	27	28	29	32
Largeur de la face au niveau du bord antérieur de l'orbite	68	71	66	82
Largeur de la tête au niveau de la base du bord postérieur des pédoncules frontaux	66	83	66	102
Largeur de la mâchoire inférieure entre les bords intérieurs des condyles	26	58	36	37

§ 26. — GENRE ELAPHODUS.

ELAPHODUS CEPHALOPHUS.

(Voyez pl. LXV, LXVI et LXVII.)

A. Milne Edwards, *Nouvelles Archives du Muséum*, 1871, t. VII, p. 93.

J'ai cru devoir établir pour ce petit Ruminant un genre particulier, car, tout en appartenant à la famille des Cerfs, il ressemble aux Antilopes céphalophes par son aspect général ainsi que par la disposition des poils du sinciput; et à raison de divers caractères ostéologiques, il est intermédiaire aux Muntjacs et aux Cerfs ordinaires; à certains égards il paraît même relier ces animaux aux *Hydropotes* et aux *Moschus*.

Effectivement, de même que chez ceux-ci et que chez les Cervules, l'*Elaphodus* mâle est pourvu de grandes canines tranchantes qui débordent de beaucoup la lèvre supérieure et descendent même notablement au-dessous du bord de la mâchoire inférieure.

Il a, comme les Muntjacs, les joues creusées de fosses lacrymales de très-grandes dimensions, et il ressemble un peu à ces animaux par la forme et la direction des pédoncules frontaux, car ces prolongements de l'os coronal sont couchés de façon à se trouver à peu près dans le même plan que la région fronto-nasale, et leur bord externe est en continuité avec une crête sus-temporale qui va rejoindre l'angle postéro-supérieur de l'orbite (1). Mais la forme générale de la région frontale est la même que chez le Cerf ordinaire ; le front est fortement bombé et n'est pas encaissé entre deux bourrelets nasaux sus-orbitaires, comme chez les Muntjacs (2). Les bois sont simples et tellement rudimentaires, que malgré la longueur de leurs pédoncules frontaux, ils ne dépassent que de très-peu les poils dont le sinciput est hérissé ; ils sont à peine apparents (3). Je rappellerai ici que chez le petit Cerf à grandes canines qui se trouve aux environs de Shanghaï, et qui a été décrit par M. Swinhoe sous le nom d'*Hydropotes inermis* (4), les bois font complétement défaut et les canines sont encore plus longues que chez l'*Elaphodus* (5). Parmi les particularités ostéologiques d'une importance secondaire que nous offre la tête de l'*Elaphodus*, je citerai la forme busquée du nez, la concavité de la portion de la face située au-dessus de la racine des canines. En avant du bord antéro-supérieur de la fosse

(1) Voyez pl. LXVII.

(2) Voyez pl. LXVIII.

(3) Voyez pl. LXV, fig. 2, représentant la tête du mâle recouverte de ses téguments.

(4) Swinhoe, *On a new Deer from China* (*Proceedings of the Zoological Society*, 1870, p. 89, pl. VI).

(5) Il est aussi à noter que chez l'*Hydropotes*, les fosses lacrymales sont très-petites et les os intermaxillaires ne sont pas élargis vers le bout (voy. Swinhoe, *loc. cit.*, pl. VII, fig. 1 et 2). — Sir V. Brooke, *On Hydropotes inermis* (*Proceed. Zool. Soc.*, 1872, p. 322, fig. 1, 2 et 3).

lacrymale, une gouttière étroite, mais assez profonde, part du tronc sourcilier et se dirige en avant, où elle longe le bord supérieur de l'orbite; enfin la portion supérieure des os intermaxillaires s'élargit beaucoup, et au lieu de se rétrécir vers le bout, comme d'ordinaire, s'y dilate beaucoup (1).

Chez la femelle, il n'y a ni bois ni prolongements frontaux, mais les fosses lacrymales sont presque aussi grandes que chez le mâle; la mâchoire supérieure est armée de petites canines pointues; les os intermaxillaires sont élargis à leur extrémité supérieure; enfin les fosses temporales sont limitées en dessus par une petite crête qui part du bord orbitaire postérieur et ressemble en miniature à la saillie latérale en continuité avec le bord externe des pédoncules frontaux chez le mâle.

Le pelage de l'*Elaphodus cephalophus* est bien fourni, un peu plus foncé sur le dos qu'en dessous et tirant au noir sur le dessus de la tête, tandis qu'au contraire il s'éclaircit beaucoup et devient d'un gris jaunâtre sur les sourcils, les joues et autour de la bouche. L'intérieur des oreilles est blanchâtre, et l'extrémité de ces organes, ainsi que la majeure partie de leur bord interne, est d'un blanc presque pur. La queue est également blanche en dessous, et la région anale est d'un blanc grisâtre, mais les membres, de même que le ventre, sont partout d'un brun foncé. Chez le mâle, le pelage est d'un ton plus foncé que chez la femelle; le poil est assez fin, lisse et généralement court. Mais, ainsi que je l'ai déjà dit, il s'allonge beaucoup et se redresse en forme de houppe sur le dessus de la tête, entre les oreilles, à peu près comme chez les petites Antilopes de la division des Céphalophes: cette disposition est plus prononcée chez le mâle que chez la femelle, mais est cependant bien marquée chez celle-ci.

Le Muséum a reçu, par les soins de M. l'abbé A. David, la dépouille

(1) Voyez pl. LXVII.

de deux de ces animaux tués dans la principauté de Moupin. Malheureusement la peau du mâle était en si mauvais état, qu'il a été impossible de la monter ou d'en tirer des mesures utiles. C'est donc la femelle qui a été représentée dans l'atlas de cet ouvrage et qui m'a fourni les documents suivants concernant les proportions du corps.

Hauteur de l'animal au garrot	49 centim.
Hauteur aux lombes	56
Longueur du tronc mesuré en ligne droite du poitrail à l'anus	58
Longueur totale du museau à la base de la queue, en suivant les courbes de la tête, du cou et du dos	106
Hauteur de la poitrine au-dessus du sol	26
Longueur des oreilles	8
Longueur de la queue	12
Longueur de la tête osseuse	18,2
Longueur de la face mesurée du bord antérieur des intermaxillaires au bord postérieur de l'orbite	12,2
Diamètre antéro-postérieur de la fosse lacrymale	2,5

TÊTE OSSEUSE DU MALE.

Longueur totale	18,2
Longueur de la face	13,7
Diamètre antéro-postérieur de l'orbite	2,8
Diamètre antéro-postérieur de la fosse lacrymale	3,5
Longueur de l'arcade maxillaire	5,9
Distance entre le bord orbitaire postérieur et l'extrémité des pédoncules frontaux, sous la base des bois	7,7
Longueur de la région crânienne, depuis le bord postérieur de l'arcade maxillaire jusqu'au bord postérieur du trou occipital	7,3
Longueur des pédoncules frontaux mesurés sur leur bord postérieur	2,6
Longueur des bois	1,6
Largeur de la tête entre les canines	3,9
Largeur minimum du front entre les orbites	5
Largeur maximum du front entre les angles orbitaires postérieurs	7,2
Largeur de la face au niveau du milieu des orbites	8,6
Largeur de la voûte palatine entre les premières molaires	2,5
Largeur entre les dernières molaires	3,7

§ 27. — GENRE OVIS.

OVIS NAHOOR.

(Voyez pl. LXVIII et LXIX.)

Hodgson, *Letter addressed to the Secretary* (*Proceedings of Zoological Society*, 1834, p. 107). — *On two wild Species of Sheep inhabiting the Himalayan region* (*Journal of the Asiatic Society of Bengal*, 1841, t. X, p. 231, pl. I, fig. 2, et pl. II).

Le Mouflon du Tibet, qui est désigné sous le nom de *Nahoor* et de *Burrhal* dans diverses parties de la région himalayenne, n'est pas nouveau pour la science, mais il n'a été que peu étudié, et l'unique figure qui en a été publiée est une esquisse trop grossière pour pouvoir satisfaire les zoologistes. J'ai donc pensé qu'il serait utile de représenter ici cet animal, et d'examiner plus attentivement qu'on ne l'avait fait jusqu'ici quelques-uns de ses caractères.

M. Gray a cru devoir distinguer génériquement l'*Ovis Nahoor* des autres Mouflons. Après avoir séparé tous ces animaux de nos Moutons domestiques et leur avoir appliqué en commun le nom de *Musimon* (1), il les a subdivisés en trois genres, dont l'un, appelé *Ammotragus*, ne comprend que le Mouflon à manchettes, et dont un second, appelé *Pseudois*, se compose uniquement du Mouflon tibétain. Pour les classer de la sorte, il se fonda principalement sur la longueur plus ou moins grande de la queue, sur l'absence ou la présence de larmiers, et sur quelques autres particularités dont la valeur est également faible D'après M. Gray (2), le genre *Pseudois* se distinguerait du groupe des Mouflons ordinaires par l'absence de larmiers; mais ces cavités cutanées, tout en étant rudimentaires chez cet animal, ne font pas réellement défaut, car leur orifice, caché sous les poils, existe à la place ordinaire. Je n'adopterai donc pas cette dénomination générique,

(1) Gray, *Knowsley Menagerie*, 1845, p. 36.

(2) Plus récemment M. Gray a substitué à ce nom celui de *Caprovis* (*Catalogue of Mammalia*, part. III, p. 171 ; 1852).

et je continuerai même à laisser tous les Mouflons dans le genre *Ovis*, car ces animaux diffèrent de certains Moutons domestiques moins que ces derniers ne diffèrent entre eux; et comme nous ne connaissons pas la souche originaire de ces dernières bêtes ovines, nous ne savons pas si les particularités de peu d'importance, à raison desquelles M. Gray les a séparés génériquement de la division des Musimons, ne sont pas des caractères déterminés par l'influence de la domestication.

Par la forme générale et par la nature de son poil, le Mouflon qui habite le Moupin, et dont la dépouille a été envoyée au Muséum par M. l'abbé David, ressemble beaucoup au Mouflon de Corse, mais on l'en distingue au premier coup d'œil par son pelage. La teinte générale est d'un brun grisâtre peu intense et terne; les parties blanches, si remarquables et si étendues chez ce dernier, font presque entièrement défaut. Le dessous du corps est d'un gris pâle et sale plutôt que blanc; il en est de même des parties latérales et inférieures de la tête, de la région anale et de la face interne des cuisses; il n'y a de blanc à peu près pur que sur les parties inférieures et postérieures des membres. La face antérieure des pattes est noire, et cette teinte se prolonge postérieurement en forme de bracelet autour du boulet; il y a aussi du noir sur le chanfrein, le long de la face inférieure du cou et à la face supérieure de la queue, mais la bande noirâtre qui borde le bas des flancs chez le Mouflon de Corse manque presque complétement. Sous ce dernier rapport, le Mouflon d'Anatolie (1) ressemble au Nahoor, mais il en diffère par son pelage d'un gris-chamois en dessus et blanc en dessous, par la crête de longs poils qui garnissent le devant du cou sur la ligne médiane, par l'existence de larmiers assez grands, par la forme des cornes et par plusieurs autres caractères. Enfin l'état rudimentaire des larmiers ne permet de confondre le Mouflon du Tibet,

(1) *Ovis anatolica*, Valenciennes, dans l'ouvrage de Tchihatcheff sur l'Asie Mineure, 2e partie, p. 727, *Zoologie*, pl. IV.

ni avec l'*Ovis Vignei* (1), ni avec aucune autre espèce asiatique du même genre.

Ainsi que l'a fait remarquer M. Gray, la tête osseuse des Mouflons du Tibet présente une particularité importante pour la caractérisation de l'espèce, quoique, à mon avis, insuffisante pour l'établissement d'un genre spécial. Effectivement, les fosses lacrymales, qui, chez le Mouflon de Corse, sont situées au devant des orbites et au-dessous de la ligne massétérienne de la joue, n'existent pas chez le Nahoor (2), qui, sous ce rapport, ressemble au Mouflon à manchettes. J'ajouterai que les os nasaux (3) sont beaucoup plus courts que chez le Mouflon de Corse, la voûte palatine est plus rétrécie antérieurement (4), et le diamètre antéro-postérieur des dernières molaires est notablement moins grand (5). Enfin le haut du front est plus concave, les axes osseux des cornes sont moins divergents à leur base.

M. Blyth, qui pendant un long séjour dans le nord de l'Inde, s'est beaucoup occupé de l'histoire naturelle des Mammifères, réserve le nom d'*Ovis Nahoor* aux Mouflons du Tibet de grande taille et dont les cornes sont pâles, et il considère comme devant en être distingués spécifiquement les Mouflons du Népaul, qui sont moins robustes et ont les cornes de couleur très-foncée: il donne à ces derniers le nom d'*Ovis Burrhal* (6).

M. Gray, au contraire, pense qu'ils appartiennent tous à une seule et même espèce. Je partage son opinion à cet égard ; mais je dois faire remarquer que la race du Moupin se rapporte à la seconde variété

(1) Blyth, *op. cit.* (*Annals and Magazine of Natural History*, 1841, t. VII, p. 251, pl. V, fig. 9 : cornes). — Voyez aussi Sclater, *Note on the Punjab Sheep living in the Society's Garden* (*Proceedings of the Zoological Society*, 1860, p. 126, pl. LXXIX).

(2) Gray, *Catalogue*, part. III, p. 177, pl. XXII, fig. 1.

(3) Voyez pl. LXIX, fig. 1.

(4) Voyez pl. LXIX, fig. 1*b*.

(5) Voyez pl. LXIX, fig. 1*a*.

(6) Blyth, *op. cit.* (*Ann. of Nat. Hist.*, 1841, t. VII, p. 248) : une corne est figurée dans la planche V, n° 7.

plutôt qu'à la première. Les cornes, très-finement striées en travers et garnies postérieurement d'un bourrelet saillant le long de leur bord interne, sont d'une teinte brune noirâtre. Elles sont de médiocre grandeur, épaisses à leur base, arrondies en avant, notablement tordues vers le bout, et dirigées d'abord obliquement en haut, en arrière et en dehors, puis recourbées graduellement en haut et en dedans. Leur axe osseux est strié longitudinalement (1).

Le mâle adulte envoyé du Moupin par M. A. David n'est pas très-vieux. Il m'a donné les mesures suivantes :

	m.
Longueur totale du nez à l'origine de la queue, mesurée en suivant sur la ligne médiane dorsale les courbes de la tête, du cou et du dos	1,31
Longueur du tronc mesurée en ligne droite, du devant de la poitrine à l'anus	0,70
Hauteur au garrot	0,70
Longueur des jambes antérieures	0,70
Longueur des oreilles	0,09
Longueur de la queue	0,13
Longueur de la tête osseuse mesurée en ligne droite, du bord incisif antérieur à la protubérance occipitale	0,227
Longueur de la face jusqu'au bord postérieur de l'orbite	0,175
Longueur de la portion nasale de la face	0,123
Longueur des os nasaux	0,071
Largeur du front au-devant de la base des cornes	0,098
Longueur des prolongements frontaux mesurés à leur face externe	0,133
Largeur de la face dans la région malaire	0,118
Largeur minimum du museau	0,022
Hauteur du sinciput au-dessus du bord supérieur du trou occipital	0,101
Longueur de la voûte palatine	0,119
Longueur de la rangée des molaires supérieures	0,065
Largeur du palais entre les premières molaires	0,024
Largeur entre les dernières molaires	0,034
Longueur des cornes mesurées en suivant le bord interne	0,300
Écartement à leur base	0,011
Distance entre les pointes	0,280
Circonférence à la base	0,190

(1) Sur une tête de Mouflon des Indes, probablement de la même espèce, mais très-vieux, ces axes osseux sont beaucoup plus grands, et les stries, au lieu d'être fines, sont remplacées par des sillons séparés entre eux par autant de grosses crêtes tranchantes.

§ 28. — GENRE ANTILOPE.

ANTILOPE (NÆMORHEDUS) GRISEA.

(Voyez pl. LXXI, fig. 2, et pl. LXXI[A], fig. 1, tête osseuse).

A. Milne Edwards, *Nouvelles Archives du Muséum*, t. VII, *Bulletin*, p. 93.

Cette Antilope à formes caprines ressemble beaucoup au *Næmorhedus caudatus* de la Mongolie dont j'ai donné la description dans un autre mémoire (1). De même que celui-ci, elle se distingue de l'*Antilope crispa* du Japon par l'absence de larmiers (2); mais ses formes sont plus grêles, sa queue est beaucoup moins longue et son pelage est plus foncé. Le dessus de la tête, la région nasale et le menton sont d'un brun tirant sur le marron; mais la partie blanchâtre qui occupe le devant du cou se prolonge davantage en avant sous la mâchoire. Le dessus du corps et les flancs sont d'un gris un peu jaunâtre, mélangé de brun; cette dernière teinte prédomine sur la ligne rachidienne, sur le devant des épaules, et sur les jambes et les cuisses ; les pieds sont moins clairs. Enfin la région anale et la face interne des cuisses sont plus blanches. La hauteur de l'animal, mesuré au garrot, est de $0^{m},60$.

Les cornes sont à peu près de même forme, mais à peine tuberculées, tandis que chez le *Næmorhedus caudatus* les bourrelets transversaux de la portion basilaire de ces organes sont représentés par des séries de gros tubercules très-distincts entre eux.

(1) *Études pour servir à l'histoire de la faune mammalogique de la Chine*, p. 186, pl. 23, 23[A] et 23[B].

(2) M. E. Gray se fonde sur ce caractère pour séparer génériquement l'*Antilope caudata* des *Næmorhedus* et des *Capricornis*, et il lui donne le nom d'*Urotragus caudatus* (voyez *Annals and Magazine of Natural History*, 1871, t. VIII, p. 371). Si l'on adoptait cette classification, il faudrait aussi placer l'*Antilope grisea* dans le genre *Urotragus*. Mais je ne pense pas que l'on doive le faire, car les particularités d'organisation dont arguë M. Gray ont en réalité si peu d'importance, que si l'on voulait les appliquer à la délimitation des genres, chaque espèce pourrait alors devenir le type d'une division générique spéciale. En effet, dans le groupe d'Antilopes qui nous occupe, les larmiers tendent à disparaître, et l'on sait que lorsqu'un caractère est en voie de dégradation, il perd presque toute sa valeur.

Les caractères ostéologiques fournis par la tête établissent d'une manière encore plus nette la distinction entre le *Nœmorhedus griseus* et le *N. caudatus*. Ainsi, chez le premier, la face est beaucoup plus allongée que chez le second (1) ; la partie supérieure de la région coronale est plus creuse ; le front est plus élargi et plus renflé au-dessus de la portion postérieure des orbites ; les prolongements frontaux sont moins divergents ; les os nasaux sont plus grands ; les os intermaxillaires sont plus étroits vers le bout, et les dents molaires de la première paire sont plus franchement bicostulées à leur surface externe. Ces différences sont très-appréciables à l'œil, mais elles ressortent encore mieux de la comparaison des mesures exactes dont les détails sont consignés dans le tableau suivant (voy. page 364).

ANTILOPE (NÆMORHEDUS) CINEREA.

(Voyez pl. LXX, LXXI, fig. 1, et LXXI^A, fig. 2.)

Les chasseurs du Tibet ne confondent pas cette espèce avec la précédente, bien qu'elle lui ressemble beaucoup. Ils en signalèrent l'existence à M. l'abbé David et lui apprirent qu'elle habite à des altitudes plus considérables. Elle est notablement plus grande, et son pelage, d'une teinte plus uniforme, est plus cendré et moins mélangé de brun. Les parties blanches du dessous du cou et des pattes sont plus étendues et moins jaunâtres; enfin la queue est non moins longue et touffue que chez le *Nœmorhedus caudatus*.

Les cornes sont notablement plus longues que chez les deux espèces précédentes ; elles s'incurvent légèrement en dedans vers le bout, et les bourrelets transversaux qui les garnissent dans leur moitié basilaire sont obliques, ondulés et presque lisses. J'aurais cependant beaucoup

(1) Voyez comparativement les planches XXIII^A et LXXI^A, fig. 1.

hésité à séparer spécifiquement le *Nœmorhedus cinereus* du *N. griseus*, si je n'avais trouvé dans la conformation de la tête osseuse, chez ces deux animaux, de très-grandes différences.

Chez le *Nœmorhedus cinereus*, le museau est beaucoup plus allongé et plus rétréci vers le bout; la partie de la joue occupée par l'os lacrymal et la branche montante de l'os maxillaire est beaucoup plus concave; le bord postéro-supérieur de l'orbite est plus saillant; la voûte palatine s'élargit davantage en arrière, et les dents molaires sont notablement plus épaisses; enfin celles de la dernière paire ont en arrière un talon ou troisième lobule très-bien caractérisé, partie qui n'existe pas chez le *Nœmorhedus griseus*. (1)

Les deux espèces dont je viens de parler se distinguent du *Goral* de l'Inde par leurs caractères ostéologiques, aussi bien que par leur pelage. Celui-ci est d'un brun jaunâtre clair; la ligne brune qui longe le milieu du dos est très-étroite, très-foncée et bien délimitée; enfin les pattes sont d'un brun plus foncé vers le bas que vers le haut et ne présentent nulle part des parties blanchâtres. Il est aussi à noter que la queue est courte et grêle.

La conformation de la tête osseuse est également caractéristique. Le front est plus plat; la face est beaucoup plus étroite comparativement à la région orbitaire; la région lacrymale est plus concave; les joues sont moins renflées inférieurement, les os nasaux sont moins élargis en arrière.

Pour bien apprécier les différences de proportions de la tête chez les quatre espèces dont je viens de parler, il est commode de prendre pour unité de mesure la longueur de la rangée des molaires supérieures, qui varie fort peu.

Dans le tableau suivant, ces mesures ont été prises en millimètres sur des individus adultes.

(1) Voyez pl. XXIII^B, fig. 2.

	NÆMORHEDUS			
	GRISEUS.	CINEREUS.	CAUDATUS.	GORAL.
	Millim.	Millim.	Millim.	Millim.
Longueur de la tête mesurée de la protubérance occipitale	221	220	212	208
Largeur mesurée du bord inférieur du trou occipital.	190	203	192	»
Longueur de la face mesurée du bord antérieur de l'orbite	130	132	117	117
Longueur de la rangée des molaires supérieures	70	67	70	67
Distance entre le bord antérieur de la mâchoire et la première molaire	60	65	56	52
Largeur maximum de la tête mesurée au bord inférieur des orbites	93	99	100	93
Largeur de la face au-dessus du bord antérieur de l'avant-dernière molaire	65	69	72	60
Largeur maximum de la portion antérieure des intermaxillaires	25	23	24	27
Longueur de la quatrième molaire supérieure	9	13	10	10

ANTILOPE (NÆMORHEDUS) EDWARDSII.

(Voyez pl. LXXII et LXXIII.)

CAPRICORNIS MILNE EDWARDSII, A. David (*Nouvelles Archives du Muséum*, 1869, t. V, *Bulletin*, p. 10).

NÆMORHEDUS EDWARDSII, A. David, rapport (*Nouvelles Archives du Muséum*, t. VII, *Bulletin*, p. 90).

Cette espèce, dont la taille est très-grande, ressemble beaucoup au Thar, ou *Antilope bubalina*, qui habite le Népaul, et, de même que cet animal, elle diffère de toutes les Antilopes à formes caprines dont je viens de parler, par l'existence d'un mufle, c'est-à-dire d'un espace nu qui occupe l'extrémité antérieure de la région nasale et embrasse les narines chez le *Goral* et autres *Némorhédiens*, tels que le *N. griseus* et le *N. cinereus*. Les poils du nez se continuent sur la cloison située entre ces ouvertures, et ne laissent à nu autour de chacune de celles-ci qu'une bordure étroite. C'est principalement à raison de cette disposition que M. Gray a cru devoir séparer ces animaux en plusieurs genres, et séparer le *Thar* et le *Cambing* de Sumatra du *Nœmorhedus*

Goral, sous le nom commun de *Capricornis* (1). Une autre différence consiste dans l'existence de larmiers chez les uns et l'absence de ces sacs glandulaires chez les autres. Mais ces caractères, excellents pour la distinction des espèces, ont en réalité si peu d'importance zoologique, et la ressemblance est, sous tous les autres rapports, si grande entre les divers animaux dont il est question, que l'innovation proposée par le savant directeur du Musée Britannique ne me paraît pas suffisamment motivée, et que je crois préférable de laisser toutes les Antilopes à formes caprines dans un même sous-genre, auquel je conserverai le nom de *Nœmorhedus*.

Le poil du *Nœmorhedus Edwardsii* est long, fin et doux ; sous la jarre, on trouve une sorte de laine qui, chez un individu adulte, tué probablement en hiver, est crépue et très-abondante.

Le pelage est généralement d'un brun noirâtre, mais devient ferrugineux sur les fesses et sur le bas des jambes. Le tour du mufle et les côtés de la mâchoire inférieure sont d'un gris jaunâtre, et il y a peu de blanc sur la région laryngienne. Chez le *Nœmorhedus bubalinus*, les pattes sont au contraire grisâtres dans toute leur portion inférieure et ne deviennent ferrugineuses que vers le haut ; la face interne des cuisses est grisâtre ; les poils de l'occiput et du cou sont plus longs que chez le *Nœmorhedus Edwardsii* et relevés en manière de crête ; enfin les cornes sont proportionnellement plus longues.

La première de ces deux Antilopes mesure 0^{m},81 au garrot ; la seconde, 0^{m},93.

Par sa forme générale, la tête osseuse du *Nœmorhedus Edwardsii* ressemble beaucoup à celle du *N. cinereus*, si ce n'est que la face est creusée de chaque côté en avant des orbites, de façon à y offrir une fosse lacrymale grande et évasée (2). Les os du nez sont plus élargis

(1) *Catalogue of Mammalia in the collection of British Museum*, part. III : *Ungulata furcipeda*, 1852, p. 110.

(2) Voyez pl. LXXIII.

et plus busqués en dessus; la portion montante de l'os maxillaire est plus grande, et s'articule avec les os nasaux dans une étendue considérable; l'orifice nasal, au lieu d'avoir, comme d'ordinaire dans ce sous-genre, à peu près la même largeur dans toute son étendue, est très-évasé postérieurement, tandis qu'en avant il se rétrécit beaucoup; la suture maxillo-palatine est située moins près des arrière-narines; enfin les cellules creusées dans l'intérieur des prolongements frontaux sont développées d'une manière remarquable.

La tête osseuse du *Nœmorhedus bubalinus* que j'ai sous les yeux ne diffère que peu de celle dont je viens d'indiquer les principaux caractères; le nez est un peu plus étroit et l'ouverture des fosses nasales moins élargie vers le haut. Cependant j'incline à croire que le *Nœmorhedus bubalinus* et le *N. Edwardsii* ne sont que deux races locales appartenant à une même espèce. Mais on ne possède pas dans les musées d'Europe assez d'individus appartenant à l'une ou à l'autre variété, pour que la question puisse être tranchée dans l'état actuel de nos connaissances.

Les habitants du pays désignent cette espèce sous le nom de *Gaélu* ou *Gailu*, ce qui veut dire Ane des rochers. Ce nom lui vient des poils du cou qui lui forment une sorte de crinière. Cette Antilope vit généralement solitaire dans les bois les plus épais des grandes montagnes ou au milieu des rochers escarpés, à environ 3000 mètres d'altitude.

Je donne ici les principales dimensions de la tête osseuse d'un *Nœmorhedus Edwardsii*, envoyé au Muséum par M. A. David :

Longueur totale	31,7
Longueur mesurée du bord antérieur de la mâchoire supérieure au bord inférieur du trou occipital	28,8
Longueur de la face en avant des orbites	17,9
Longueur de la série des molaires	9,4
Longueur du museau en avant des molaires	9,3
Largeur maximum entre les pommettes	12,9
Largeur au-dessous des fosses lacrymales	10,0
Largeur maximum de l'ouverture nasale	5,1
Largeur de la même ouverture au niveau du bord antérieur des trous incisifs	0,7

§ 29. — GENRE BUDORCAS.

BUDORCAS TAXICOLA var. TIBETANA.

(Voyez pl. LXXIV à LXXIX.)

Hodgson, *On the Takin of the Eastern Himalaya* (*Journal of the Asiatic Society of Bengal*, 1850, t. XIX, p. 65, pl. I.

Le grand Ruminant désigné par Hodgson sous le nom générique de *Budorcas* est un des animaux les plus remarquables de la faune tibétaine, et il nous fournit une nouvelle preuve des difficultés que les zoologistes rencontrent lorsque, pour répondre aux exigences de nos classifications méthodiques, ils cherchent à définir d'une manière absolue certains groupes naturels dont les types principaux sont cependant très-distincts des types réalisés dans les autres divisions de la même famille ou du même ordre. En effet, le *Budorcas* est un de ces animaux à caractères mixtes qui semblent avoir emprunté les particularités de leur mode d'organisation à plusieurs types bien distincts: il tient à la fois de l'Antilope, du Mouton et du Bœuf. Il ne saurait être rangé dans aucun des genres dont ceux-ci sont les représentants, sans rendre ces groupes artificiels et sans leur faire perdre leurs caractères principaux; et si, au lieu de le rencontrer à l'état vivant, on l'avait trouvé à l'état fossile, dans quelque terrain ancien, les partisans de l'hypothèse du transformisme indéfini des organismes issus d'une souche commune l'auraient probablement considéré comme étant l'ancêtre de tous les Ruminants à cornes persistantes dont il est le contemporain.

Il ne faut donc pas s'étonner si les zoologistes ont été fort partagés d'opinion relativement à la place que cet animal doit occuper dans nos systèmes de classification mammalogique. Hodgson le considère comme appartenant à la famille des Antilopes (1). M. Gray le range dans la famille des Bœufs (2). Enfin, M. Blyth, qui s'est beaucoup occupé de l'étude des animaux de l'Inde et des contrées adjacentes, n'hésite pas à dire que c'est avec les bêtes caprines que le *Budorcas* a le plus d'affinité (3). Mais ce désaccord ne dépendait pas seulement des caractères ambigus de ce singulier animal; on pouvait l'attribuer en partie à l'imperfection de nos connaissances relatives à son mode de conformation intérieure, et les naturalistes européens devaient regretter de ne pas avoir à leur disposition les matériaux nécessaires pour en faire une étude plus approfondie.

Avant le voyage de M. l'abbé David dans le Tibet oriental, le *Budorcas* n'était connu des zoologistes que par une peau en mauvais état de conservation, appartenant au Musée Britannique; un second spécimen déposé dans le cabinet de l'ancienne Compagnie des Indes (4); quelques croquis au trait de la forme générale de l'animal et de sa tête osseuse, publiés à Calcutta par Hodgson, et par les détails des descriptions données par le même auteur dans le *Journal de la Société asiatique du Bengale* (5). Aujourd'hui il n'en est plus de même : le Muséum de Paris est en possession d'une série complète d'individus à divers âges et des deux sexes, qui proviennent du Moupin, et je me suis empressé de mettre à profit ces nouvelles richesses zoologiques pour compléter, autant que cela m'est possible, l'histoire du *Budorcas*, et pour mieux déterminer ses affinités naturelles.

Pour le moment, je n'examinerai pas si le *Budorcas* de Moupin appartient à la même espèce que le *Takin* ou *Budorcas taxicola* du Tibet indien, ou bien s'il ne conviendrait pas de le considérer comme une

(1) *Loc. cit.*

(2) *Catalogue of the Specimens of Mammalia in the collection of the British Museum*, part. III, 1852, p. 44.

(3) *Journal of the Asiatic Soc. of Bengal*, 1850, t. XIX, p. 348.

(4) Voyez *Proceedings of the Zoological Society*, 1853, pl. XXXVI.

(5) *Journal of the Asiatic Soc. of Bengal*, 1850, t. XIX, p. 65.

simple variété ou race locale de cette dernière espèce. Je reviendrai bientôt sur cette question, et, pour le moment, je me bornerai à dire que ces animaux ne paraissent différer entre eux que par la teinte de leur pelage, caractère que je puis négliger dans l'étude des relations zoologiques de cet animal avec les autres Ruminants à cornes persistantes, c'est-à-dire ayant le front armé de prolongements de l'os coronal, revêtus chacun d'une gaîne cornée.

Le *Budorcas*, loin d'être un animal à formes sveltes et élégantes, taillé pour la course, comme le sont la plupart des Antilopes, est gros, trapu et bas sur ses pattes (1). Sa tête est lourde, son cou est court, son poitrail est large, son torse est massif, ses membres sont très-robustes, et il semble être organisé pour grimper sur des pentes escarpées et pour fondre sur ses ennemis à la manière du Buffle du Cap et de l'*Ovibos*, plutôt que pour bondir et pour fuir le danger. En effet, il ne vit que sur les hautes montagnes, et les chasseurs assurent qu'il est fort redoutable. Tout son corps est couvert de longs poils pendants qui rappellent un peu ceux des Chèvres et du Yak. Il n'a pas de fanon comme les Bœufs, mais son cou est garni sur le devant d'une sorte de petite crinière médiane. Son front est armé de cornes très-puissantes, qui, très-élargies à leur base, s'y rencontrent presque sur la ligne médiane; elles se portent d'abord en dehors et un peu en avant, en s'infléchissant notablement, puis se relèvent et se dirigent en arrière, se recourbent un peu en dedans, à peu de distance de leur extrémité, et se terminent en pointe. Chez la femelle, les cornes ont à peu près la même forme que chez le mâle, mais elles sont peu courbes et moins robustes. Le chanfrein est très-long et fortement busqué; le mufle est gros et dénudé dans la région occupée par les narines; les lèvres sont épaisses et pendantes; les yeux sont très-petits, les oreilles sont fort courtes; le cou est très-robuste, ainsi que les épaules. Le tronc est gros

(1) Voyez pl. LXXIV.

et long relativement à la taille de l'animal; la queue est remarquablement courte; le train de derrière est massif, et, ainsi que je l'ai déjà dit, les pattes sont grosses et fortes.

La tête osseuse présente des particularités non moins remarquables. Ainsi que j'ai eu l'occasion de le rappeler, le principal caractère anatomique employé par Cuvier, pour distinguer le grand genre Antilope des genres Bœuf, Chèvre et Mouton, est tiré de la structure de l'axe osseux des cornes, lequel est en général compacte dans le premier de ces groupes et creusé de grandes cellules chez le second; parfois cette structure cellulaire se rencontre chez des Antilopes, mais on ne connaît aucun Bœuf, Mouton ou Chèvre, chez lequel les prolongements de l'os frontal soient dépourvus de ces cavités. Or, chez le *Budorcas*, l'axe osseux des cornes est occupé tout entier par le tissu spongieux, comme chez les Antilopes ordinaires (1); les grandes cellules en communication avec les sinus frontaux, dont les Bœufs sont pourvus, font complétement défaut. Sous ce rapport, le *Budorcas* se rapporte donc au type Antilope et non au type Bœuf. Mais la portion moyenne de l'os coronal, qui donne naissance à ces prolongements, s'élève beaucoup en forme de bosse (2), et contient une multitude de grandes cellules en relation indirecte avec les fosses nasales.

Cette grande protubérance est comparable à la grosse crête transversale qui, chez les Bœufs, termine en arrière la région frontale et porte les cornes à ses extrémités latérales; mais elle est située beaucoup moins loin en arrière, et, au lieu de se confondre avec la crête occipitale, comme chez la plupart de ces animaux, elle en est séparée par une portion considérable du sinciput occupée par les pariétaux. Chez le Bœuf, ces os, confondus entre eux sur la ligne médiane, sont cachés sous la portion postérieure de la table externe du coronal, qui

(1) Voyez pl. LXXVI.
(2) Voyez pl. LXXV.

chevauche au-dessus d'eux pour gagner l'occipital. Chez le *Budorcas*, où la suture sagittale disparaît aussi de très-bonne heure, la partie antérieure du pariétal se relève brusquement pour constituer la face postérieure de l'éminence cératophore ; mais la distance comprise entre la suture fronto-pariétale et la crête occipitale est beaucoup moins grande que chez les Antilopes ordinaires, et les cornes, au lieu de naître directement au-dessus de l'angle orbitaire externe, sont placées au-dessus des fosses temporales (1). Sous ce rapport, le *Budorcas* se rapproche du Buffle et des Mouflons, particulièrement du Mouflon à manchettes, et il a aussi beaucoup d'analogie avec l'*Ovibos* (2). Chez le Bubale, les cornes sont également insérées au sommet d'une protubérance frontale ; celle-ci est rejetée beaucoup plus en arrière, et le pariétal, qui reste toujours bien distinct entre le coronal et l'occipital, monte presque verticalement depuis la crête occipitale jusqu'à la base des cornes, au lieu d'être brusquement coudé comme chez l'animal dont l'étude nous occupe ici. Au premier abord, on pourrait croire que la conformation de cette partie supérieure du crâne serait analogue à celle du sinciput des Antilopes gnous ; mais, en examinant les choses de près, on trouve que ces derniers animaux, sans avoir les formes aussi lourdes que le *Budorcas*, ressemblent davantage aux espèces bovines, car la table externe du frontal chevauche sur les pariétaux de façon à cacher cet os et à s'étendre jusqu'à la crête occipitale. On voit donc que les transitions de la forme bovine au mode d'organisation des Antilopes ordinaires sont non moins graduelles pour la boîte crânienne que pour l'axe osseux des cornes, et que la ligne de démarcation entre les groupes zoologiques constitués par les deux types réalisés, d'un côté par le Bœuf proprement dit, de l'autre côté par les Gazelles, est moins nettement tracée que ne le supposait Cuvier.

(1) Voyez pl. LXXV.
(2) Voyez Richardson, *Fossil Mammalia in the Zoology of the Herald*, pl. IV, fig. 1.

J'ajouterai que, par la conformation du front et la disposition des orbites, dont les bords sont très-saillants, le *Budorcas* ressemble aussi beaucoup au Bœuf musqué, ou *Ovibos* (1). Il y a cependant des différences notables : ainsi la partie supérieure du front est étroite et très-concave ; la partie interorbitaire, au contraire, est fort large et un peu bombée.

La courbure du chanfrein commence au niveau des trous sourciliers et devient très-forte antérieurement. Chez la femelle, le nez est encore plus busqué que chez le mâle. Les os nasaux sont courts, très-élargis vers le milieu de leur longueur et profondément engagés entre les prolongements latéro-antérieurs des frontaux (2).

Les os lacrymaux sont remarquablement grands, et, de même que chez les Bœufs, s'articulent directement avec les frontaux, sans laisser sur les côtés de la base du nez des hiatus comme chez les Antilopes. La branche montante de l'os maxillaire est au contraire très-étroite, et son bord supérieur s'élève beaucoup plus haut que ne le fait l'os intermaxillaire.

L'ouverture des fosses nasales est extrêmement grande et très-oblique (3). Cependant la portion antérieure de la face située au devant des molaires est courte ; sa région palatine n'est pas élargie comme chez le Bœuf, et présente le même mode de conformation que chez les Antilopes (4).

Enfin les fosses temporales sont à peine voûtées en dessus, dans le voisinage de l'orbite, et leur partie supérieure est complétement ouverte en arrière des cornes, disposition qui est ordinairement celle des Antilopes, mais qui n'existe ni chez les Bœufs, ni chez les Gnous.

Les dents molaires du *Budorcas* ressemblent plus à celles des Chèvres et des Mouflons qu'à celles des Bœufs et des Antilopes, car

(1) Richardson, *op. cit.*, pl. IV, fig. 1.

(2) Voyez pl. LXXVII.

(3) Voyez pl. LXXV.

(4) Voyez pl. LXXVIII.

elles sont très-étroites transversalement, mais elles sont très-longues, et elles s'enfoncent très-profondément dans leurs alvéoles avant de se diviser en branches radiculaires.

Les membres, ainsi que je l'ai déjà dit, sont remarquablement forts, et leurs os sont facilement reconnaissables de ceux de tous les autres représentants du même groupe.

Le cubitus, sans être aussi robuste que l'est celui de l'Arni, est beaucoup plus fort que celui du Gnou ; sa portion olécrânienne est épaisse, et la portion moyenne de l'os ne devient pas grêle comme chez ce dernier Ruminant. Le radius est également très-gros ; mais c'est surtout l'os canon dont le développement est remarquable : il est encore plus trapu que celui de l'Arni, et la trace de la séparation primordiale entre les deux métacarpiens principaux persiste très-longtemps. A la partie supérieure et en arrière, se voient deux petits stylets osseux représentant les doigts latéraux (1).

Le fémur, comparé à celui de l'Arni, est moins robuste, mais il lui ressemble beaucoup par son mode de conformation, tandis qu'il se distingue davantage du fémur du Gnou, dont la tête articulaire est petite, le corps de grosseur médiocre et les condyles peu renflés. La rotule est très-grosse, et le tibia fort robuste, sans être cependant aussi élargi à son extrémité supérieure que l'est le tibia de l'Arni.

L'os canon est beaucoup plus court, mais non moins large que celui de l'Arni, et sa face antérieure est à peine sillonnée ; il est d'ailleurs remarquable par l'existence de vestiges d'une paire de doigts latéraux soudés latéralement à son extrémité supérieure (2) ; le métatarsien accessoire est peu distinct du côté interne, mais celui du côté externe est très-bien caractérisé.

Dans le très-jeune âge, le crâne ne présente aucune des particularités qui rendent cette partie du squelette si remarquable chez l'adulte.

(1) Voyez pl. LXXIX, fig. 4 à 6.
(2) Voyez pl. LXXIX, fig. 7 à 9.

Les os frontaux ne se prolongent que peu sur le sinciput et ne chevauchent pas sur les pariétaux, qui, déjà soudés entre eux sur la ligne médiane, sont très-grands et embrassent postérieurement un grand os épactal.

A cette époque de la vie, le *Budorcas* du Moupin ressemble à un petit Veau dont le poil serait long et un peu laineux (1). Il est partout d'un brun roux plus ou moins foncé qui tire au noir le long de la ligne rachidienne, sur les joues, sur le dessous du corps et aux pattes. Ses formes sont non moins lourdes que celles de l'adulte, et ses cornes commencent à pousser de bonne heure. En avançant en âge, son pelage s'éclaircit et devient en grande partie jaunâtre comme chez l'adulte, mais la couleur d'un brun roussâtre persiste pendant longtemps sur le devant du garrot et sur la région pelvienne.

La femelle à l'état adulte a le pelage plus pâle et plus grisâtre que chez le mâle; mais aucun des individus envoyés au Muséum par M. A. David ne présente le mode de coloration propre au *Budorcas* des parties moins septentrionales des montagnes himalayennes. Hodgson nous dit que le pelage de cet animal est mélangé de tons jaunâtres, comme chez le Blaireau. L'individu conservé dans la collection zoologique du Musée Britannique présente la même teinte grise, et l'animal dont M. Gray a donné une figure coloriée est ardoisé, au lieu d'être, comme celui du Moupin, jaune roussâtre.

Si les figures de la tête osseuse publiées par Hodgson sont exactes, il y aurait aussi quelques différences dans la forme des cornes chez le Takin de Mishmis et le *Budorcas* de Moupin. Faut-il, à raison de ces particularités, considérer ces animaux comme représentant deux espèces : le *Budorcas taxicola* de Hodgson, et le *Budorcas* auquel l'épithète de *tibetanus* conviendrait mieux? Dans l'état actuel de nos connaissances, une distinction ne me paraîtrait pas suffisamment motivée,

(1) Voyez pl. LXXIV.

et j'incline à croire qu'il n'y a là que deux variétés ou races locales d'une seule et même espèce. J'appellerai donc l'animal dont je viens de faire l'étude, le *Budorcas taxicola* var. *tibetana.*

Les habitants du Moupin le distinguent sous le nom de *Ye-mou.* D'après les renseignements qu'ils ont donnés à M. l'abbé David, cette espèce vit sur les pentes les plus rapides et les plus boisées des très-hautes montagnes. Le *Budorcas* ne s'en éloigne que pour pâturer la nuit. En hiver, quand toutes ces montagnes sont couvertes de neige, il monte sur les sommités déboisées et très-élevées, où la neige ne tombe jamais dans cette saison, et où il trouve en abondance de longues herbes sèches sur les pentes exposées au soleil, qui a fait fondre les neiges tombées en été et en automne.

Le *Budorcas* paraît assez commun sur toutes les grandes montagnes du Tibet oriental; il s'étend jusqu'à celles du Sé-tchouan occidental. Il vit généralemet isolé ou en petites troupes. Cependant il paraîtrait qu'au mois de juin on le rencontre en troupes nombreuses.

Ses cornes fortes et pointues le font redouter des chasseurs, qui préfèrent le prendre au piége que de le chasser au fusil.

Le cri du *Budorcas* est un sourd beuglement très-profond; il souffle fortement du nez lorsqu'il est effrayé. Ses excréments sont durs et arrondis comme ceux des Moutons ou des Chèvres, et non pas diffluents comme chez les Bœufs.

Voici les principales mesures propres à faire connaître les proportions des diverses parties du corps de ce Ruminant remarquable. Elles ont été prises sur un individu mâle adulte, mais jeune encore, puisque les épiphyses des os longs n'étaient pas encore complétement soudées à la diaphyse.

	m.
Longueur totale mesurée de l'extrémité du mufle à la base de la queue en suivant les courbures de la tête, du cou et du dos	2,13
Longueur du tronc mesuré en ligne directe du poitrail à l'anus	1,16
Hauteur au garrot	1,02
Distance de la face inférieure du thorax au sol	0,44

Longueur des oreilles	0,11
Circonférence des cornes à leur base	0,32
Longueur des cornes mesurées en suivant la courbure de leur face antérieure	0,48
Envergure à leur extrémité	0,33
Maximum de la largeur mesurée entre les faces externes des cornes	0,41
Longueur maximum de la tête osseuse (au niveau de la crête occipitale)	0,40
Distance entre le bord antérieur de la mâchoire supérieure et le bord antérieur du trou occipital	0,35
Longueur de la face (jusqu'au bord postérieur de l'orbite)	0,29
Longueur du museau jusqu'au bord antérieur de la rangée alvéolaire	0,10
Longueur de l'ouverture nasale mesurée du bord antérieur des intermaxillaires à l'extrémité antérieure de la suture maxillo-nasale	0,181
Longueur de cette rangée	0,126
Largeur maximum de l'occiput	0,118
Largeur maximum du crâne dans la région temporale	0,093
Largeur du front au devant de la base des cornes	0,119
Largeur du front au devant de l'angle orbitaire postérieur	0,117
Largeur maximum des os nasaux	0,058
Largeur maximum de la face mesurée au-dessus de la quatrième molaire	0,130
Hauteur du chanfrein au-dessus du niveau du bord alvéolaire	0,143
Hauteur de la protubérance frontale au-dessus de l'os basilaire mesurée sur la ligne médiane	0,167
Hauteur maximum de l'axe osseux des cornes au-dessus du même plan	0,200
Longueur de l'HUMÉRUS	0,315
Diamètre transversal de l'extrémité supérieure de cet os	0,101
Épaisseur de la grosse tubérosité	0,033
Diamètre minimum de la diaphyse	0,036
Longueur de l'extrémité inférieure de l'humérus	0,069
Longueur du RADIUS	0,275
Longueur de l'extrémité supérieure du radius	0,061
Largeur de son extrémité inférieure	0,058
Longueur du CUBITUS	0,365
Longueur de l'os CANON ANTÉRIEUR	0,103
Largeur minimum	0,044
Largeur maximum	0,065
Épaisseur minimum	0,020
Longueur du FÉMUR	0,335
Diamètre transversal de son extrémité supérieure	0,095
Diamètre maximum de la diaphyse	0,031
Diamètre transversal de l'extrémité inférieure	0,081
Diamètre antéro-postérieur de la même partie	0,083
Longueur du CANON POSTÉRIEUR	0,151
Diamètre transversal minimum	0,033
Diamètre transversal maximum	0,056

En résumé, les *Budorcas* me paraissent former un genre qui participe des caractères des Antilopes proprement dites, des Mouflons, des

Chèvres et des Bœufs, mais qui est plus voisin de la famille des Antilopes et de celle des Mouflons que d'aucun autre groupe naturel de l'ordre des Ruminants. Par conséquent, je ne saurais adopter, en ce qui le concerne, le système de classification employé par M. Gray, système d'après lequel les *Budorcas* prendraient place dans la famille des *Bovidæ*.

§ 30. — GENRE SUS.

SUS MOUPINENSIS.

(Voyez pl. LXXX et LXXXI.)

Alphonse Milne Edwards, *Nouvelles Archives du Muséum*, 1871, t. VII, *Bulletin*, p. 93.

Par sa taille, ce Sanglier égale presque celui de nos forêts ; il ressemble aussi à celui-ci par son pelage, mais il en diffère beaucoup par la conformation de sa tête osseuse. Le front est large et remarquablement bombé ; au lieu de former avec la face et le sinciput une ligne presque droite, il est fortement courbé d'avant en arrière, aussi bien que transversalement.

La portion pariétale du sinciput comprise entre les crêtes temporales est très-large. L'angle postérieur de l'orbite descend beaucoup. Le sillon fronto-nasal qui part du trou sourcilier est très-courbe, et les portions antéro-latérales du front limitées en dedans par ce sillon sont renflées en forme d'amande. La fosse jugale, située au devant des trous lacrymaux, est profonde.

Les défenses sont longues et très-saillantes en dehors des lèvres. Les alvéoles des canines supérieures se prolongent latéralement, comme d'ordinaire, en forme d'ailes, et sont surmontés d'une gouttière profonde, limitée en dehors par une crête très-élevée ; mais leur bord supérieur ne se relève pas de façon à donner naissance à une seconde gouttière longitudinale. La voûte palatine est étroite, et ses bords latéraux sont droits et presque parallèles. Enfin, les protubérances formées de chaque côté de la surface basilaire sont remarquablement grosses.

Le pelage est partout à peu près de la même couleur. Les poils, longs, roides et très-inégaux, sont d'un brun noir très-foncé, soit dans toute leur longueur, soit dans leur portion moyenne et basilaire; leur extrémité devient d'un brun jaunâtre beaucoup plus pâle. La première de ces dispositions existe sur les pattes, le dessous du corps et du cou, ainsi que sur la face; la seconde domine à divers degrés sur le dessus du corps et du crâne, de façon à donner à ces parties une apparence plus ou moins panachée.

Il n'y a pas de parties blanches, soit sur les joues, soit sur le devant du cou, soit sur d'autres régions.

Les joues sont dépourvues de protubérances.

Les oreilles sont petites et très-poilues.

La tête osseuse m'a fourni les mesures suivantes :

Longueur de la tête	0,392
Longueur de la face mesurée du bord antérieur de l'orbite au bord antérieur de l'os incisif	0,248
Largeur de la tête aux angles postérieurs des orbites	0,112
Largeur minimum du sinciput	52
Longueur de la rangée des molaires	0,115
Longueur du palais entre les molaires de la quatrième paire	0,052
Hauteur maximum de la tête, mesurée verticalement du sommet du sinciput au plan passant par le bord inférieur de la mâchoire inférieure	0,225

Cet ensemble de caractères distingue le *Sus moupinensis* non-seulement du *Sus Scrofa*, mais aussi des nombreux Sangliers asiatiques qui ont été décrits sous les noms de *Sus cristatus* (1), *S. leucomystax* (2),

(1) Wagner, *Munchen gel Anzeig*, 1839, p. 535. — *Sus indicus*, Cantor, *Journal of the Asiatic Soc. of Bengal*, t. XV, p. 261.

(2) Temminck, *Fauna japonica*, MAMMALIA, pl. XX.

S. adamanensis (1), *S. taivanus* (2), *S. barbatus* (3), *S. vittatus* (4), *S. ciblensis* (5), *S. timorenis* (6), *S. verrucosus* (7).

Je serais assez porté à penser que ces animaux constituent des races locales ou espèces secondaires issues d'une souche commune plutôt que des espèces proprement dites ; mais, pour résoudre la question, il faudrait pouvoir comparer la tête osseuse et les autres parties du squelette chez un grand nombre d'individus appartenant à chacune de ces variétés, afin de déterminer le degré de fixité des caractères employés par les zoologistes pour les distinguer entre elles ; et ces objets d'étude manquent dans nos musées européens.

(1) Blyth, voyez Gray, *Catalogue of Carnivorous, Pachydermatous and Edentata Mammalia*, 1869, p. 336.

(2) Swinhoe, *Proceed. Zool. Soc.*, 1864, p. 383, et 1870, p. 641, fig. 3 et 4.

(3) Salomon Müller et Schlegel, *Natuualijke Geschiedenis der Nederlandsche overseische Bezittungen*, Zoologie, p. 173, pl. XXX.

(4) S. Müller et Schlegel, *loc. cit.*, p. 173, pl. XXIX.

(5) S. Müller et Schlegel, *loc. cit.*, p. 172, pl. XXVIII *bis*.

(6) S. Müller et Schlegel, *loc. cit.*, pl. XXX.

(7) S. Müller et Schlegel, *loc. cit.*, p. 172, pl. XXVIII et pl. XXXI, fig. 1-4.

OBSERVATIONS GÉNÉRALES

Les animaux que je viens de décrire ne sont pas les seuls Mammifères qui habitent le Moupin et les parties adjacentes du massif central de l'Asie ou région himalayenne, et qui contribuent à donner à sa faune un caractère particulier.

Ainsi le Panda éclatant, ou *Ailurus refulgens* (1), qui est le seul représentant de l'un des genres les plus remarquables de l'ordre des Carnassiers, se trouve sur le versant nord aussi bien que sur le versant méridional de ce groupe de montagnes, mais ne se montre sur aucun autre point de la surface du globe.

L'*Ursus tibetanus* s'étend du nord de l'Inde jusque dans le Tibet chinois. M. l'abbé David l'a trouvé dans le Moupin, et les chasseurs lui ont affirmé que ces animaux existent dans d'autres parties de la même région. On y rencontre aussi le Tigre, qui habite non-seulement le sud-est de l'Asie, mais s'avance très-loin au nord-est de ce grand continent, Un autre Félin de forte taille, dont les chasseurs du Moupin ont parlé à M. l'abbé David, mais sans pouvoir lui en apporter la dépouille, est probablement l'Once, car il a le pelage tacheté et grisâtre. Les Panthères paraissent ne pas y être rares ; cependant le Muséum n'en a reçu aucun exemplaire venant de cette contrée, et par conséquent je ne puis rien dire relativement à leurs caractères spécifiques.

(1) Fr. Cuvier, *Histoire naturelle des Mammifères*, pl. CCIII.

Les Carnassiers du genre Paradoxure, groupe qui est propre à la région asiatique méridionale, sont représentés dans le Moupin par le *Paguma larvata*, espèce qui habite la Chine et l'île de Formose, peut-être aussi le Népaul.

Enfin, on trouve également dans ces montagnes le *Viverra Zibetha*, qui est répandu dans l'Inde, la Cochinchine et le sud de la Chine.

Les Yaks, ou *Bos grunniens*, vivent dans cette partie du Tibet aussi bien que dans les parties adjacentes de l'Asie centrale; mais c'est à l'état domestique seulement que M. l'abbé David a vu ces animaux dans les montagnes du Moupin. De grands Cerfs habitent également cette contrée, mais nous ne les connaissons que par les récits des chasseurs. Les Porte-musc n'y sont pas rares, et tous ces animaux appartiennent aux races concolores, désignées sous le nom de *Moschus chrysogaster* et de *M. leucogaster;* les races à pelage tacheté qui se trouvent plus au nord n'y ont pas été observées. Je citerai aussi, parmi les Mammifères du Moupin, le *Sciurus Mac Clellandi,* qui habite également le nord de l'Inde, le midi de la Chine et l'île de Formose.

En résumé, nous voyons que la faune mammalienne du Moupin se compose de trois sortes d'animaux :

1° D'espèces dont le type générique n'est réalisé que dans la région tibétaine.

2° D'espèces dérivées des types génériques ou sous-génériques propres à la partie méridionale et orientale de l'Asie, et aux îles adjacentes, et représentées avec des modifications légères sur divers points de cette partie du globe, mais inconnues dans les pays très-éloignés du massif himalayen.

3° D'espèces appartenant à des genres occupant une aire géographique tellement étendue, qu'on peut les considérer comme étant presque cosmopolites.

La première catégorie comprend l'*Ailuropus*, l'*Ailurus*, le *Nectogale*, le *Scaptonyx*, le *Budorcas* et l'*Elaphodus*. Le genre *Uropsilus* appartient également en propre au Moupin, mais il ne caractérise pas au même degré que les genres précédents la faune tibétaine, car il a beaucoup d'affinités avec les *Urotrichus* du Japon et de l'Amérique septentrionale.

Parmi les types zoologiques dont les principaux représentants sont spéciaux au Tibet, mais dont le mode d'organisation se retrouve chez des animaux qui habitent d'autres parties de l'Asie orientale, sans dépasser les limites de cette région, on doit citer en premier lieu le type Némorhédien. Effectivement nous avons vu que les Antilopes à formes caprines sont plus développées, plus variées, plus nombreuses dans le Moupin et sur le versant méridional du massif himalayen que partout ailleurs, mais qu'on les retrouve avec des formes un peu différentes, d'une part vers le nord-est de la Chine, à Formose, et dans la Sibérie orientale et au Japon, d'autre part vers l'ouest, dans l'Afghanistan, et enfin vers le sud-est, jusque dans l'île de Sumatra. La région tibétaine semble être en quelque sorte le quartier général de ce groupe de Mammifères dont quelques membres se sont répandus dans les pays circonvoisins, mais sans s'étendre jusque vers l'Asie occidentale, ni avoir passé dans le nouveau monde. Je rappellerai aussi que les Némorhèdes du Japon et de Formose, de même que ceux de Sumatra, diffèrent de ceux du Tibet un peu plus que ceux du Moupin ne diffèrent de ceux du Népaul; mais que les particularités distinctives des représentants de ce groupe, dans chacune des contrées où ils habitent, n'ont que fort peu d'importance physiologique et ne paraissent pas être incompatibles avec une origine commune. J'incline donc à penser que tous ces animaux sont originaires du foyer zoogénique où sont nés les genres *Budorcas*, *Elaphodus*, *Ailurus*, *Ailuropus*, etc., et que peu à peu ils se sont étendus de la région tibétaine aux contrées circonvoisines, et que, sous l'influence des conditions biologiques différentes existant dans les localités où ils se sont établis de la sorte, ils ont subi des modifications légères à raison desquelles les zoologistes classificateurs les distinguent sous des noms différents. Pour le physiologiste, le *Nœmorhedus crispus*, le *N. caudatus*, le *N. griseus* et le *N. cinereus* ne constituent pas autant d'espèces distinctes, mais seulement des races locales d'une espèce primordiale unique.

Le *Nœmorhedus bubalinus* de l'Inde ne serait qu'une race dégénérée du *N. Edwardsii.*

Les considérations que je viens de présenter au sujet des Nemorhèdes sont également applicables au genre Porte-musc. Mais les membres de ce groupe zoologique ne se sont pas répandus aussi loin vers le sud et vers l'est; ils sont restés dans les parties montagneuses des pays qui avoisinent le Tibet, le nord de l'Inde, l'ouest de la Chine et la Sibérie, sans pénétrer dans les parties chaudes de l'Asie orientale. Ils varient entre eux suivant les pays qu'ils habitent, mais leurs caractères distinctifs sont probablement des particularités acquises et non des particularités primordiales; en sorte qu'à mes yeux, ils ne constituent que diverses races locales appartenant à une seule et même espèce physiologique.

Le type mammalien, qui est réalisé par les Blaireaux, se trouve représenté d'une part dans le Moupin, d'autre part dans l'Assam et les autres parties adjacentes de l'Inde par les *Arctonyx;* mais ces animaux ne sont pas identiques au nord et au sud du massif himalayen, et, suivant qu'ils habitent l'une ou l'autre de ces régions, ils constituent les espèces secondaires ou races locales désignées sous les noms d'*Arctonyx collaris* ou d'*Arctonyx isonyx* et d'*Arctonyx obscurus*. Plus loin, vers le nord-est, dans la Mongolie chinoise, on rencontre aussi des animaux de ce genre, mais offrant d'autres caractères de valeur secondaire et distingués des précédents sous le nom d'*Arctonyx leucolœmus*.

Le type dont dérivent les *Pteromys*, ou Ecureuils volants, compte aussi de nombreux représentants au Tibet et dans les pays adjacents du côté de l'est et du sud, mais ses dérivés ne sont pas limités à la région orientale de l'Asie comprenant l'Inde, la Chine et les îles de la Sonde ; on les retrouve à l'est de l'océan Pacifique, dans l'Amérique septentrionale, et cependant ils n'ont pénétré que peu en Europe et dans l'Asie occidentale, et ils sont restés exclus de l'Afrique, de l'Australie et l'Amérique méridionale.

Les *Lagomys*, qui sont restés étrangers à l'Inde et au sud-est de l'Asie, mais sont répandus dans le nord, depuis le massif himalayen jusqu'en Sibérie et dans l'Amérique boréale, diffèrent si peu les uns des autres, qu'on peut les considérer comme issus également d'une souche commune ; mais, dans l'état actuel de nos connaissances, il me paraît impossible d'avoir une opinion arrêtée au sujet de leur patrie originaire, car durant la période tertiaire ils existaient en Europe, et nous ne savons pas si, à la même époque, ils vivaient dans les parties centrales de l'Asie où ils habitent aujourd'hui. On peut donc se demander si les *Lagomys* du Tibet sont les descendants des individus venus du nord-est ou des produits de la création zoologique dont la région tibéto-indienne semble avoir été le siége.

La même incertitude existe au sujet de la patrie originaire de quelques autres types mammaliens dont les représentants, légèrement diversifiés, suivant les contrées qu'ils habitent, vivent dans le Tibet, ainsi que dans beaucoup d'autres parties de l'hémisphère boréal, et constituent plusieurs races locales plus ou moins distinctes ou espèces secondaires.

Il est probable que des échanges en sens inverse se sont effectués entre la faune primitive de la région tibétaine et les faunes originaires des contrées où d'autres foyers zoogéniques étaient situés, et il serait imprudent de hasarder des conjectures au sujet de la provenance de la plupart des genres qui aujourd'hui sont communs à l'Asie centrale et à d'autres parties du globe.

Sans insister davantage sur des questions de cet ordre, je rappellerai cependant quelques traits de ressemblance qui existent entre la population zoologique de la région tibétaine et celles des régions circonvoisines. Ces ressemblances sont généralement en raison inverse des distances à franchir pour aller par la voie de terre d'un foyer à l'autre.

Ainsi c'est avec la faune indienne d'une part, et avec la faune chinoise et sibérienne d'autre part, que la faune tibétaine a le plus d'analogie. Le type simien, qui est si abondamment représenté dans l'Inde et les autres parties méridionales de l'Asie, se retrouve dans le Moupin, ainsi que dans les montagnes de l'ouest de la Chine, et c'est avec les Singes indiens que ceux du Tibet ont le plus d'analogie. L'un de ces animaux appartient au genre Macaque (1), groupe qui est très-répandu dans l'Asie méridionale et n'est pas étranger à la Chine, mais ne s'étend ni dans l'Asie occidentale, ni dans les autres parties de l'ancien continent. La seconde espèce, le *Rhinopithecus*, constitue un genre particulier; mais il a plus d'analogie avec les Semnopithèques qu'avec aucun autre Simien, et les Semnopithèques, comme on sait, appartiennent exclusivement à la région indo-malaisienne.

Les Cerfs du genre Muntjac, ou *Cervulus*, sont communs au Tibet et à la région indo-malaisienne; ils n'existent sur aucune autre partie du globe, et, de même que les Porte-musc, ils revêtent dans diverses contrées des particularités de minime importance, à raison desquelles ils sont inscrits sous plusieurs noms spécifiques dans les systèmes de classification.

Parmi les Mammifères dont la présence dans le Moupin tend à affaiblir le caractère spécial de la faune tibétaine, parce qu'ils ne diffèrent que très-peu d'autres animaux réalisant les mêmes types génériques en Europe et en Amérique, aussi bien que dans la plus grande partie de l'Asie, je citerai divers Rongeurs, notamment les Rats et les Arvicoles, les *Arctomys*, quelques Insectivores, un petit nombre de Chiroptères, des Félins et des Renards.

La faune mammalienne du Tibet, tout en possédant des types

(1) Le *Macacus tibetanus*. Voyez ci-dessus, page 241, pl. XXXIV.

spéciaux des plus remarquables, semble donc se relier d'une manière étroite aux faunes circonvoisines de l'Asie continentale ; elle paraît avoir des relations moins intimes tant avec la faune européenne qu'avec celle de la Malaisie, et ne pas être toujours séparée de la population zoologique des parties occidentales de l'Amérique septentrionale, mais n'avoir aucune connexion avec les faunes de l'Afrique méridionale et des autres terres de l'hémisphère sud.

Ces faits ne sont pas sans intérêt pour l'étude générale de la distribution géographique des êtres vivants; et lorsque les naturalistes chercheront à remonter aux origines de la population animale qui couvre aujourd'hui la surface de la terre, la comparaison de la faune tibétaine aux faunes des autres régions du globe les aidera peut-être à découvrir le siége de l'un des principaux foyers zoologiques dont les produits, en se multipliant par voie de génération, se sont peu à peu étendus au loin. Mais les investigations de cet ordre sont étrangères à l'objet de ce Mémoire, et par conséquent je ne m'en occuperai pas ici.

En terminant ces travaux sur les Mammifères de la Chine et du Tibet, j'aimerais à insister de nouveau sur l'importance des services rendus à la zoologie par le savant explorateur dont les collections m'ont fourni tant d'objets d'étude ; mais les éloges que je lui adresserais n'ajouteraient rien aux témoignages de haute estime qui lui ont déjà été accordés par des juges dont la voix a plus d'autorité que la mienne. Je me bornerai donc à rappeler qu'en considération de ses services, l'Académie des sciences a décerné à M. l'abbé Armand David le titre de correspondant de l'Institut de France.

ALPH. MILNE EDWARDS.

TABLE ALPHABÉTIQUE

DES ESPÈCES ET DES GROUPES

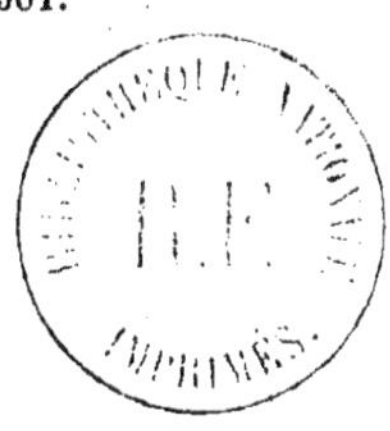

FIN DE LA TABLE ALPHABÉTIQUE DES ESPÈCES ET DES GROUPES

TABLE DES MATIÈRES

FIN DE LA TABLE DES MATIÈRES

PARIS. — IMPRIMERIE DE E. MARTINET, RUE MIGNON, 2

www.ingramcontent.com/pod-product-compliance
Ingram Content Group UK Ltd.
Pitfield, Milton Keynes, MK11 3LW, UK
UKHW012156240726
13966UKWH00002B/371